教育部高等学校计算机类专业教学指导委员会-华为ICT产学合作项目
数据科学与大数据技术专业系列规划教材

华为信息与网络
技术学院指定教材

数据科学与大数据技术导论

杜小勇 ◉ 主编

人民邮电出版社
北京

图书在版编目（CIP）数据

数据科学与大数据技术导论 / 杜小勇主编. -- 北京:
人民邮电出版社, 2021.2
数据科学与大数据技术专业系列规划教材
ISBN 978-7-115-53297-8

Ⅰ. ①数… Ⅱ. ①杜… Ⅲ. ①数据处理－高等学校－
教材 Ⅳ. ①TP274

中国版本图书馆CIP数据核字(2020)第180983号

内 容 提 要

本书从数据科学与大数据技术专业学生的第一门导论性课程的角度出发，全面系统地介绍了数据学的基本概念和内涵、常见编程语言 Python、数据分析方法、大数据技术的框架等知识。

本书作为导论性质的教材，目的不在于对某个具体的技术平台进行细致的深入介绍，而是尽量让者体会整个大数据处理的技术流程，使读者能够掌握大数据技术的整体框架，能够在未来的学习和作中通过系统化的大数据思维能力为所遇到的问题提供解决思路和方案。

本书可作为数据科学与大数据技术、软件工程、计算机科学与技术等专业的大数据导论课程的教，也可供大数据工程技术人员参考使用。

◆ 主　　编　杜小勇
责任编辑　邹文波
责任印制　王　郁　马振武
◆ 人民邮电出版社出版发行　　北京市丰台区成寿寺路 11 号
邮编　100164　　电子邮件　315@ptpress.com.cn
网址　https://www.ptpress.com.cn
北京天宇星印刷厂印刷
◆ 开本：787×1092　1/16
印张：15.5　　2021 年 2 月第 1 版
字数：334 千字　　2025 年 1 月北京第 6 次印刷

定价：49.80 元

读者服务热线：(010)81055256　印装质量热线：(010)81055316
反盗版热线：(010)81055315
广告经营许可证：京东市监广登字 20170147 号

教育部高等学校计算机类专业教学指导委员会-华为 ICT 产学合作项目
数据科学与大数据技术专业系列规划教材

编　委　会

丛书序一 PREFACE

毫无疑问，我们正处在一个新时代。新一轮科技革命和产业变革正在加速推进，技术创新日益成为重塑经济发展模式和促进经济增长的重要驱动力量，而“大数据”无疑是第一核心推动力。

当前，发展大数据已经成为国家战略，大数据在引领经济社会发展中的新引擎作用更加突显。大数据重塑了传统产业的结构和形态，催生了众多的新产业、新业态、新模式，推动了共享经济的蓬勃发展，也给我们的衣食住行带来根本改变。同时，大数据是带动国家竞争力整体跃升和跨越式发展的巨大推动力，已成为全球科技和产业竞争的重要制高点。可以大胆预测，未来，大数据将会进一步激起全球科技和产业发展浪潮，进一步渗透到我们国计民生的各个领域，其发展扩张势不可挡。可以说，我们处在一个“大数据”时代。

大数据不仅仅是单一的技术发展领域和战略新兴产业，它还涉及科技、社会、伦理等诸多方面。发展大数据是一个复杂的系统工程，需要科技界、教育界和产业界等社会各界的广泛参与和通力合作，需要我们以更加开放的心态，以进步发展的理念，积极主动适应大数据时代所带来的深刻变革。总体而言，从全面协调可持续健康发展的角度，推动大数据发展需要注重以下五个方面的辩证统一和统筹兼顾。

一是要注重“长与短结合”。所谓“长”就是要目标长远，要注重制定大数据发展的顶层设计和中长期发展规划，明确发展方向和总体目标；所谓“短”就是要着眼当前，注重短期收益，从实处着手，快速起效，并形成效益反哺的良性循环。

二是要注重“快与慢结合”。所谓“快”就是要注重发挥新一代信息技术产业爆炸性增长的特点，发展大数据要时不我待，以实际应用需求为牵引加快推进，力争快速占领大数据技术和产业制高点；所谓“慢”就是防止急功近利，欲速而不达，要注重夯实大数据发展的基础，着重积累发展大数据基础理论与核心共性关键技术，培养行业领域发展中的大数据思维，潜心培育大数据专业人才。

三是要注重“高与低结合”。所谓“高”就是要打造大数据创新发展高地，要结合国家重大战略需求和国民经济主战场核心需求，部署高端大数据公共服务平台，组织开展国家级大数据重大示范工程，提升国民经济重点领域和标志性行业的大数据技术水平和应用能力；所谓“低”就是要坚持“润物细无声”，推进大数据在各行各业和民生领域的广泛应用，推进大数据发展的广度和深度。

四是要注重“内与外结合”。所谓“内”就是要向内深度挖掘和深入研究大数据作为一门学科领域的深刻技术内涵，构建和完善大数据发展的完整理论体系和技术支撑体系；所谓“外”就是要加强开放创新，由于大数据涉及众多学科领域和产业行业门类，也涉及国家、社会、个人等诸多问题，因此，需要推动国际国内科技界、产业界的深入合作和各级政府广泛参与，共同研究制定标准规范，推动大数据与人工智能、云计算、物联网、网络安全等信息技术领域的协同发展，促进数据科学与计算机科学、基础科学和各种应用科学的深度融合。

五是要注重“开与闭结合”。所谓“开”就是要坚持开放共享，要鼓励打破现有体制机制障碍，推动政府建立完善开放共享的大数据平台，加强科研机构、企业间技术交流和合作，推动大数据资源高效利用，打破数据壁垒，普惠数据服务，缩小数据鸿沟，破除数据孤岛；所谓“闭”就是要形成价值链生态闭环，充分发挥大数据发展中技术驱动与需求牵引的双引擎作用，积极运用市场机制，形成技术创新链、产业发展链和资金服务链协同发展的态势，构建大数据产业良性发展的闭环生态圈。

总之，推动大数据的创新发展，已经成为新时代的新诉求。刚刚闭幕的党的十九大更是明确提出要推动大数据、人工智能等信息技术产业与实体经济深度融合，培育新增长点，为建设网络强国、数字中国、智慧社会形成新动能。这一指导思想为我们未来发展大数据技术和产业指明了前进方向，提供了根本遵循。

习近平总书记多次强调“人才是创新的根基”“创新驱动实质上是人才驱动”。绘制大数据发展的宏伟蓝图迫切需要创新人才培养体制机制的支撑。因此，需要把高端人才队伍建设作为大数据技术和产业发展的重中之重，需要进一步完善大数据教育体系，加强人才储备和梯队建设，将以大数据为代表的新兴产业发展对人才的创新性、实践性需求渗透融入人才培养各个环节，加快形成我国大数据人才高地。

国家有关部门“与时俱进，因时施策”。近期，国务院办公厅正式印发《关于深化产教融合的若干意见》，推进人才和人力资源供给侧结构性改革，以适应创新驱动发展战略的新形势、新任务、新要求。教育部高等学校计算机类专业教学指导委员会、华为公司和人民邮电出版社组织编写的《教育部高等学校计算机类专业教学指导委员会-华为ICT产学合作项目——数据科学与大数据技术专业系列规划教材》的出版发行，就是落实国务院文件精神，深化教育供给侧结构性改革的积极探索和实践。它是国内第一套成专业课程体系规划的数据科学与大数据技术专业系列教材，作者均来自国内一流高校，且具有丰富的大数据教学、科研、实践经验。它的出版发行，对完善大数据人才培养体系，加强人才储备和梯队建设，推进贯通大数据理论、方法、技术、产品与应用等的复合型人才培养，完善大数据领域学科布局，推动大数据领域学科建设具有重要意义。同时，本次产教融合的成功经验，对其他学科领域的人才培养也具有重要的参考价值。

我们有理由相信，在国家战略指引下，在社会各界的广泛参与和推动下，我国的大数据技术和产业发展一定会有光明的未来。

是为序。

中国科学院院士　郑志明

2018 年 4 月 16 日

丛书序二 PREFACE

在500年前的大航海时代，哥伦布发现了新大陆，麦哲伦实现了环球航行，全球各大洲从此连接了起来，人类文明的进程得以推进。今天，在云计算、大数据、物联网、人工智能等新技术推动下，人类开启了智能时代。

面对这个以“万物感知、万物互联、万物智能”为特征的智能时代，“数字化转型”已是企业寻求突破和创新的必由之路，数字化带来的海量数据成为企业乃至整个社会最重要的核心资产。大数据已上升为国家战略，成为推动经济社会发展的新引擎，如何获取、存储、分析、应用这些大数据将是这个时代最热门的话题。

国家大数据战略和企业数字化转型成功的关键是培养多层次的大数据人才，然而，根据计世资讯的研究，2018年中国大数据领域的人才缺口将超过150万人，人才短缺已成为制约产业发展的突出问题。

2018年初，华为公司提出新的愿景与使命，即“把数字世界带入每个人、每个家庭、每个组织，构建万物互联的智能世界”，它承载了华为公司的历史使命和社会责任。华为企业BG将长期坚持“平台+生态”战略，协同生态伙伴，共同为行业客户打造云计算、大数据、物联网和传统ICT技术高度融合的数字化转型平台。

人才生态建设是支撑“平台+生态”战略的核心基石，是保持产业链活力和持续增长的根本，华为以ICT产业长期积累的技术、知识、经验和成功实践为基础，持续投入，构建ICT人才生态良性发展的使能平台，打造全球有影响力的ICT人才认证标准。面对未来人才的挑战，华为坚持与全球广大院校、伙伴加强合作，打造引领未来的ICT人才生态，助力行业数字化转型。

一套好的教材是人才培养的基础，也是教学质量的重要保障。本套教材的出版，是华为在大数据人才培养领域的重要举措，是华为集合产业与教育界的高端智力，全力奉献的结晶和成果。在此，让我对本套教材的各位作者表示由衷的感谢！此外，我们还要特别感谢教育部高等学校计算机类专业教学指导委员会副主任、北京大学陈钟教授以及秘书长、北京航空航天大学马殿富教授，没有你们的努力和推动，本套教材无法成型！

同学们、朋友们，翻过这篇序言，开启学习旅程，祝愿在大数据的海洋里，尽情展示你们的才华，实现你们的梦想！

华为公司董事、企业BG总裁　阎力大

2018年5月

编者序 PREFACE

大数据技术发展迅速，大数据赋能的应用层出不穷，由此带来了思维模式的变革。这样的变化，促使数据科学与大数据技术本科专业如雨后春笋般地快速设立、发展。“数据科学与大数据技术”专业最早在2016年获得教育部批准设置。在教育部公布的《2015年度普通高等学校本科专业备案和审批结果》中，仅有北京大学、对外经济贸易大学、中南大学3所高校获批。此后，这个数字快速增长。2017年获批新增“数据科学与大数据技术”专业的高校达到了32所，包括中国人民大学、复旦大学等著名高校。2018年有284所高校获批建设。2019年又有196所高校获批建设。这样全国获批“数据科学与大数据技术”专业的本科类型的高校达到了512家。这样的建设速度，是其他专业很难与之匹敌的。这一方面反映了社会对数据分析人才的旺盛需求，另一方面也给开办高校带来了巨大的挑战。中国人民大学信息学院为了开设这个专业，组织力量认真研究了专业培养方案，包括课程结构、课程之间的先修关系，以及每门课程的教学大纲等。下面是我们的一些体会。

第一，数据科学与大数据技术是融合计算机科学、统计学等多个学科领域，来抽取、理解和分析数据中所蕴含的知识和信息的一个新研究方向，并进而独立出来的一门新兴交叉学科。数据科学与大数据技术专业主要源于计算机和统计两个学科，如果一定要说哪个更重要的话，那还是计算机科学。正是因为计算机技术的发展使得数据的采集、处理、存储、分析和应用前所未有地发展起来。数据类型早已不仅仅是数值型数据，更多的是文字、图像、音视频等非结构化数据。这些数据是传统统计学科无法处理，也不关心的。因此，我们将这个专业理解为计算机大类专业里面的一个专门为其设计培养方案的专业。

那么，数据科学与大数据技术在计算机类专业的知识结构中占据什么位置？我们认为，除了基础课和通识课之外，其专业类课程可以划分为三个板块：第一个板块是计算平台课程，让学生了解支撑计算的软硬件基础，相关课程包括计算机组成、计算机体系结构、操作系统、计算机网络等；第二个板块是问题求解课程，主要是让学生学会利用编程工具，在计算平台上，针对复杂问题，设计算法和软件，给出求解方案，相关课程包括程序设计语言、数据结构、算法设计与分析、软件工程等；第三个板块是数据科学课程，主要是让学生了解数据处理的全过程，熟悉利用数据思维求解问题的新方法，掌握数据管理与分析工具等，相关课程包括数据科学导论、数据库、数据分析、深度学习等。因此，数据科学与大数据技术类课程可谓是三足鼎立了。

第二，数据科学导论在数据科学与大数据技术类课程中的定位。在中国人民大学的培养方案中，数据科学与大数据技术课程群包括数据科学导论、数据库系统概论、非结构化数据分析、深度学习等多门课程。无疑，数据科学导论是数据科学与大数据技术课程群的第一门课程。关于这门课程的教学目标，我们的理解是，让学生们对数据科学与大数据技术有一个总体认识。这个专业是培养数据科学家的。在数据科学家的能力模型中，包括以下能力：扎实的计算机基础与技能，能对数据进行收集、清洗、存储、处理、可视化；扎实的数学与统计学基础，能对数据进行建模与分析；具有探索精神，善于和新的、不熟悉的、敏感的事物打交道；良好的沟通交流和表达能力、自主学习的能力；快速了解应用领域专业知识的能力等。因此，我们希望通过这门课程让学生了解从数据中发现知识的过程，通过数据分析形成洞见的能力。因此，需要通过一些具体的数据集（主要是非结构化数据集），再通过编程和使用工具，进行数据分析，从而培养其数据思维能力。

第三，数据科学导论课程的内容组织与结构。我们首先面临的问题就是内容太多：数据类型多，从关系数据、文本数据到图数据；数据处理环节多，从数据采集、数据集成、数据清洗、数据存储，到数据管理、数据分析、数据挖掘、数据展示等；涉及工具多，包括 Hadoop 分布式计算平台、Python 程序设计语言、Neo4j 图数据管理工具、数据分析工具、深度学习工具、数据可视化工具等。我们也曾经设计了一个框架，分别选择了关系数据、文本数据和图数据，重复采集、处理、分析、可视化等数据处理过程，训练学生对工具的使用。但从实践效果看并不理想。也许聚焦某一类型的数据集（建议文本数据集），并从可视化结果开始，由浅入深地让学生感受从数据中获得知识，进行数据洞察更为重要。在这个过程中，根据需要选用最少的工具完成有关的数据处理任务即可。在这个过程中数据分析应该成为核心。

本书是由中国人民大学信息学院参与这门课程教学的几位老师分工完成的，内容上比教学所需要的多一些。这也是为了满足不同的学校在教学中可以选择不同的数据类型、不同的数据处理环节等的需要。除了前三章建议按照顺序教学之外，其他章之间相对独立，授课教师可以选择部分内容进行教学。

总之，由于编者水平有限，对数据科学这一新兴学科的理解还不够深入、教学实践不足，观点不一定正确，请读者批评指正。我们也会不断结合这门课程的实践去完善这门课程以及本书的内容。

杜小勇

中国人民大学教授

中国计算机学会大数据专家委员会主任

目录 CONTENTS

第 7 章 数据存储与管理……150

第 8 章 数据采集与集成……170

第 9 章 数据治理……189

01 第1章 数据科学概论

本章首先介绍数据和大数据的概念，通过几个典型的大数据案例，让读者初步体会到数据的价值，再在此基础上介绍数据思维；然后，给出数据科学的定义，明确一个合格的数据科学家应该具备什么样的能力；最后，本章对整个数据科学与大数据技术课程（本书为该课程提供内容支撑）的内容体系进行介绍，并对各个部分的具体内容逐一进行简单的介绍。

1.1 数据与大数据

我们的生活处处离不开数据。我们生活的各个方面，已经逐渐被数字化。我们管理存款，需要与银行打交道；我们出差、旅行，需要向铁路部门或者航空公司订票；我们通过即时通信软件与朋友联系；我们通过微博、博客发布各种信息。凡此种种，都需要一个后台计算机系统为我们提供即时的信息服务，这些系统也把我们的行为和操作记录下来，形成历史记录，这就是数据。

目前，各行各业采集到的数据，规模越来越大，大数据时代已经到来。

大数据是指一些规模很大的数据集。这些数据集规模如此之大、如此复杂，以至于传统的数据处理软件已经无能为力。对大数据的管理和分析给我们提出了新的挑战，涉及采集、存储、分析处理、查询和检索（搜索）、传输、可视化、隐私保护等方方面面。

大数据来自各个行业，包括政府、制造、医疗卫生、教育、媒体、银行和保险、物联网、科学研究等。以欧洲原子能研究中心的大型强子对撞机（Large Hadron Collider，LHC）为例，LHC 实验中产生的数据，规模巨大，给分析和处理提出了巨大的挑战。在某些实验中，1.05 亿（105

million）个传感器参与测量，每秒采集 4000 万（40 million）次。对撞机中每秒发生 6 亿（600 million）次碰撞，经过过滤，大概有 100 次碰撞需要科学家进一步深入研究。在 LHC 的第二轮（Run 2）运行中，4 个实验每秒产生的数据流量可达 25GB。

大数据具有如下几个主要的特点，如图 1.1 所示。

（1）数据量（Volume）大：大数据的数据规模大。传统的数据库管理系统，管理的数据规模通常为 GB（Gigabytes）级别，少数可达 TB（Terabytes）级别；而大数据的数据规模则达到 TB 甚至 PB（Petabytes）级别。数据规模的变化，由量变引起了质变，大数据里面蕴含的某些规律，需要我们采用有效的办法去分析和挖掘。海量的数据对数据的实时处理提出了严峻的挑战。

（2）数据类型多样（Variety）：大数据包括传统的表格数据（结构化的数据），也包括文本、社交网络、图像、语音、视频等数据（非结构化的数据）。因此，我们需要找到某种办法，针对这些类型多样的数据实现多模态的融合及分析。数据的融合可发挥互相补充和完善的作用，有望在此基础上挖掘出一些意想不到的结果，开阔我们的视野，提高我们决策的针对性。

（3）数据生成速度快（Velocity）：某些数据，比如物联网（Internet of Things，IoT）应用中的传感器产生的数据，生成的速度很快，需要我们研发相应的技术，及时对其进行处理，以满足实时处理的要求。

（4）数据的真实性（Veracity）千差万别：不同来源的数据，数据的质量参差不齐，有的质量高，还有的质量低，包含很多的噪声。若数据的可信度差别过大，将影响我们分析的准确性，因此需要对数据进行必要的清洗和对齐。

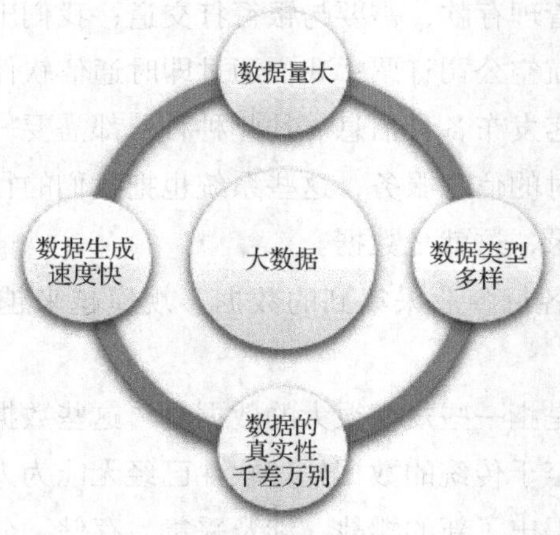

图 1.1　大数据及其特点

1.2　大数据应用案例——从数据到知识，数据思维浅析

下面我们从科学研究范式的变化，来了解数据所起的作用；在此基础上，扩展到大数据的

应用，来看看数据的价值。

1.2.1 数据密集型科学发现

图灵奖得主、关系数据库的鼻祖 Jim Gray，在他生前的最后一次演讲中，将人类科学研究的发展，定义为四个范式（Paradigm，人们遵循的规范或者套路），分别是实验归纳、模型推演、仿真模拟和数据密集型科学发现（Data-Intensive Scientific Discovery）。其中，“数据密集型科学发现”，基于“科学大数据”的深入分析，以期发现新的自然规律。

微软公司专门找了一批专家，由 Tony Hey 等人主编，于 2009 年出版了《第四范式：数据密集型的科学发现》（*The Fourth Paradigm: Data-intensive Scientific Discovery*）一书，对数据密集型科学发现进行了深入的阐述。

人类最早的科学研究，主要以记录和描述自然现象为特征，称为“实验科学”，即第一范式。典型案例如钻木取火等。

随后，科学家开始利用模型，归纳总结过去记录的现象（第二范式）。人类采用各种数学、几何、物理等理论，构建问题模型和解决方案。在模型构建中，去掉复杂的干扰，留下关键的因素，揭示事物发展变化的内在规律。典型案例如牛顿三大定律、麦克斯韦方程组、相对论等。这些理论的广泛传播和运用，对人们的思想和生活产生了极大的影响，推动了人类社会的进步。量子力学和相对论的出现，表明以理论研究为主，以超凡的思考和复杂的计算进行科学研究，可以超越实验设计以及归纳总结。这种研究范式一直持续到 19 世纪末、20 世纪初。

20 世纪中叶，人类发明了电子计算机。过去数十年，计算机的出现，使得人们可以利用计算机仿真来取代实验，这种方式逐渐成为科学研究的常规方法，称为第三范式。人们可以利用计算机强大的计算能力，编写程序，对复杂现象进行模拟仿真，推演越来越复杂的现象，解决更加复杂的问题。典型案例包括核爆炸模拟、天气预报等。

Jim Gray 认为，当今以及未来科学发展的趋势，是计算机不仅能够进行模拟仿真，随着数据量的增长（观测数据、实验数据），计算机还可以帮助我们对数据进行分析和总结，提取规律性的东西，得出结论，甚至上升为理论。换句话说，过去由牛顿、爱因斯坦这样的天才科学家才能完成的高度复杂的工作，未来有望由计算机来完成。这就是科学研究的第四范式，即数据密集型科学发现。

科学研究的 4 种范式如图 1.2 所示。

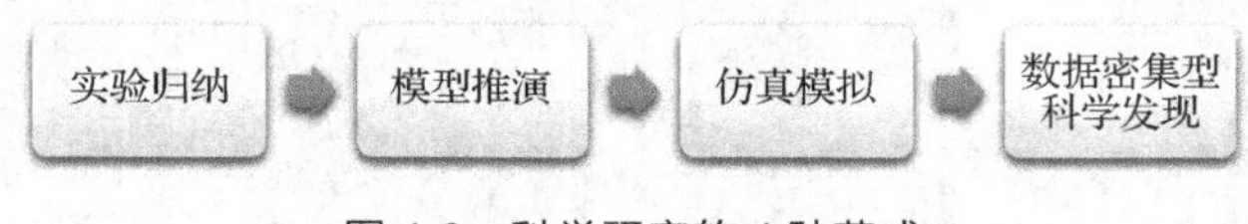

图 1.2 科学研究的 4 种范式

我们看到，第四范式与第三范式，都是利用计算机来进行计算，那么，这两者有什么区别呢？

（1）在第三范式中，科研人员首先提出可能的理论，再搜集数据，然后通过计算来验证理论。而基于大数据的第四范式，则是先有了大量的已知数据，然后通过计算，获得以前未知的发现。一些规律性的发现，经过总结与提高，可以发展成理论。

（2）以往的科学研究，由高度敏锐、善于观察、善于总结的科学家，提出一个主观的假设，再去搜集更多案例来验证这个假设。在第四范式中，计算机自己从海量的数据中发现模式，也就是某些客观的规律性，往往能够给我们带来意想不到的惊喜。

我们可以通过如下的实例，来了解科学研究的第四范式，以及数据在科学研究和科学发现中的价值。

开普勒望远镜，是一架太空望远镜，用于搜寻太阳系外行星。太阳系外行星，是指在太阳系外发现的行星。借助开普勒望远镜的观测能力，天文学家就可以知道行星本身是普遍存在的还是罕见的。由于系外行星距离我们太遥远，不能直接进行观测，因此开普勒望远镜通过凌星现象，测量一颗恒星的亮度变化，来寻找系外行星。

开普勒望远镜 4 年内观测了大约 20 万颗恒星，每 30 分钟拍一张照片，收集了约 140 亿个数据点。这 140 亿个数据点，可转化为大约 2 万亿个可能的行星轨道。开普勒望远镜面临的问题，在于它收集了大量的数据，以至于数量庞大到没有人能够完全操作这些数据。科学家们只能选择那些信号强的行星进行研究。然而，信号弱的行星数据，可能是 AI 的宝藏，具有巨大的研究价值。

NASA（美国国家航空航天局）的科学家和 Google 公司的科学家合作，对开普勒望远镜采集的数据进行深入的分析。为了使数据分析过程更加高效，科学家们开始使用机器学习技术，极大地加快了科学发现的进程。Google 公司的 AI 技术派上了大用场。

NASA 在 2017 年 12 月 14 日的公告中，介绍了开普勒 90 系统（恒星系统 Kepler-90）。这是通过和 Google 公司的合作，从存档的开普勒望远镜数据中发现的，结果令人兴奋。

NASA 专家安德鲁·范德堡（Andrew Vanderburg）和 Google 公司专家克里斯托弗·沙鲁尔（Christopher Shallue）紧密合作，他们采用人工神经网络，对很多信号很弱的行星反馈数据进行处理，识别凌星现象。凌星现象与恒星亮度变化如图 1.3 所示。经过训练，他们教会这个神经网络，通过读取当一个行星在其所属的恒星前经过时恒星亮度的微小变化，识别出这颗行星，并且研判它的一些基本属性。

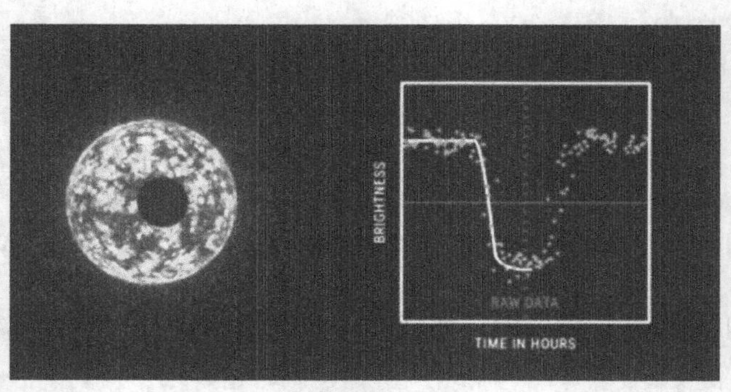

图 1.3　凌星现象与恒星亮度变化

机器学习赋予计算机模式识别的能力，模式识别对于理解数据，尤其是大量的数据非常有用。科学家们很难通过编写一些规则，在开普勒望远镜收到的数据中实现凌星现象的识别。这是因为，由于距离很远、观测的误差等因素，导致恒星亮度的变化并不是严格的周期曲线。于是，科学家们使用超过 15 000 个经过标注的开普勒信号的数据集，创建了一个 TensorFlow 机器学习模型，来区分行星与非行星。在测试中，该系统能够准确地判定哪些信号是行星，哪些信号不是，准确率高达 96%。

AI 技术发现了两颗行星 Kepler 80g 和 Kepler 90i，这就是前面公告提到的开普勒 90 系统。在恒星系统 Kepler-90 中，发现了它的第八颗行星 Kepler-90i。这是除了太阳系外，我们首个知道的拥有 8 颗行星的系统。开普勒-90 系统，就像是太阳系的一个小型版本，靠里的轨道有小行星，靠外的轨道有大行星，只是更紧密一些。

开普勒望远镜一共发现了 2335 个系外行星，其中 30 个被认为是与地球类似的处于宜居带上的行星。如今，我们知道我们的星球并不特别，她坐落在一个可以孕育生命的“适居带”，离太阳不太远也不太近，是一颗不太热也不太冷的行星。

1.2.2　电子商务与推荐技术

在电子商务应用中，用户为寻找符合他们需求的产品，需要在大量类似的商品网页中，进行浏览和选择，费时费力；商家则希望把商品尽快推送给真正需要的用户。哪些用户是真正需要某个商品的用户呢？推荐技术可以帮上忙。推荐技术可以把商品推荐给真正需要的用户，达成皆大欢喜的局面，也就是商家提高了销售，用户及时购买到了自己真正需要的商品。

商家可以根据如下数据，对商品和服务进行推荐。

（1）根据用户近期的浏览、搜索行为，做出相关商品推荐。

（2）根据正在购物的用户的购物车内容，或者用户收藏物品的信息，推荐相似的物品。

（3）根据大量用户的购买历史记录，了解用户之间和商品之间的相似性，进而通过邮件推送或者会员营销，进行推荐。

通过分析可知，商家只需实现或者配置相关的采集软件，就可以采集到上述信息。

具体的推荐技术，大致可以分为如下几类。

（1）基于人口统计特征的推荐：它根据用户的基本信息，发现用户之间的相似度，然后将相似用户喜爱（购买）的物品，推荐给当前用户。对用户的建模，包括记录用户的年龄、性别、兴趣等信息，用户之间的相似度根据这些信息进行计算。这种推荐方法的优势在于，它不需要历史数据，对新用户没有“冷启动”问题（“冷启动”问题是指新用户还没有历史数据，因此商家无法有效地对他进行推荐）；同时，这种推荐方法，无须考虑物品的属性。但是，这种方法比较粗放，效果不理想，只适合于简单的推荐。

（2）基于内容的推荐：首先提取商品（物品）的特征，然后根据物品的相似度，进行推荐。比如，系统发现用户喜欢物品 A，而物品 A 和物品 B 具有相当大的相似度，于是系统给用户推荐物品 B。这种推荐需要对物品进行精细化的建模，建模的对象是物品的特征，所以称为基于内容的推荐。基于内容的推荐，其原理很容易理解，可以通过高维数据，对物品的更多属性进行建模，以达到更高的推荐精度。其劣势是，有时候物品的属性特征很难提取；另外，只考虑物品本身的特征而忽略用户的行为特征，存在一定的片面性。如果某个用户是新用户，没有购买过任何物品，则无法对其进行推荐，即存在新用户的“冷启动”问题。

（3）基于关联规则的推荐：以关联规则为基础，把已经购买的商品作为规则的左部（Left Hand Side），把推荐的商品作为规则的右部（Right Hand Side）。通过对关联规则的挖掘，可以发现不同商品在销售过程中的相关性，在一个交易数据库中，统计购买了商品集 X 的交易中，有多大比例的交易同时购买了商品集 Y。也就是说，用户在购买某些商品的时候，有多大的倾向会去购买另外一些商品。然后根据置信度较高的关联规则，推荐物品。根据用户的购买记录提取关联规则，常用的算法有 Apriori 算法等。

（4）基于协同过滤的推荐：包括基于用户的协同过滤和基于物品的协同过滤两种算法。基于用户的协同过滤，根据用户对各物品的兴趣度计算用户的相似性，找到与某个用户兴趣相似的用户集合，找到这个集合中用户喜欢的，并且该用户没有购买过的物品，将其推荐给该用户，如图 1.4 所示。基于物品（Item）的协同过滤推荐，从物品维度上，根据用户对每个物品的兴趣度，计算物品间的相似性，基于用户对某商品的兴趣程度，寻找出相似度最大的物品，将其推荐给该用户。相似性的计算方法有很多，常用的有向量之间的余弦相似度、向量的欧式距离等。

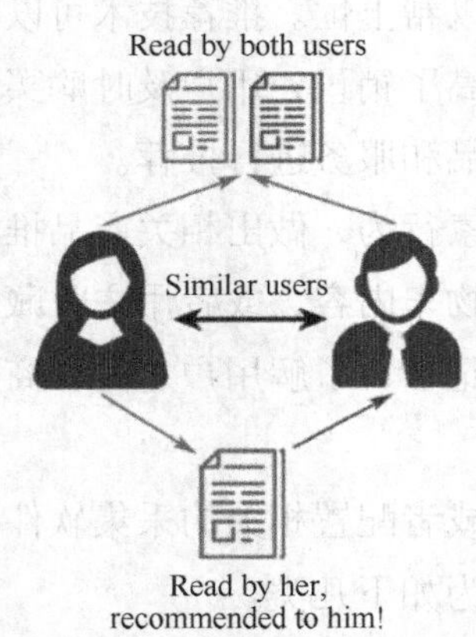

图 1.4　基于用户的协同过滤推荐

1.2.3　网络舆情管理

网络空间是一个开放、自由的空间，人们可以自由地发表自己的见解。其中，微博、微信公众号等，是近几年来兴起的一种“自媒体”。它具有传播主体分散、传播速度快、受众广泛等特点。

网络舆情监控系统，是利用搜索引擎技术和网络信息挖掘技术，通过网页内容的自动采集、处理、聚类、分类、主题检测，以及统计分析，满足企事业单位、政府部门对相关网络舆情监督管理的需要而设计的系统。有些研究者通过对微博内容进行舆情分析，了解青少年的心理健康状况。这些分析结果，可以帮助社会工作者对过激的思想和行为倾向进行干预。在金融市场上，有些研究者通过分析 Twitter 用户的舆情（情感）变化，来预测股票价格的涨跌，进而做出交易决策。

网络舆情监控系统能够提供舆情简报和分析报告，为决策层全面掌握舆情动态，进而做出正确舆论引导，提供分析依据。自媒体的兴起，给舆情管理带来了新的挑战。主要的挑战体现在两个方面，一方面是需要迅速、准确地捕捉到微博等信息；另一方面是需要适时对舆情进行引导。

为了实现对包括微博、博客、各种论坛、微信以及传统媒体的电子版等各种网络信息发布平台的舆情监控，网络舆情监控系统需要具有如下一系列的功能。

首先，需要数据监测技术，实现对上述各个数据源的数据爬取和记录，并对爬取的数据进行适当的预处理，比如对图片、音频、视频进行自动识别等。

其次，需要大规模数据存储技术。通过建设具有海量数据存储能力的大数据平台，实现对大规模结构化数据、非结构化数据的高效读写、存储、检索和交换。

再次，需要数据挖掘技术，从海量数据中快速挖掘有价值的信息，发现数据背后隐藏的规律性。利用关联分析、聚类分析、话题分析、情感分析等技术，自动分析网上言论蕴含的意见和倾向性，揭示舆情发展趋势。

最后，需要安全技术，以保证数据的安全。安全技术包括身份认证、授权、入侵检测、防火墙等技术。

此外，网络舆情监控系统不仅能够提供信息监测、分析功能，还能够提供报警、处置功能。最后，网络舆情监控系统还应能够提供不同的信息观察角度，比如，从个人角度，分析出个人言论倾向、个人社交关系、个人与事件关联关系等；从事件角度，分析出事件发展趋势、事件言论倾向、事件与人物关联关系等。

1.2.4　数据思维

根据维基百科的定义，数据思维，是在利用数据解决业务问题的过程（Process）中，所表现出来的思维模式（Mental Pattern）。这个过程涉及一系列的步骤，包括选择一个业务领域或者主题（Subject），理解业务问题及其数据，对业务问题及其数据进行描述等。为了完整性，数据思维还涉及寻找合适的方法对数据进行分析，以及如何恰当地展示分析结果，把数据处理整个流程的开始（业务需求）和结束（结果的解释和展示）关联起来，形成一个闭合的环路。

数据思维这一概念，是由 Mario Faria 和 Rogerio Panigassi 于 2013 年在他们写的一本关于数据科学的书籍中创造出来的。两位作者中的 Mario Faria，也是世界上最早的首席数据官（Chief Data Officer，CDO）之一。

1.3　数据科学与数据科学家

数据科学，是关于对数据进行分析、抽取信息和知识的过程提供指导的基本原则和方法的科学。数据科学关注各种类型的数据的不同状态、属性及变化规律，提出各种方法和技术手段，对数据进行简单的以及复杂的分析，从而揭示自然界和人类行为等不同现象背后的规律。

数据科学家，是伴随着大数据技术的崛起和数据科学的兴起而出现的新的就业岗位。近年来，数据科学家的需求持续增长。数据科学家是一种复合型人才，需要具备跨学科的知识和使用这些知识的技能，包括数学和统计分析、人工智能与机器学习、数据库与数据挖掘等。具体而言，数据科学家需要具备一系列的关键能力，如图 1.5 所示。

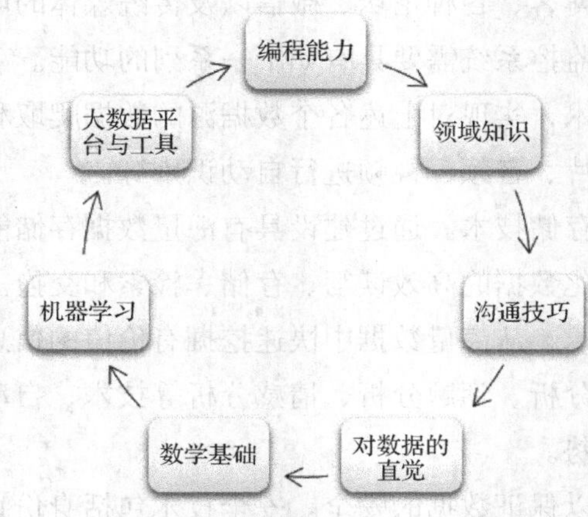

图 1.5　数据科学家需要掌握的知识与技能

1. 将数学基础知识转化为算法的技能

数据科学家需要具有一定的数学基础（Mathematics），对那些从事算法设计的数据科学家而言，在数学方面的要求更高。这些数学知识，包括微积分（Calculus）、线性代数（Linear Algebra）、统计分析（Statistics）等。

这些数学知识，是我们理解现有的机器学习算法和设计新的算法的基础。虽然我们现在可以使用很多的开源软件（如 Python 和 R）来实现数据处理程序的编程，开源社区也已经为这些语言准备了大量的函数库，但是在某些场合，当这些标准的方法不适用时，我们就需要自己设计一些算法了。

统计分析是机器学习算法的基础。作为一名数据科学家，统计分析的知识必不可少，必须熟悉分布（Distribution）、统计检验（Statistical Test）、最大似然估计（Maximum Likelihood Estimate）等重要的概念和方法。这些知识不仅有利于我们理解、设计机器学习算法，还可以帮助我们评价哪些算法是有效的，哪些算法是无效的。

2. 掌握机器学习的方法

大数据真正发挥作用，依赖于人工智能与机器学习技术对其进行加工。Netflix、Google、Uber 等大型互联网公司，拥有大量的数据，是数据驱动型的公司，它们基于数据分析的结果，实现业务运营和制订战略规划。

数据科学家只有掌握了机器学习方法，才能从大量的基础数据中，把其中的规律性的信息挖掘出来。这些机器学习技术，包括简单的决策树（Decision Tree）、随机森林（Random Forests）、K-最近邻（K-nearest Neighbors）算法，也包括更加复杂的期望最大化（EM）、人工神经网络等方法。数据科学家需要深入了解不同方法的优势和劣势，懂得在不同的应用场合，哪些技术是合适的，以便更好地实现业务目标。

3. 熟悉大数据处理平台和工具

数据科学家需要熟悉主流的大数据处理平台和工具，应该知道哪些工具适用于哪些应用场景，并且知道如何将这些工具有机地结合起来，解决实际业务问题。

主流的大数据处理平台包括 Hadoop、Spark、Flink 等。这些平台由一系列的工具构成，也称为一个生态系统（Ecosystem）。这些大数据处理平台各有优缺点，某个单一的平台或者工具不可能解决所有的问题。对于一个企业而言，选择把技术押在某个单一的平台上，也不是明智之举。数据科学家需要了解主流大数据处理平台的原理，知道如何部署，以及如何在这些平台上进行应用开发。

4. 编程能力

数据科学家需要具有理论的准备和实践的能力。如果某个人对支持向量机（Support Vector Machine，SVM）的理论理解得很透彻，但是让他实现或者修改一个支持向量机的程序时，他却无能为力，他就不是一个合格的数据科学家。数据科学家需要具备一定的编程能力（Programming Skills），至少需要掌握一门编程语言，比如 Python 或者 R，当然如果还掌握 C/C++ 和 Java 就更好了。此外，掌握对数据进行查询的标准化语言 SQL，也是必不可少的。

一个数据科学的项目，不太可能是一个人就能完成的，它需要一个团队的努力。作为团队里面的数据科学家，需要了解和运用软件工程（Software Engineering）的技术和方法，保证项目进展顺利，按期、按质、按量完成软件的开发。当一个数据科学家同时担负软件项目的总设计师的职责时，他还应该具有很强的软件工程背景知识。

5. 具备丰富的领域知识

数据科学的最终目标，是为具体的业务需求服务。为了对数据进行针对性的处理，数据科学家需要对数据有一个基本的理解，也就是对数据所表达的具体业务含义（Business Semantic）有所了解。因此，数据科学家需要具备丰富的领域知识（Domain Knowledge）。

即便是一个纯技术岗位的开发人员，如果他没有理解数据所表达的业务含义，那么当他开发具体算法以及应用程序的时候，就无法利用自己拥有的技术能力，实现数据的有效分析。这样一来，他就无法帮助公司基于数据做出决策，增强竞争力。

6. 沟通和交流的能力

沟通和交流的能力（Communication Skills），即使对普通团队里的人，也是很重要的；对数据科学家而言，就更加重要了。数据科学家需要了解业务部门对数据处理的需求，需要把数据分析的结果呈现和解释给业务部门，需要解释这些分析结果发现的机理，也就是讲清楚使用了哪些算法，这些算法是如何挖掘出这些规律性的东西的，这都需要良好的沟通和交流技巧。

业务部门对技术的理解不如数据科学家这么深入，数据科学家需要使用业务人员能够听得懂的语言来与他们交流，既要把技术讲清楚，又不要过于技术化，以至于业务部门无法理解。

数据科学家还经常需要通过幻灯片等方式，来演示和讲解他的想法。因此，具有能够撰写简洁清晰的幻灯片的能力是很有必要的。有些内容通过语言来表达会显得很烦琐，如果能够以图形的方式来展示，则不仅可以减轻演讲者的负担，也能够帮助观众理解演讲者要表达的内容。由此引出数据科学家对数据进行处理的一个重要环节，即数据可视化（Data Visualization），也就是对分析结果进行可视化。

数据科学家需要辅助管理层进行决策（基于数据的决策，Data-driven Decision），因此，有必要让决策者清楚地了解数据分析的结果。通过二维图形、三维图形等可视化形式，可以很容易地使不熟悉数据处理技术的管理层理解数据分析的结果。

在数据可视化方面，数据科学家需要了解数据可视化的原则，并且熟悉一些必要的可视化工具，包括 matplotlib、ggplot、D3.js、Tableau 等。其中，Tableau 是一款流行的商用数据分析、可视化和报表软件。

7. **对数据的直觉**

有时候，数据科学家去问业务部门，他们有什么样的需求，业务部门也不一定能够表达出真实的诉求。因此，数据科学家本身要具有敏锐的直觉，要作为数据驱动的问题解决者（Data-driven Problem-solver）。对数据的直觉（Data Intuition）是难以量化和描述的，但是它的重要性毋庸置疑。优秀的数据科学家，能够问出对的问题（Ask the Right Question），推动数据科学项目前进。对数据的直觉，需要经过长时间的数据科学项目一线工作的锤炼，不是一蹴而就就能够培养的。

数据科学家需要了解数据的不同类型，以及它们的表示（Representation）和分析处理技术。主要的数据类型包括结构化数据、非结构化数据和半结构化数据。

结构化数据一般是指关系数据库（因为关系数据库的查询语言一般是 SQL（结构化查询语言），所以也称为 SQL 数据库）里的表格数据。对于关系数据库（以及 SQL on Hadoop 系统，即在 Hadoop 平台上实现结构化数据管理和 SQL 查询）里的数据，我们一般用 SQL 进行查询和汇总分析。SQL 是关系数据库管理系统的标准查询语言，易学易用。掌握 SQL，并且能够写出非平凡的 SQL（Non-trivial SQL）查询语句，是数据科学家必备的技能之一。

在实际应用中，我们需要处理的数据，其中只有一小部分是结构化数据，而大量的数据则是非结构化和半结构化数据。由于非结构化数据类型多样，无法只用单一的数据库系统进行存储、管理和分析，一般需要针对不同数据的特点，选择合适的数据库。

流行的 NoSQL 数据库，包括键值数据库、列分组（Column Family）数据库、文档数据库，以及图数据库等，它们都采用与关系数据库的表格不一样的数据模型。这些数据库是针对传统的 SQL 数据库的改进，采用了不同的一致性模型，从而支持几乎无限的系统扩展能力，能够实现对几乎是无穷的数据量的管理和分析。这些数据库包括 Dynamo、Cassandra、HBase、

MongoDB、CouchDB、Neo4j 等。数据科学家需要了解如何对非结构化数据进行管理，如何选择合适的工具。

1.4　数据科学与大数据技术课程的内容体系与具体内容

本书为“数据科学与大数据技术导论”课程提供内容。根据上文对数据科学家技能要求的描述，我们对数据科学与大数据技术（课程）的内容体系进行了梳理，主要包括以下几个方面的内容，如图 1.6 所示。

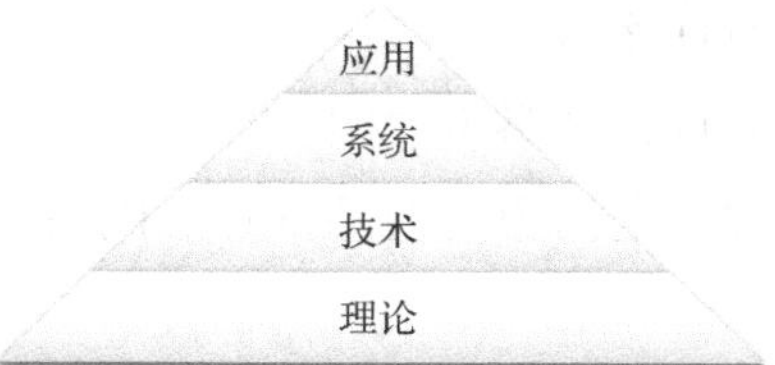

图 1.6　数据科学与大数据技术（课程）的内容体系

1. 理论部分

数据科学是关于数据的科学。数据科学的核心任务，是从数据中抽取信息、发现知识；它的研究对象是各种各样的数据及其特性。数据科学包含一组概念（Concept）、原则（Principle）、过程（Process）、技术/方法（Technique/Method）以及工具（Tool）。其中的概念和基本原则（Fundamental Principle），给予我们观察问题、解决问题的一套完整的思想框架。

2. 技术部分

技术部分的内容，包括不同的数据类型及其管理、分析方法。数据类型包括结构化数据、非结构化数据、半结构化数据，分析方法包括统计学方法、数据挖掘和机器学习方法等。我们需要学习关系模型（表格）及关系数据库技术，学习通用的统计分析、数据挖掘和机器学习方法，包括分类、聚类、回归、关联规则分析、推荐技术、神经网络技术等，并且把它们应用到文本、社交网络、时序数据、轨迹数据的分析中。我们还需要了解不同的数据处理模式，包括批处理、流数据处理，以及如何有机地结合这两者。

3. 系统部分

各种数据分析工具，可以帮助我们真正实现数据的分析和处理，达成数据科学的目标。

当数据的规模大到一定程度的时候，传统计算架构已经不再适用。因此，云计算应运而生，云计算是专为处理大数据而诞生的计算平台。云计算与大数据相辅相成，两者之间互相推动与促进。系统部分的内容，还包括关系数据库管理系统（RDBMS）、NoSQL 系统、NewSQL 系统、流数据处理系统等，以及数据挖掘、机器学习、文本分析、图数据分析的相关工具。

最后，读者还应该熟悉两大主流大数据处理平台和生态系统，即 Hadoop 和 Spark，以便对大数据进行有效的处理和分析。

4. 应用部分

应用部分也是实践部分，学习数据科学和学习编程有一些共通之处。学习数据科学不应该是纯理论的学习，而是应该面向实际问题，通过模仿和创新，寻找问题的解决办法。

应用部分既要包括面向单纯的知识点的应用案例，也应该包括综合案例，以利于学生在不断的实践中，培养解决复杂问题的能力。

1.5 思考题

1. 什么是大数据，大数据有什么特点？

2. 什么是数据密集型科学发现，请举例说明。

3. 除了数据密集型科学发现、电商中的商品推荐、网络舆情管理之外，请举出2～3个大数据应用案例。

4. 什么是数据思维？

5. 什么是数据科学？

6. 什么是数据科学家，其技能要求有哪些？

7. 请说明“数据科学与大数据技术”课程的内容体系，其具体内容包括哪些？

02 第2章　Python语言与数据科学

本章首先介绍 Python 语言的历史和特点，接着通过数据类型、常量/变量、运算符和表达式介绍 Python 语言的基本构造，然后介绍 Python 的分支结构和循环结构。在此基础上，本章最后介绍如何编写 Python 函数和调用库函数，并且给出一个二分查找实例和一个利用递归进行问题求解的实例。

Python 是一种面向对象的编程语言，本章将介绍 Python 面向对象的编程方法，并给出实例，还将阐述如何进行程序异常的处理。

Python 的强大，在于人们已经为它编写了大量的程序库，包括数据预处理库（pandas）、机器学习库（scikit-learn）、深度学习库（Keras）、绘图库（matplotlib）、社交网络分析与图数据处理库（networkX），以及自然语言处理库（NLTK）等。

本章最后给出了一个简短的教程，引导读者使用 pandas 库实现数据的预处理。

2.1　Python 概述

Python 是一种面向对象的、解释型的计算机程序设计语言，由荷兰人 Guido van Rossum 于 1989 年发明。Python 的第一个公开发行版于 1991 年面世，经过近三十年的发展，Python 已经成为一种成熟和稳定的语言。

Python 语言借鉴了大量其他语言的优秀特点，包括 ABC、Modula-3、C、C++、Algol-68、Smalltalk、UNIX Shell，以及一些脚本语言。Python 包含一组完善、易用的标准库，能够完成许多常见任务。它的语法简洁清晰。Python 与其他语言不一样的一个重要的特点在于，Python 采用缩进来定义语句块（若干条语句构成一个语句块），也就是缩进是强制要求的。一般缩进 4 个空格即可。

Python 虚拟机可以在所有的操作系统上运行，包括 Windows、Linux、UNIX、mac OS 等。我们还可以使用包括 py2exe、PyPy、PyInstaller 等工具，将 Python 源代码转换成可以脱离 Python 解释器执行的程序。

Python 经常被当作脚本语言，用于处理系统管理任务和 Web 编程，许多大型网站就是用 Python 开发的，比如 YouTube、Instagram 等。人们为 Python 开发了各种数据预处理、数据挖掘与机器学习、自然语言处理、数据可视化等软件库，建立了强大的生态，其应用领域得到了极大的扩展，被广泛地应用到各种数据分析场合中。

目前 Python 是最流行的 5 种编程语言之一，根据 TIOBE 2019 年发布的编程语言流行度排行榜，Python 是流行度仅次于 Java、C 的编程语言，排在 C++和 C#之前。

2.2 Python 开发环境配置

为了使用 Python 语言进行编程，需要把 Python 开发环境配置到计算机上。截至 2019 年，Python 有两个版本，一个是 2.X 版（如 2.7 版），一个是 3.X 版（如 3.5 版），这两个版本是不兼容的。目前，3.X 版已成为主流的版本，因此本书选用 3.5 版。

安装 Python 的方法有两种，一种是使用官方标准版 Python，另一种是使用第三方发布的集成版，比如 Anaconda。使用前者，用户需要自行安装其他第三方库；使用后者，常用的第三方库已经集成到安装包中，安装完成后即可使用。

本书只介绍 Windows 上的 Python 开发环境配置，其他操作系统上的 Python 开发环境配置，请参考相关资料。安装过程非常简单，用户只需到 Anaconda 网址下载针对目标操作系统（32bit 或者 64bit Windows）的 Python 3.5 安装包，然后运行安装包即可。可以按照默认的配置，把 Anaconda 安装到 C:\Anaconda3 目录下。安装软件会自动修改 Windows 的环境变量 PATH，保证 Python 程序的正确运行。

Python 安装完成后，用户就会拥有 Python 解释器（负责 Python 程序的解释执行）、Python 命令行交互环境（Python Shell）、通过网页进行交互式编程的环境（Jupyter Notebook），以及一个简单的集成开发环境（Spyder），如图 2.1 所示。

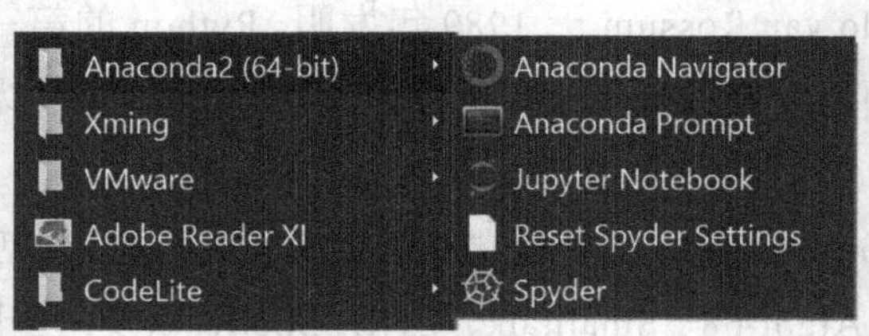

图 2.1　Anaconda Python 开发环境

在编程过程中，如果用户的目的是尝试执行一些代码片段，则可以选用 Jupyter Notebook；如果用户的目的是编写执行复杂功能的程序，则建议使用集成开发环境 Spyder。Spyder 支持程序的调试功能，有利于排除错误。它们的界面分别如图 2.2 和图 2.3 所示。

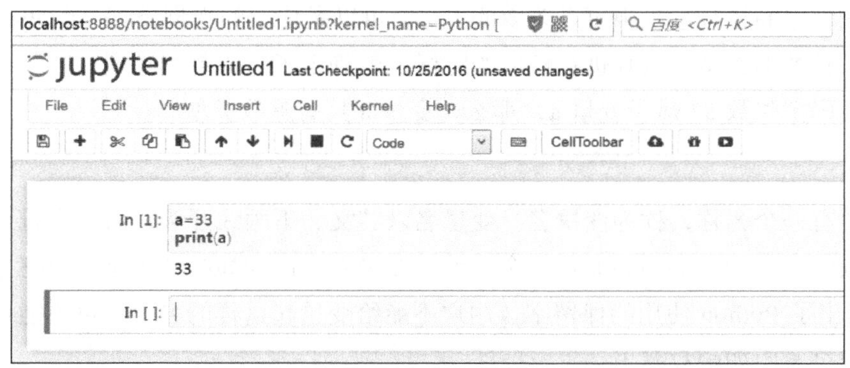

图 2.2　Jupyter Notebook 交互式开发环境

启动 Jupyter Notebook 的步骤是：单击 Windows 开始菜单，找到 Anaconda3 程序组，单击“运行 Jupyter Notebook”快捷方式，浏览器自动启动后，展示 Jupyter Notebook 界面；选择“New”菜单，选择“Python[Root]”菜单项，新建 Notebook；此后用户就可以在输入框，按照 Python 的语法要求，输入 Python 代码，单击运行按钮 ⏭，解释执行代码，即可观察到执行的结果。如果程序中有各种错误（比如语法错误），系统会给出相应的提示，以便我们纠错。

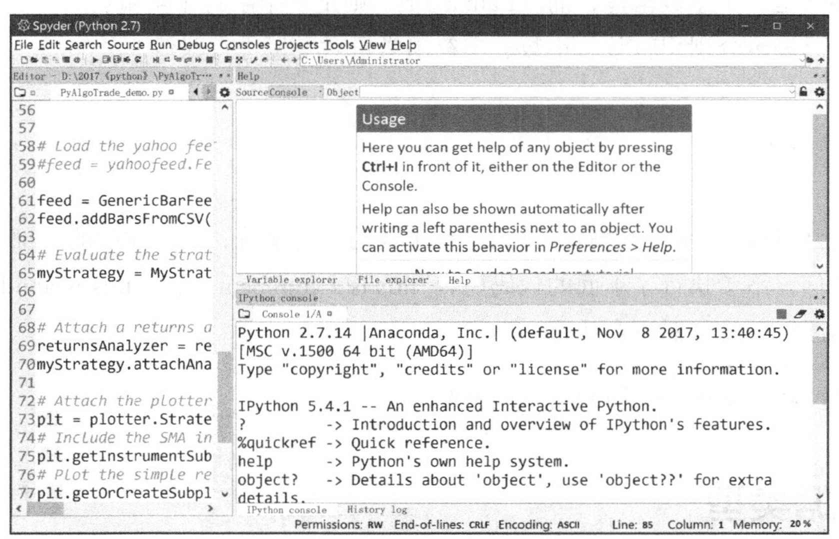

图 2.3　Spyder 开发环境

启动 Spyder 开发环境的方法是，单击 Windows 开始菜单，找到 Anaconda3 程序组，单击“运行 Spyder”快捷方式。Spyder 启动以后，用户就可以新建项目、新建文件、编写代码和调试代码。

2.3 变量、常量和注释

1. 变量

变量是在程序的执行过程中可以改变的量，它可以是任意的数据类型。在 Python 中，变量无须事先定义其数据类型，对其进行赋值的时候，就确定了它的数据类型。

下面的代码把整数 57 赋予变量 a，那么，变量 a 具有整数类型。

```
a=57
print(a)
```

变量需要有一个名称，称为变量名。变量名以英文、下画线开头，后续字符可以是英文、数字或者下画线。比如，my_book 是一个有效的变量名，而 9book 则不是一个有效的变量名。

表 2.1 列出了 Python 使用的保留字，用户不能给变量起这样的名字，也不能把这些保留字用作其他标识符（比如函数名）。

表 2.1　　Python 的保留字

and	assert	break	class	continue	def	del	elif	else	except
exec	finally	for	from	global	if	import	in	is	lambda
not	or	pass	print	raise	return	try	while	with	yield

2. 常量

常量是在程序的执行过程中不能改变的量，包括整数、小数、字符串等。比如，27 是一个整数常量，76.7 是一个小数常量，而“I am a girl”则是一个字符串常量。

下面的代码表示分别用整数、小数、字符串常量对变量进行赋值。

```
a=27
b=76.7
c="I am a girl"
```

3. 注释

Python 的注释以#开头，#之后一直到一行末尾的所有字符，都是注释的一部分，Python 解释器将忽略它们，不予执行。下面的代码里，“this is a comment”和“this is another comment”都是对代码的注释，解释器不会执行。

```
#this is a comment
name = "Tom" #that is another comment
```

2.4 数据类型

Python 支持多种数据类型，当我们对某种类型的变量赋值时，就是把具体的数值和变量关联起来。

Python 支持的数据类型，包括基本数据类型，如布尔值、整数、浮点数、字符串、复数等，以及衍生数据类型，如列表、元组、字典、集合等。第三方软件库如 pandas 等还提供二维表、

Panel（多个二维表）等对象类型，用于表示更加复杂的数据结构。

2.4.1 布尔型

布尔型（bool）有两种取值，True 和 False。在 Python 中，可以直接用 True、False 表示布尔值，也可以通过关系运算或者逻辑运算获得结果。在下面的代码中，通过关系运算 10>5（为真，即 True），为变量 b1 赋值。

```
b1 = 10>5
print(b1)
print(type(b1))  #输出 b1 的数据类型，也就是 bool
```

2.4.2 整数

Python 可以表示精度不限的整数（int，包括 0 和负整数）。在程序中，整数的表示方法与数学上的写法是一致的，比如 150、-50、0 等。下面的代码对整数变量 a、b、c 进行了赋值。

```
a=135
b=-50
c=0xff             #这是一个十六进制整数
print(type(c))     #输出 c 的数据类型，也就是 int
```

在某些场合使用十六进制表示整数比较方便，十六进制用 0x 前缀和若干 0～9 中的数字以及 a～f 字符中的字符表示，比如 0xff00，它的值（按照十进制计）为 $15\times16^3+15\times16^2+0\times16^1+0\times16^0$。

2.4.3 浮点数

浮点数（float）也就是小数，可以使用通用的写法，如 3.27、3.28、-9.11 等；也可以使用科学计数法表示，比如 8.76e3 表示 8.76×10^3，即 8760，1.8e-5 表示 0.000 018 等。下面的代码中，分别给变量 f1、f2 进行了浮点数赋值。

```
f1=8.76e3
f2=1.8e-5
print(type(f1))  #输出 f1 的数据类型，也就是 float
```

2.4.4 字符串

字符串（str）是由若干字符组成的有序序列，字符串可以用单引号或者双引号括起来。如果分别用三个双引号首尾括起来，则可以使用若干行的字符串常量，对一个变量进行赋值，换行和空格都是该字符串的一部分。

下面代码表示分别对变量 s1、s2、s3 和 s4 进行字符串赋值，并且通过下标寻访其元素（即字符）。注意 Python 的下标是从 0 开始的。下标的各种使用方式，代码中给出了说明。

```
s1='small string'
s2="a much larger sting"
s3="""spanning
multiple
lines"""
print(s3)
print(type(s1))          #输出 s1 的数据类型，也就是 str
```

```
str_me= 'Hello World!'
print (str_me)              #打印整个字符串
print (str_me [0])          #打印 0 号下标字符
print (str_me [2:5])        #打印 2、3、4 号下标字符，不包括下标为 5 的字符
print (str_me [2:])         #打印 2 号下标字符，以及后续字符
print (str_me * 2 )         #打印该字符串两次
print (str_me + "MORE")  #把 str 和"MORE"拼接起来，然后打印
```

2.4.5 列表

列表（list）是包含不同类型元素的、可以改变的有序序列。当然，列表的元素也可以是同样类型的，比如整数列表、小数列表等。列表的表示方法是，用符号“[]”把元素包含起来，中间用逗号隔开。注意，列表的元素，也可以是列表。下面的代码表示对列表 list1 进行赋值，并且通过下标寻访其元素。

```
list_me = [ 'abcd', 768, 2.23, 'Tom', 70.2 ]
small_list = [132, 'Tom']

print (list_me )                    #打印 list_me 的所有元素
print (list_me [0])                 #打印 list_me 的 0 号下标元素
print (list_me [1:3])               #打印下标为 1、2 的元素，不包括下标为 3 的元素
print (list_me [2:])                #打印下标≥2 的元素
print (list_me [-1])                #打印倒数第 1 个元素，-1 表示逆序的第 1 个元素
print (list_me [:-1])               #从下标为 0 的元素开始打印，打印到倒数第 2 个元素，
                                    #不包括倒数第 1 个元素

print (small_list * 2)              #打印 small_list 两次
print (list_me + small_list )       #拼接 list_me 和 small_list，然后打印
```

列表是一个可变的有序序列，可以向列表里追加元素（使用 append()方法），也可以把元素插入到指定的位置（使用 insert()方法），比如索引号为 1 的位置。

若要删除列表末尾的元素，则可使用 pop()方法；若要删除指定位置的元素，则可用 pop(i) 方法，i 为索引号；若要把某个元素替换成别的元素，则可以直接赋值给对应的索引位置。示例代码如下。

```
list_me = [ 'abcd', 768, 2.23, 'Tom', 70.2 ]
list_me.append('more')    #把 more 添加到 list 的末尾
print(list_me)

list_me.insert(1,769)     #在下标为 1 处，插入 769 元素
print(list_me)

list_me.pop()             #删除 list 末尾的元素
print(list_me)

list_me.pop(2)            #删除下标为 2 的元素
print(list_me)
```

读者可以执行本代码，查看输出结果，理解各个操作函数的意义。

2.4.6　元组

元组（tuple）也是一种有序序列，与列表非常相似。元组和列表的关键区别是，元组一旦初始化以后，就不能更改了，它也没有 append()、insert()这样的更改序列方法。元组可以被看作是只读的（read-only）列表。定义一个 tuple 时，就需要把元素都定下来。

由于元组的元素是不可变的，所以用户编写的代码更加安全，不会由于不小心修改了某些元素，而导致程序执行错误。如果我们需要修改数据，则可以新建一个列表，然后把元素从元组里复制过去，然后针对新建的列表进行修改。

从元组获取元素的方法和列表是一样的，可以通过下标来访问各个元素，示例代码如下。

```
tuple_me= ( 'abcd', 768, 2.23, 'Tom', 70.2 )
small_tuple = (123, 'Tom')

print (tuple_me)                 #打印 tuple_me 中的所有元素
print (tuple_me [0])             #打印 tuple_me 中的 0 号下标元素
print (tuple_me [1:3])           #打印 tuple_me 中的下标为 1、2 的元素，不包括下标为 3 的元素
print (tuple_me [2:])            #打印下标≥2 的元素
print (tuple_me [-1])            #打印倒数第一个元素，-1 表示逆序的第一个元素
print (tuple_me [:-1])           #从下标为 0 的元素开始打印，打印到倒数第 2 个元素，不包括
                                 #倒数第 1 个元素

print (small_tuple * 2)          #打印 small_tuple 两次
print (tuple_me + small_tuple)   #拼接 tuple_me 和 small_tuple，然后打印

stu1=('Tom', 20, 'male', 95.5, 90.5,88)
print(stu1[0])                   #打印 stu1 的 0 号下标元素
print(stu1[1])                   #打印 stu1 的 1 号下标元素
print(stu1[-1])                  #打印倒数第 1 个元素
```

2.4.7　字典

Python 的字典（dict）是一个对照表，这个表包含一系列的键值对（<key, value>），键值对的 key 和 value 可以是整数、小数、字符串或者布尔值等数据类型。

dict 具有极快的查找速度。寻访一个 dict 的某个 key 所对应的元素，可以使用 dict[key]的方法，也可以使用 dict.get(key)方法。若要删除一个 key，则可使用 pop(key)方法，对应的 value 会从 dict 中被删除。判断一个特定的 key 是否在某一个 dict 中，可以用 key in dict 来判断。

```
dict_me = {'name': 'Tom', 'code':6734, 'dept': 'sales', 'one': 1, 2: 'two'}
print (dict_me ['one'] )       #打印 key 'one'对应的 value
print (dict_me [2] )           #打印 key 2 对应的 value
print (dict_me.get(2) )        #打印 key 2 对应的 value
print ('code' in dict_me )     #判断 key 为'code'的 value 是否在字典中
```

```
print (dict_me)                #打印整个字典
print (dict_me.keys())         #打印所有的 key
print (dict_me.values())       #打印所有的 value
```

2.5 运算符及其优先级、表达式

Python 的运算符包括算术运算符、关系运算符、逻辑运算符、集合运算符、对象运算符等。表 2.2 列出了主要的运算符及其实例。

表 2.2　运算符及其实例

运算符	运算符类型	运算符描述	实例（a=10，b=20）
+	算术运算符	加法运算	a+b 的结果为 30
-		减法运算	a-b 的结果为-10
*		乘法运算	a*b 的结果为 200
/		除法运算	b/a 的结果为 2，a/b 的结果为 0
%		取模运算（求余数）	b % a 的结果为 0
**		幂运算	2**3 的结果为 8
//		除法运算，截掉小数点后的有效数字（称为 Floor 除法）	9//2 的结果为 4 9.0//2.0 的结果为 4.0
==	关系运算符	是否相等	(a == b) 为 False
!=		是否不相等	(a != b) 为 True
<>		是否不相等	(a <> b) 为 True，结果与!=相同
>		是否大于	(a > b) 为 False
<		是否小于	(a < b)为 True
>=		是否大于或者等于	(a >= b)为 False
<=		是否小于或者等于	(a <= b)为 True
=	赋值运算符	赋值	c = a + b 表示将 a+b 的值赋给 c
+=		加法与赋值	c += a 相当于 c = c + a
-=		减法与赋值	c -= a 相当于 c = c - a
*=		乘法与赋值	c *= a 相当于 c = c * a
/=		除法与赋值	c /= a 相当于 c = c / a
%=		取模与赋值	c %= a 相当于 c = c % a
**=		幂运算与赋值	c **= a 相当于 c = c ** a
//=		Floor 除法与赋值	c //= a 相当于 c = c // a
and	逻辑运算符	两个操作数都为真，结果为真，否则为假	3>2 and 4>3 为真
or		两个操作数只要有一个为真，结果为真，否则为假	3>2 or 3>4 为真
not		对操作数取反，真变成假，假变成真	a=3 not (a>4)为真

续表

运算符	运算符类型	运算符描述	实例（a=10，b=20）
in	集合运算符	元素是否在集合里	list=[1,2,3] 1 in list 为 True
not in		元素是否不在集合里	list=[1,2,3] 4 not in list 为 True
is	对象运算符	是否为同一个对象，如果 id(x)等于 id(y)，那么结果为 True	tuple1=(1,2,3) tuple2=tuple1 tuple2 is tuple1　为 True
is not		是否为不同对象，如果 id(x)不等于 id(y)，那么结果为 True	tuple1=(1,2,3) tuple2=(5,6,7) tuple2 is not tuple1　为 True

运算符是有优先级的，比如在一个表达式中，既有加减法运算，又有乘除法运算，那么在没有括号的情况下，先做乘除法运算，再做加减法运算。若使用括号，则会改变运算执行的顺序。比如，a+b*c，对该表达式进行计算的时候，先计算 b*c，再把 b*c 的计算结果与 a 相加，得到最终结果；如果把该表达式改成(a+b)*c，那么，对该表达式进行计算的时候，先计算 a+b，再把 a+b 的计算结果与 c 相乘，得到最终结果。

在变量、常量、运算符的基础上，我们就可以构造表达式，对数据进行计算。表达式是利用运算符，把兼容的常量、变量拼接起来的式子，表达式是编写程序的基础。比如我们有两个整数类型的变量，那么就可以利用关系运算符，构造关系运算表达式 a>b，当 a 的值大于 b 的时候，其值为真（True），否则为假（False）；还可以在此基础上，构造逻辑表达式，比如 a>b and c>d，那么只有当 a>b 和 c>d 同时为真的时候，该表达式的值为真。关系表达式和逻辑表达式可以使用在分支程序结构中。

2.6　程序的基本结构

程序的基本结构有 3 种，分别是顺序结构、分支结构和循环结构。

2.6.1　顺序结构

顺序结构是最常见的一种程序结构。解释器执行顺序结构的 Python 程序时，它将顺序地解释执行各个语句，直到程序的末尾。比如，下面的程序，首先给两个变量赋值，然后交换两个变量的值，最后打印出两个变量的值。

```
a=3
b=7

t=a
a=b
b=t
print(a)
print(b)
```

2.6.2 分支结构

分支结构用于根据一定的条件进行判断，然后决定程序的走向，赋予程序一定的智能性。分支结构由 if 语句、else 语句、elif 语句来构造，并且可以嵌套。我们通过实例来了解 if 语句的语法结构和功能。

分支结构的第一个实例如下，当 a 的值大于 b 的时候，对 a 和 b 的值进行交换，最后先输出 a，再输出 b，最后的结果是按照从小到大的顺序输出两个整数。

```
a=8
b=7
if a>b:
    t=a
    a=b
    b=t      #这三个语句属于一个语句块，注意语句块的缩进
print(a)
print(b)
```

分支程序结构的第二个实例如下，当 a 的值大于 b 时，则打印 a larger than b，否则打印 a less than or equal to b。在这个实例里面，条件为真的时候，进行某种处理；条件为假的时候，进行另一种处理。

```
a=8
b=7
if a>b:
    print('a larger than b')
else:
    print('a less than or equal to b')
```

分支程序结构的第三个实例如下，这个实例对不同区段的成绩，按照 A、B、C、D、E 等不同级别进行分档，需要使用 if…elif…else。注意在这里，每个“else if”都是对排除前面已经考虑的情况以后的其他情况进行处理。

```
score=85
grade='A'
if (score<60):          #60 分以下
    grade='E'
 elif (score<70):       #60 分及以上，70 分以下
     grade='D'
 elif (score<80):       #70 分及以上，80 分以下
     grade='C'
 elif (score<90):       #80 分及以上，90 分以下
     grade='B'
else:
   grade='A'            #90 分及以上
print(grade)
```

2.6.3 循环结构

Python 支持两种循环结构，分别是 while 循环和 for 循环。

循环结构的第一个实例是一个 while 循环。首先给变量 i 赋予初值 1，然后通过 while 循环

判断它的值是否还处于 1～6，然后把 i 累加到变量 sum 中，最后求出 1+2+3+4+5+6 的值。其中，i 为循环变量。

```
i=1
sum=0
while( i<=6):
    sum = sum +i
    i = i +1
print(sum)
```

循环程序结构的第二个实例是一个 for 循环。首先创建一个列表，然后在列表（长度为 4）之上创建一个有效下标范围[0, 1, 2, 3]，再依次按照每个下标顺序地访问列表的每个元素。其中，index 为循环变量。

```
fruits = ['banana', 'grape', 'apple', 'mango']
for index in range(len(fruits)):          # len(fruits)为 4，range(4)为[0,1,2,3]
  print ('Current fruit :', fruits[index])

print ("Bye bye!")
```

2.6.4 编写完整的程序

我们编写程序是为了解决实际的问题。程序的要素有两个，一个是数据结构，另一个是算法。数据结构是对我们要解决的问题进行的建模，而算法则是解决问题的一系列步骤。

任何复杂的算法，都可以使用前文讲述的顺序、分支、循环等程序的基本结构来构造。算法具有如下的一系列的特点。

（1）确定性：算法的每个步骤都是确定的，不是含糊、模棱两可的。

（2）有穷性：算法应该包含有限的操作步骤，而不是无限的。

（3）有 0 个或者多个输入：算法可以通过输入获得必要的外界信息。

（4）有 1 个或者多个输出：算法的目的就是求解，问题的解，就是算法的输出。

（5）有效性：算法的每个步骤都得到确定的结果。

比如，现在我们需要对全班的语文成绩进行排序，然后从高到低显示同学的名字和语文成绩。首先，我们需要把每个同学的名字和语文成绩保存起来，可以使用两个列表 name_list、chinese_list，分别保存全班同学的名字和语文成绩，两个列表相同下标的元素，对应某个同学的名字和语文成绩，这就是数据结构的一个实例。

在此基础上，我们需要对整个问题进行分解，把大的问题（程序）分解成一系列的小问题（模块或函数）。在此，我们把上述问题分解成两个小问题，分别如下。

（1）对全班的成绩进行排序。

（2）显示全班同学的姓名和成绩。

对于这两个小问题，我们需要进一步设计解决它们的一系列的步骤（算法）。比如，对于全班成绩的排序问题，可以利用冒泡排序算法加以解决；而对于显示全班同学的姓名和成绩，需要的步骤则简单得多，可以通过一个 for 循环，把各个同学的姓名、成绩（各个下标对应的 name_list、chinese_list 列表的元素）打印出来。

2.6.5 程序实例：二分查找

在一个列表里面寻找一个元素，如果数据是没有顺序的，那么只能从头开始找，或者从末尾开始找，直到找到该元素为止。或者已经查找完整个列表，没有找到该元素，这时候应该报告找不到。如果列表的元素是有序的（比如列表包含数字，数字元素从小到大排列；或者，列表包含字符串，字符串元素符合字典序等），我们就可以使用二分查找算法寻找某个元素。

二分查找算法的基本原理是，我们到有序序列的中间去查找某元素，如果找到，则停止。否则，如果目标元素比中间这个元素大，则到有序序列的较大序列部分去查找；如果目标元素比中间这个元素小，则到有序序列的较小序列部分去查找。直到找到目标元素，或者查找了整个序列为止（找不到）。二分查找可用 while 循环实现，代码如下。

```
a = [1,2,3,4,5,6,7,8]
target = 2
found_index = -1

low = 0
high = len(a) - 1

while low <= high:
  mid = (low + high) // 2
  midVal = a[mid]

  if midVal < target:
      low = mid + 1
  elif midVal > target:
      high = mid - 1
  else:
      found_index = mid
      break

if(found_index==-1):
   print('not found')
else:
   print ('%s:%d'%('found', found_index))
```

2.7 函数以及库函数

在 Python 语言中，函数可以把具有一定功能的代码组织起来。对于经常用到的一些功能，比如打印输出变量的值，可以把实现这些功能的代码组织成函数的形式，在需要这些功能的时候，直接调用函数即可，无须再写一遍类似的代码。可见，编写函数的目的是多次调用。

定义函数的时候，只需要规定好函数接受什么样的参数，将返回什么样的值。对于调用者来说，只需要了解这些信息就足够了，至于函数内部是如何实现的，则无须关心。函数的实现者则负责函数的真正编写。

下面通过一个实例，展示如何定义一个函数。在上文中，二分查找代码是针对特定的列表的某个元素的查找，如果我们把二分查找实现为一个函数，那么在我们需要对另外一个列表进行元素查找的时候，只需要调用函数即可。

定义一个函数的语法如下：

```
def 函数名(参数列表):
  函数体(语句块)
```

下面的代码，展示了二分查找函数的定义，以及对它的两次调用。从这个实例可以看出，通过把一些公用的功能实现为一个函数，我们就可以多次调用该函数，代码也会变得更加简洁。

```
def binary_search(a, target):
  low = 0
  high = len(a) - 1

  while low <= high:
    mid = (low + high) // 2
    midVal = a[mid]

    if midVal < target:
        low = mid + 1
    elif midVal > target:
        high = mid - 1
    else:
        return mid
  return -1

a = [1,2,3,4,5,6,7,8]
target = 2
found_index = -1
found_index = binary_search(a,target)          #调用 binary_search 函数
if(found_index==-1):
    print('not found')
else:
    print '%s:%d'%('found', found_index)

a = [3,5,7,11,13,17,23,29]
target = 2
found_index = -1
found_index = binary_search(a,target)          #调用 binary_search 函数
if(found_index==-1):
    print('not found')
else:
    print ('%s:%d'%('found', found_index))
```

在 Python 中，一个函数可以调用其他函数，甚至可以调用自身，即函数可以递归调用。函数的递归调用，使得解决一些问题的代码变得简单、易于理解。

这里介绍一个实例，利用函数的递归调用，计算 n 的阶乘，其设计思路如下。

（1）如果 n==0 或者 n==1，那么 n 的阶乘为 1。

（2）如果我们知道了 n-1 的阶乘，把它乘上 n 就可以得到 n 的阶乘，问题的规模就缩小了一阶，也就是 n 的阶乘的计算变成 n-1 阶乘的计算，加上一个附加的步骤（乘以 n）。由于 0 或者 1 的阶乘是很容易得到的，也就是问题规模缩小到 0 或者 1 的阶乘时，我们就可以解决它了。

一旦低阶的问题得到解决，我们就可以一步步退回去，把高阶的问题解决掉。

利用函数的递归调用，计算阶乘的代码如下。

```
def fractal(n):
  if n==1 or n==0:
     return 1
  return n*fractal(n-1)
print (fractal(5))
```

利用函数的递归调用，可以很方便地解决一个经典的问题，即 Hanoi 塔问题。Hanoi 塔问题的设定是，古代有一个梵塔，塔内有 3 个座，分别是 A、B、C 座。开始时，A 座上有 64 个盘子，盘子大小不一，大的在下，小的在上。有一个和尚，想把这 64 个盘子从 A 座移动到 C 座。但是有一些约束条件，即一次只能移动一个盘，并且在移动的过程中，在 3 个座上都要保持大盘在下、小盘在上。在移动的过程中，可以利用 B 座。

解决这个问题的思路是：如果只有 1 个盘子要移动，那么我们直接把这个盘子从 A 座移动到 C 座即可；如果现在有 *n* 个盘子要移动，我们可以把 *n*-1 个盘子当作一个整体，利用 C 座进行腾挪，把 *n*-1 个盘子移动到 B 座（利用 C 座），接着，直接把第 *n* 个盘（即最大那个盘）移动到 C 座，最后，把已经腾挪到 B 座的 *n*-1 个盘，利用 A 座，腾挪到 C 座。利用函数的递归调用，实现 Hanoi 塔问题求解的代码如下。

```
def hanoi(n, x, y, z):
  if n==1:
     print(n, ':', x,'-->',z)
  else:
     hanoi(n-1, x, z, y)           #将前 n-1 个盘子从 x 移动到 y 上（用 z）
     print(n, ':', x,'-->',z)      #将最底下的最大的一个盘子从 x 移动到 z 上
     hanoi(n-1, y, x, z)           #将 y 上的 n-1 个盘子移动到 z 上（用 x）

n=int(input('please input number of disks:'))
hanoi(n, 'x', 'y', 'z')
```

Python 解释器已经内置了若干函数，方便用户调用。这些函数可以实现数学运算、集合操作、逻辑判断、输入/输出等功能。在这里，我们将介绍 print 函数和 input 函数，Python 其他内置函数的使用方法，请参考本书的相关资料。

input 函数用于实现用户输入。input 函数可以包含一个用户提示（prompt），也就是在用户输入之前，先输出一个提示性的语句。如果用户的输入在语法上是无效的，则 input 函数可能引发一个异常 SyntaxError。关于异常处理，将在后文进行介绍。在上文的 hanoi 塔实例中，n=int(input(' please input number of disks:'))语句表示先打印提示性语句' please input number of disks:'，等待用户输入，然后把用户的输入转换为一个整数，赋给变量 *n*。

print 语句主要用于输出用户数据，一般输出到屏幕上，即 Python 对象 sys.stdout。print 语句可以实现灵活的格式控制，这里仅仅举一个简单的例子，更精细的输出格式控制，请参考相关文档。

```
a =4
b=7.5
```

```
c='young people'
print(a, b, c)                  #顺序输出 a、b、c 的内容
print ('%d,%f,%s\n'%(a,b,c)) #按照格式串'%d,%f,%s\n'输出 a、b、c 的值
#%d 表示输出整数，%f 表示输出小数，%s 表示输出字符串，\n 表示换行
```

2.8　面向对象编程

Python 是一种面向对象的编程语言，它通过封装机制，把数据和对数据的操作封装成类，而类的实例化则是一个个的对象。

比如，我们要对职员进行管理，需要记录他们的姓名、性别、年龄、薪水等信息，针对某个职员，可以显示他的这些信息。我们通过设计职员类，管理上述属性，并且提供显示职员信息的函数。职员类（Class）建立以后，我们就可以生成职员类的实例（Instance）即对象（Object），如分别对应 Tom、Mary 等职员，示例代码如下。

```
class Employee(object):
  def __init__(self, _name):
    self.name = _name

  def setName(self, _name):
    self.name = _name
  def setSex(self, _sex):
    self.sex = _sex
  def setAge(self, _age):
    self.age = _age
  def setSalary(self, _salary):
    self.salary = _salary
  def show(self):
    print ('name:', self.name, ', sex:', self.sex, ', age: ',self.age, ', salary: ',
self.salary)

emp1 = Employee('Tom')          #构造一个对象（Employee 类的实例）
emp1.setName('Tom')
emp1.setSex('Male')
emp1.setAge(38)
emp1.setSalary(9800.00)
emp1.show()

emp2 = Employee('Mary')         #构造一个对象（Employee 类的实例）
emp2.setName('Mary')
emp2.setSex('Female')
emp2.setAge(39)
emp2.setSalary(9500.00)
emp2.show()

print (Employee.__name__)       #显示类名
```

Python 的每个类都有一些内置的属性，包括__dict__、__doc__、__name__、__module__、__bases__等。其中__name__属性值为类的名字，上述 Employee 类的__name__属性为字符串

'Employee'。

2.8.1 构造函数

一个类的构造函数负责对象的构造，构造函数的名称为__init__，它包含一个 self 参数以及其他参数。其中，self 参数指向将要构造的对象，也就是说，self 是对象的引用。构造函数的作用是对对象进行初始化。比如，在上述代码中，Employee 类的构造函数__init__通过_name 参数对对象的 name 属性进行赋值。对__init__函数的调用，隐含在 emp1 = Employee('Tom')和 emp2 = Employee('Mary')等语句的调用过程中，这两个语句分别创建了 emp1 对象和 emp2 对象，它们的 name 属性分别被设置为'Tom'和'Mary'。

2.8.2 对象的摧毁和垃圾回收

对于程序不再使用的对象，Python 周期性地执行垃圾回收过程，自动删除这些对象，释放其所占用的内存空间。

2.8.3 继承

在定义类的时候，我们可以基于已有的类定义新的类，新的类（子类）和已有的类（父类）是继承的关系。子类不仅继承了父类的所有属性和方法（函数），还可以增加新的属性和方法。比如，我们定义了一个新的类 Manager，它继承于 Employee 类，但是增加了一个新的属性 subsidy（特殊津贴），具体代码如下。

```
class Manager(Employee):                #定义子类
    def setSubsidy(self, _subsidy):
        self.subsidy = _subsidy

mgr1 = Manager('tom')
mgr1.setName('tom')
mgr1.setSex('Male')
mgr1.setAge(31)
mgr1.setSalary(10100.00)
mgr1.setSubsidy(1000.00)
mgr1.show()
```

2.8.4 重写

在上一个实例中，调用 mgr1.show()的时候，只显示了 Manager 的姓名、性别、年龄和薪水，但是没有显示特殊津贴。为此，我们必须为新的类 Manager 定义一个新的 show 函数，这个函数与父类 Employee 的 show 函数同名，但是功能有些不一样，除了显示姓名、性别、年龄和薪水，它还显示特殊津贴。这种对父类的方法进行重新定义的机制，称为重写（Override）。

```
class Manager(Employee):                #定义子类
    def setSubsidy(self, _subsidy):
        self.subsidy = _subsidy
    def show(self):
        print ('name:', self.name, ', sex:', self.sex, ', age: ',self.age, ', salary:
```

```
',self.salary, ', subsidy: ',self.subsidy)

    mgr1 = Manager('tom')
    mgr1.setName('tom')
    mgr1.setSex('Male')
    mgr1.setAge(35)
    mgr1.setSalary(10100.00)
    mgr1.setSubsidy(1000.00)
    mgr1.show()
```

2.9　异常处理

在执行程序的过程中，可能发生各种异常情况，比如一个非零的整数除以 0 就会引发异常。我们可以捕捉程序的异常，然后打印提示信息，帮助用户了解发生的情况，然后采取补救措施，而不是让程序终止执行。比如提示用户输入正确的数值、释放磁盘空间、连接互联网等。

一般把有可能引发异常的代码放在一个“try: ”语句块里，在“try: ”语句块之后，跟着一个“except: ”语句及其语句块，该语句块的代码，将对异常情况做出处理。

下面的代码显示如何捕捉整数除以 0 的异常。

```
try:
   a = 10
   b = 0
   print (a / b)
except ZeroDivisionError:
  print ('you can not divide some not zero number by a zero! Error captured! ' )
```

Python 的异常，实际上是某个异常类的实例，比如上述实例中的 ZeroDivisionError 是一个异常类。

2.10　第三方库和实例

人们在编写 Python 程序的时候，并不是什么都从头开始，而是有很多的第三方库可以使用，Python 语言的强大也来源于此。第三方库一般以模块（Module）的方式对代码进行组织，把相关的代码组织到一个模块里面，易于人们的理解和使用。

最简单的模块就是一个 Python 源代码文件。在这个源文件里面，可以定义类（Class）、变量（Variable）和函数（Function）。

为了使用第三方库，需要把模块导入到本文件，才能使用模块中的功能。比如，若要使用 pandas 库的功能，则可以通过在源代码里面写上 import pandas as pd，将这个库的相关类、函数和变量导入到本文件。这里的 pd 是 pandas 库的一个别名。我们可以在一个 import 语句里，把若干个模块导入进来，比如 import $module_1$, $module_2$,…, $module_n$。

我们也可以把一些通用功能写到一个源文件里，形成自己的模块，其他的文件可以通过

import 语句导入这些模块，从而使用其中的功能。

对应的模块文件需要放在操作系统的搜索路径（Search Path）中。搜索路径指的是 Python 解释器可以在里面搜索模块文件的一系列目录。在 Windows 操作系统中，可以通过设定 PATH 系统环境变量，设置搜索路径。

2.10.1 机器学习库 scikit-learn 简介

scikit-learn 是面向 Python 的机器学习软件包，它可以支持主流的有监督机器学习方法和无监督机器学习方法。

有监督的机器学习方法，包括通用的线性模型（Generalized Linear Model，比如线性回归 Linear Regression）、支持向量机（Support Vector Machine，SVM）、决策树（Decision Tree）、贝叶斯方法（Bayesian Method）等；无监督的机器学习方法，包括聚类（Clustering）、因子分析（Factor Analysis）、主成分分析（Principal Component Analysis）、无监督神经网络（Unsupervised Neural Network）等[①]。

2.10.2 深度学习库 Keras 简介

Keras 是基于 Theano 或者 Tensorflow 的一个深度学习软件库。它是用 Python 语言编写的一个高度模块化的深度学习库，支持 GPU 和 CPU。用户可以选择安装 Theano 或者 Tensorflow 作为后端，然后再安装 Keras，修改其配置文件，指定所使用的后端。

Keras 文档齐全，接口非常简单，易于学习和使用。它本质上是在 Theano 和 Tensorflow 库上增加了一个接口层，使得用户可以采用搭积木的方式，建立深度学习模型。Keras 的社区和论坛非常活跃，版本更新非常快。Keras 的主要缺点在于，它的执行速度不如原生的 Theano 和 Tensorflow 库那么快。

Keras 的主要模块如下。

（1）Optimizers 是优化模块，提供了通用的优化方法，包括随机梯度下降法（Stochastic Gradient Descent，SGD）。

（2）Objectives 是目标函数模块。

（3）Activations 是激活函数模块。

（4）Initializations 是参数初始化模块。

（5）Layers 模块则包含了构造深度神经网络的基本构件（层）。

（6）Preprocessing 是预处理模块。

（7）Models 模块把各种基本组件组合起来，组成一个深度神经网络。

2.10.3 绘图库 matplotlib 简介

matplotlib 是一个 2D 绘图库。用户可以使用 matplotlib 生成高质量（达到出版精度）的图

① 具体的 scikit-learn 实例、Keras 实例、matplotlib 实例，在“第 5 章　数据分析与计算”中进行介绍。

形，并且可以以多种格式进行输出，比如以 Postscript 的格式输出，然后包含在 Tex 文件中，进而生成 PDF 文档。matplotlib 是用 Python 语言编写的，它使用了 numpy 及其他函数库，并且经过优化，能够处理大数组。

matplotlib 提供了面向对象的编程接口，用户只需编写几行代码，就可以对数据进行图形绘制，看到数据的可视化效果。而对于高级用户而言，matplotlib 提供了完全的定制能力，包括设定线型、字体属性、坐标轴属性等。matplotlib 提供了众多的图形类型供用户选择，包括柱状图（Bar Chart）、误差图（Error Chart）、散点图（Scatter Plot）、功率谱图（Power Spectra）、直方图（Histogram）等。

2.10.4　社交网络与图数据处理库 networkX 简介

networkX 是用 Python 语言开发的一个软件包，用于复杂网络分析，包括创建网络、对网络进行操作、研究网络的结构及其动态演化机制等。networkX 是一款免费的软件，遵循 BSD License 版权协议，用户可以对其进行修改和再发布（Redistribute）。networkX 项目创建于 2002 年。第一版由 Aric Hagberg、Dan Schult 和 Pieter Swart 在 2002 年和 2003 年设计和实现。networkX 的第一个公开发行版于 2005 年发布。

networkX 内置了常用的图与复杂网络分析算法。通过使用 networkX，用户可以很方便地存取网络文件格式，生成各种随机模型的网络，分析网络结构，仿真建模，对网络进行可视化等。networkX 可以应用于社交网络分析、生物网络分析、基础设施网络分析等领域。

2.10.5　自然语言处理库 NLTK 简介

NLTK（Natural Language Toolkit）是面向自然语言处理的开源软件库，用户可以基于 NLTK，使用 Python 语言编写自然语言处理程序。

NLTK 提供了一系列库函数，完成文本的分词（Tokenization）、词干提取（Stemming）、语法树分析以及词性标注（Parsing & Tagging）、命名实体识别（NER）、短语识别（Phrase Recognition），以及文本分类等（Classification）。此外，NLTK 还提供了方便的编程接口，可以存取超过 50 个语料库（Corpora）和文本资源，比如 WordNet 等。

2.10.6　pandas 库入门

1. pandas 库介绍

pandas 是开源的（BSD-licensed）Python 库，可提供易于使用的数据结构和数据分析工具。为了表示和分析现实世界中各类真实数据，pandas 提供了如下基本数据结构。

（1）Series：即一维数组。与 numpy 中的一维数组 array 类似，Series 和 array 与 python 的数据结构 list 也很相近。主要区别在于，list 中的元素可以是不同的数据类型，而 array 和 Series 则只允许存储相同数据类型的元素，可以更有效地使用内存，提高运算效率。

（2）Time Series：以时间为索引的 Series。

（3）DataFrame：二维表格型数据结构。可以将 DataFrame 理解为 Series 的容器。

（4）Panel：三维数组。可理解为 DataFrame 的容器。这些数据结构可以用于表示和处理金融、统计、社会科学，以及众多的工程领域用到的数据。

Pandas 的功能简述如下。

（1）处理数据的缺失值（Missing Data），包括浮点数和非浮点数的缺失值。

（2）动态扩展性，用户可以插入或者删除 DataFrame 数据结构的列。

（3）数据对齐（Data Alignment）：用户可以把数据对象对齐到标签（Label），或者由 Series、DataFrame 等数据结构自行对齐。

（4）分组聚集功能（Group by and Aggregation）。

（5）把其他 numpy 等第三方库的数据结构转换成 DataFrame。

（6）数据转换（Transformation）。

（7）数据集的合并（Merging）和连接（Joining）。

（8）从 CSV 文件、Excel 文件、数据库等进行数据装载，把数据保存到 HDF5 格式的文件中，以及从 HDF5 格式的文件中装载数据。

（9）坐标轴的层次标签（Hierarchical Labeling）。

（10）数据透视表的旋转（Pivoting）、改变形状 （Reshaping）。

（11）对大数据集进行基于标签的（Label based）数据切片（Slicing）、提取子集（Sub Setting）、建立和使用索引（Fancy Indexing）。

（12）pandas 还提供面向时间序列数据处理的一些特殊功能，比如时间频率转换、移动窗口上的统计值计算、移动窗口上的线性回归、序列的前移和后移（Shifting and Lagging）、生成时间范围（Date Range）等。

数据科学家对数据进行处理和分析，需要经过几个重要的阶段，分别是清洗和修改（Munging and Cleaning）、建模和分析、把分析结果以可视化的方式进行展示等。pandas 对这些任务都提供了一定程度的支持，但是它的重点功能还是集中在数据预处理上。下文给出一系列实例，帮助读者学习 pandas 的功能。

2. 创建 Series（一维序列）

如下的实例创建一个 Series，然后把它打印出来，NaN 表示 Not a Number，即它不是一个有效数值。这个 Series 的各个元素的标签为 0、1、2、3、4、5 等。

```
import pandas as pd
import numpy as np

s = pd.Series([1,3,5,np.nan,6,8])
print (s)
```

3. 创建 DataFrame（二维表）

DataFrame 是一个二维表，以 SQL 数据库表格进行类比，则 DataFrame 中的每一行是一个记录，每一列为一个字段，即记录的一个属性。每一列的数据类型都是相同的，而不同的列可以是不同的数据类型。

如下的实例首先创建了一个时间范围，然后基于这个时间范围创建了一个 DataFrame。DataFrame 的行标签，就是先前创建的时间范围，而列标签为 A、B、C、D。

```
import pandas as pd
import numpy as np

dates = pd.date_range('20130101', periods=6)
df = pd.DataFrame(np.random.randn(6,4), index=dates, columns=['A', 'B', 'C', 'D'])
print (df)

df['E']=[ 'one', 'one', 'two', 'three', 'four', 'three']      #增加一列，列名为 E
print (df)
```

我们还可以使用另外一种方式创建 DataFrame，输入的参数是一个字典，字典中的每个键值对（<key, value>）的 value 可以转换成一个 Series，示例代码如下。

```
df2 = pd.DataFrame({ 'A' : 1.,
     'B' : pd.Timestamp('20130102'),
     'C' : pd.Series(1,index=range(4),dtype='float32'),
     'D' : np.array([3] * 4,dtype='int32'),
     'E' : pd.Categorical(["test","train","test","train"]),
     'F' : 'foo' })
print (df2)
```

创建出来的 DataFrame 的内容如下。

```
   A    B       C D  E    F
0 1 2013-01-02 1 3 test  foo
1 1 2013-01-02 1 3 train foo
2 1 2013-01-02 1 3 test  foo
3 1 2013-01-02 1 3 train foo
```

其中，左侧的 0、1、2、3 是行标签，第一行的 A、B、C、D、E、F 是列标签。

4. 查看数据和元信息

head 和 tail 方法可以显示 DataFrame 前 N 条和后 N 条记录，N 的默认值为 5。通过 index 和 columns 属性，可以获得 DataFrame 的行标签和列标签。这也是了解数据内容和含义的重要步骤。

describe 方法可以计算各个列的基本描述统计值。包含计数、平均值、标准差、最大值、最小值及 4 分位差等。具体代码如下，但需要和上一个实例配合，才能正确运行。通过 dtypes 属性，可以获得各列的数据类型。

df.values 属性则以列表的列表的方式，保存具体的数据，也就是 DataFrame 可以看作是一系列元素的列表，每个元素就是一行，每行本身又是一个列表。

```
print (df.head())          #前 5 行
print (df.tail())          #后 5 行
print (df.describe())      #描述信息

print (df.index)           #行标签
```

```
print (df.columns)           #列标签
print (df.dtypes)            #各列的数据类型
print (df.values)            #DataFrame 的值
```

5. 转置与排序

对数据进行转置，就是把 DataFrame 的行转换成列，列转换成行。比如原来的二维表是 6 行 3 列，那么转置以后的二维表就是 3 行 6 列。具体代码如下。

```
print (df.T)
```

可以对 DataFrame 按照坐标轴进行排序。下面的代码，对 DataFrame 按照第 1 个坐标轴进行排序，就是沿着列方向，对各个列标签（即 Column Name）进行排序。如果按照第 0 个坐标轴进行排序，则是沿着行方向，对行标签进行排序。

```
df = df.sort_index(axis=1, ascending=False)  #沿着列方向对 Column Name 进行排序
print (df)
#这段代码的执行结果是
#                   D          C          B          A
#2013-01-01 -1.135632  -1.509059  -0.282863   0.469112
#2013-01-02 -1.044236   0.119209  -0.173215   1.212112
#2013-01-03  1.071804  -0.494929  -2.104569  -0.861849
#2013-01-04  0.271860  -1.039575  -0.706771   0.721555
#2013-01-05 -1.087401   0.276232   0.567020  -0.424972
#2013-01-06  0.524988  -1.478427   0.113648  -0.673690
```

我们还可以基于某个列，对 DataFrame 的数据进行排序。如下的代码可对 DataFrame 根据 B 属性列进行排序。

```
df = df.sort_values(by='B')
print (df)
```

6. 提取部分数据

可以通过列名，提取一个数据列，示例代码如下。

```
print (df['A'])
```

可以通过行号范围和行标签范围，提取若干数据行，示例代码如下。

```
print (df[0:3])
print (df['20130102':'20130104'])
```

需要注意，0:3 为下标范围，表示提取下标为 0、1、2 的行，不包括下标为 3 的行，而 '20130102':'20130104'为行标签范围，表示提取'20130102'、'20130103'、'20130104'三行。

提取一个数据块的实例如下，该实例提取行标签范围和列标签列表对应的行列子集。也可以通过行下标和列下标来提取行列子集。当然还可以取得一个单元格的值，示例代码如下。

```
print (df.loc['20130102':'20130104',['A','B']])  #行标签'20130102'、'20130104',
                                                 #列标签'A'、'B'
print (df.iloc[3:5,0:2] )                        #row=3,4; col=0,1
print (df.iloc[[1,2,4],[0,2]])                   #row=1,2,4; col=0,2

print (df.iloc[1:3, :] )                         #row=1,2; col=all
print (df.iloc[:, 1:3] )                         #row=all; col=1,2
```

```
print (df.iloc[1,1])                                    #提取一个单元（cell）的值
print (df.iat[1,1])                                     #提取一个单元（cell）的值
```

可以使用条件过滤，获取部分行数据。如下示例代码中的第一行语句，只把 df 里的 A 列大于 0 的行提取出来；第二行语句，把 df2 的 E 列的值为'train'的行提取出来。

```
print (df[df.A > 0])
print (df2[df2['E'].isin(['train'])])
```

7. 设置单元格的值

可以通过行标签和列标签，或者通过行下标和列下标，对单元格的值进行设置。也可以对整列进行设置，示例代码如下。

```
df.at[dates[0],'A'] = -99      #通过行标签和列标签，设定单元格的值
print (df.head())

df.iat[0,1] = 3                #通过行下标和列下标，设定单元格的值
print (df.head())


df.loc[:,'D'] = np.array([5] * len(df))#对整列进行设置，len(df)表示 df 的长度，即有多少行
print (df)
```

8. 对缺失值的处理

对缺失值（Missing Data）的处理：我们可以把包含缺失值的整行数据从 DataFrame 里剔除，或者把缺失值替换成某个有意义的值，示例代码如下。

```
df.iat[0,2] = np.nan
df = df.dropna(how='any')          #把包含缺失值的行删除
print (df)

print (pd.isnull(df))
df.fillna(value=5)                 #用 5 代替缺失值
```

9. 计算每列的均值

通过 DataFrame 的 mean 方法，可以计算每个数据列的均值，示例代码如下。

```
print (df.mean())
```

10. 对每列运用一个函数

可以运用某个函数对 DataFrame 的每个数据列，比如把每列的最大值减去最小值，计算出数据的极差（Range）等，示例代码如下。

```
df.head()
df = df.drop(['E'], axis=1)        #E 列不是数值列，删除
print(df.apply( lambda x: x.max() - x.min()))
df.head()
```

11. 计算直方图

直方图是数据集中各个取值的频率的图形表示。如下的示例代码可计算 s 序列中的每个值的频率，如果显示成柱状图，就是直方图。

```
s = pd.Series(np.random.randint(0, 7, size=10))  #生成 10 个随机数，值域为[0,7)
print (s.value_counts())
```

12. DataFrame 的合并

我们可以把若干个 DataFrame（结构相同）合并（Concatenation）起来，构建一个大的 DataFrame。如下的实例表示将一个 DataFrame 横向切割成 3 个子集，然后用 concat 方法进行合并，重新构成一个大的 DataFrame，其内容与原来的 DataFrame 是一样的。

```
df = pd.DataFrame(np.random.randn(10, 4))
print (df)

pieces = [df[:3], df[3:7], df[7:]]
print (pd.concat(pieces))
```

13. DataFrame 的连接

连接（Join）操作是根据一定的条件，把两个 DataFrame 数据集的各一行，合并起来构成目标 DataFrame 的一行。如下的实例把 left 数据集和 right 数据集中的每一行，根据“名称为 key 的列的值相同”的条件，合并起来构成目标 DataFrame 的一行。

```
left = pd.DataFrame({'key': ['foo', 'bar'], 'lval': [1, 2]})
right = pd.DataFrame({'key': ['foo', 'bar'], 'rval': [4, 5]})
print (left)
print (right)

merge_two = pd.merge(left, right, on='key')
print(merge_two)
```

14. 添加数据行

DataFrame 是一个可变的数据集，可以添加新的数据行（Append）。如下的实例表示将一个 DataFrame 的第三行剪切下来，然后添加到原来的 DataFrame 的末尾，构成新的 DataFrame。

```
df = pd.DataFrame(np.random.randn(8, 4), columns=['A','B','C','D'])
print (df)

s = df.iloc[3]
print (s)

df = df.append(s, ignore_index=True)
print (df)
```

15. 分组与聚集

我们可以对 DataFrame 进行分组和聚集（Grouping & Aggregation）。分组是根据某个列的值把所有的行，分成一组一组的；而聚集，则是进行求和、最小值、最大值、平均值等的计算，示例代码如下。

```
df = pd.DataFrame({'A' : ['foo', 'bar', 'foo', 'bar', 'foo', 'bar', 'foo', 'foo'],
                   'B' : ['one', 'one', 'two', 'three', 'two', 'two', 'one', 'three'],
                   'C' : np.random.randn(8),
                   'D' : np.random.randn(8)})
print (df)

print (df.groupby('A').sum())
print (df.groupby(['A','B']).sum())
```

16. 绘图

我们可以使用 matplotlib 对 pandas 数据进行可视化。下面展示了两个实例，第一个实例显示了一个 Series，该序列是从 2000 年 1 月 1 日开始的 1000 天的随机数序列；第二个实例显示了一个 DataFrame，它使用的行标签与第一个实例的行标签是一样的，也就是从 2000 年 1 月 1 日开始的 1000 天。

```
#可视化 Series
import matplotlib.pyplot as plt

ts = pd.Series(np.random.randn(1000), index=pd.date_range('1/1/2000', periods=1000))
ts = ts.cumsum()#cumulative sum
plt.figure();
ts.plot()
plt.legend(loc='best')
plt.show()

#可视化 DataFrame
df = pd.DataFrame(np.random.randn(1000, 4), index=ts.index,columns=['A', 'B', 'C', 'D'])
df = df.cumsum()#cumulative sum
plt.figure();
df.plot();
plt.legend(loc='best')
plt.show()
```

上述两个实例的可视化结果如图 2.4 所示。

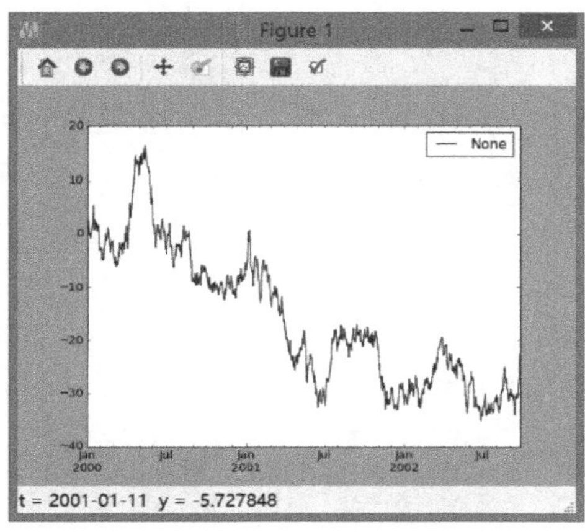

（a）Series 的可视化

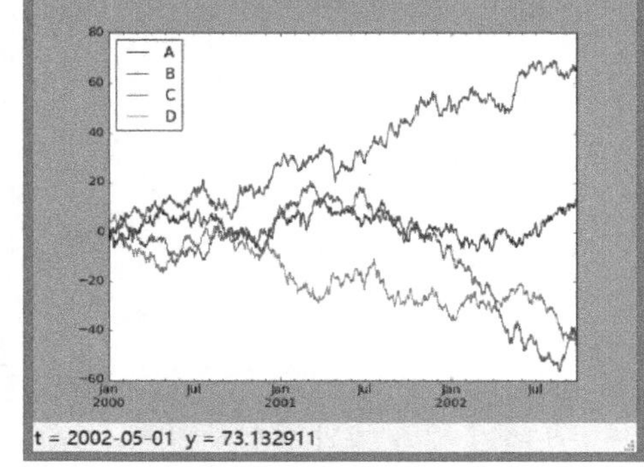

（b）DataFrame 的可视化

图 2.4　Series 数据和 DataFrame 数据的可视化

17. 文件读/写

利用 pandas 提供的函数，我们可以把数据保存到文件中，也可以从文件中读取数据。pandas 支持的数据文件格式，包括 CSV、HDF5、Excel 等，示例代码如下。

```
#读写文件
#write to & read from a CSV file
df.to_csv('myfile.csv')
df = pd.read_csv('myfile.csv')
df.head()
```

2.11 思考题

1. Python 语言的特点和优点有哪些？
2. 如何安装与配置 Anaconda 软件包？
3. 如何理解 Python 中的变量、常量和注释？
4. 如何理解 Python 中的简单数据类型、集合类型 tuple、list、dict？
5. 如何理解 Python 中的运算符及其优先级、表达式？
6. 如何理解 Python 中的语句、三种程序基本结构、模块、函数的概念？
7. 什么是面向对象编程、类和对象？
8. 什么是异常处理？
9. 简述第三方库 pandas、scikit-learn、Keras、matplotlib、networkX、NLTK 的功能。

03 第3章　数据分析基础

本章通过对数据模型、数据分析流程和生命期、数据分析的基本方法和大数据平台 4 个方面进行介绍，阐述数据科学所包含的核心元素。

3.1　数据模型

数据有不同的类型，不同类型的数据通常又要使用不同的数据处理与分析方法进行处理。针对具体的某种数据类型，为了更好地规范数据的表达方式、定义数据的基本操作和约束，人们使用数据模型来对数据进行抽象。数据模型从抽象层次上描述了系统的静态特征、动态行为和约束条件，是人们理解和表达数据的基础，是设计数据分析处理算法和系统的前提。要想深入了解某种类型数据的特征，就要从学习它的数据模型入手。

3.1.1　数组

1. 二维数组

一种非常简单且直观的数据模型就是二维数组，直接对应于数学中的矩阵。顾名思义，二维数组具有两个维度（一般用行和列来区分这两个维度），每个维度可以有各自的长度（通常表达为 m 行和 n 列）。其基本数据单元被称作元素。这样，一个 m 行 n 列的数组 A 就拥有 $m \times n$ 个元素。每个元素可以通过其行列下标来标记，如 A_{ij}。最为典型的二维数组就是数字图像，每个像素点是其基本的数据单元。二维数组中存放的数据一般是同构（同种类型）的，因此，这种类型的数据结构化程度非常高，支持多种计算复杂度高的矩阵运算。很多数据挖掘和机器学习领域的算法都是基于矩阵的一些迭代算法，这里就不深入展开了。

图 3.1 所示为二维数组与矩阵运算的实例。

通过增加维度，二维数组也可以进一步引申出多维数组。在日常生活工作中，多维数组使用场景远没有二维数组多，这里不再赘述。

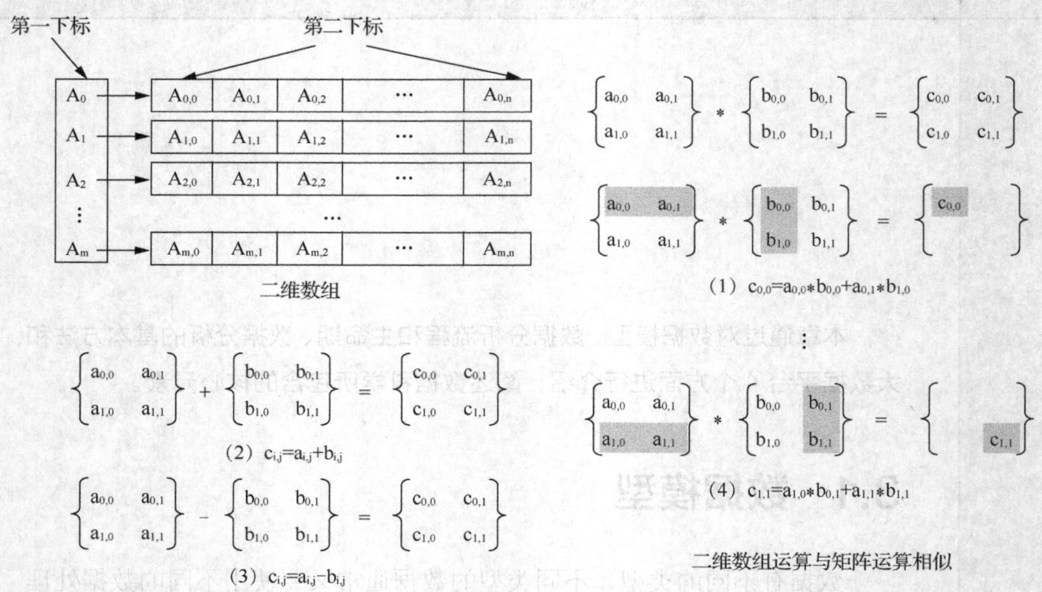

图 3.1 二维数组与矩阵运算实例

2. 数据表

当我们想用数组来表达一些信息实体在多维度上的属性时，简单的二维数组模型就无法满足这个需求。这是因为二维数组是同构的数据模型，不同行和不同列之间没有明显的语义区分，不适合用来刻画信息实体在不同维度上的属性（通常会具有不同的数据类型）。在这种场景下，数据表（DataFrame）更适合于表达这类数据。数据表由多个列构成，每一列代表信息实体的一个维度，其上存储的数据具有相同的数据类型。同一行代表一个信息实体，其在不同维度的属性值就是该行在各个列上的数值。虽然数据表在形式上也是由多行和多列构成的数组，但与普通二维数组相比，数据表的不同行代表不同的信息实体，不同列代表不同的属性维度，行和列都被赋予了一定的语义。另外，数据表通常被用来存储大规模的信息实体，行的数量通常远多于列的数量。Excel 就是一种典型的存放普通规模数据表的软件。图 3.2 所示为一个数据表的实例。

数据表的基本操作有如下几种类型。

（1）对表中数据进行修改维护的操作主要有添加或者删除表中的行，修改数据表中的单元格（Cell，由给定的行和列来共同定位）等。

（2）对数据表的查询类操作主要是对符合某些查询条件的数据行或者单元格的检索。

（3）对数据表的分析类操作主要是对一些列上的数据进行各种统计分析（如求最大值、最小值、平均值，排序等）。

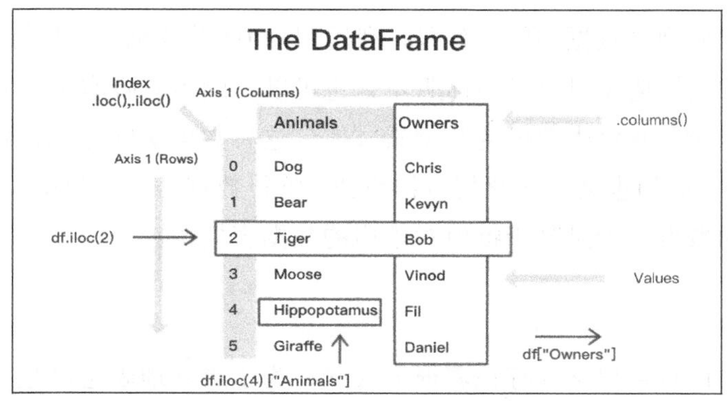

图 3.2　数据表实例

数据表上的约束主要包括数据完整性（单元格是否为空）、数据值类型（某列上的数据是否符合制定的类型）、数据是否存在冲突（同一列上所有数据各不相同等）。

3. **键值对数据表**

数据表是对一组信息实体在多维度属性上的平面表达，其数据模型相对简单，不能应对一些较为复杂的数据建模需求。例如，一个单元格可能需要存放数据的多个版本，一组紧密关联的属性列需要整体上的存储或访问，支持数量庞大的列以及列的动态增加等。要满足这些需求，不能简单地使用数据表，而是要考虑单元格自身的多版本数据组织，多列之间的聚敛性，以及在数据模型实现的层面上考虑宽表的需求。此类数据模型需求的典型应用场景就是用户画像，它也是大数据的一个典型应用场景。

在很多电信和互联网应用中，企业需要深入了解其用户在众多维度上的属性特征，有时甚至会使用多达上千维度来刻画用户的众多方面的特征。这些维度又会被进一步分成多个属性组，例如，用户基本信息（姓名、出生日期、住址、电话等）、社交类属性、购物类属性、兴趣类属性等。特定的应用场景会青睐使用特定属性类别中的数据。此外，用户的很多特征，时常需要被更新，用以产生新的数据版本。并且这类应用经常要存储规模非常庞大的用户数据，因此此类应用的数据表的行和列的规模比普通数据表的行和列的规模都要大很多。图 3.3 所示为一个键值对数据表实例。

UserID	Base		Other	
	Name	Sex	Salary	Year
0	Tom	Male	4500	1
1	Ben	Male	5300	1.5
2	Tina	Female	4100	3
3	Nancy	Female	5500	2
4	Hemins	Male	8000	2.5
5	Ginna	Female	6000	4

df ["3","Base"]

图 3.3　键值对数据表实例

用户画像类应用典型的数据访问操作是，利用用户 ID 以及相应的属性列 ID 访问指定用户在一些指定维度上的属性值（可以是当前版本，也可以访问历史版本）。如果把用户 ID 和属性列 ID 看成键，把相应单元格中存放的数据看成值，这种数据访问方式，最为适合的数据模型就是键值对。同时，考虑到也会存在整列数据更新，整行数据读取等数据表基础上的数据操作，此类数据最为适合的数据模型是基于键值对索引的数据表模型。

3.1.2 图

在一些场景中，信息条目之间存在着很多关联，为了更好地表达这些关联，人们通常会采用图模型。在图模型中，顶点代表着具有明确语义的信息条目，边表示其连接的两个信息条目之间存在的某种关联。这种关联可以是有方向的（即从一个顶点指向另一个顶点，因此这类图也被称为有向图），也可以是无方向的（无向图）。根据顶点和边上所具有的标签和属性性质的不同，图模型又可以被划分成以下几种典型的数据模型。

1. 标签图

最简单的图模型是标签图，每个顶点除了有一个 ID 外，还可能有一个代表顶点类型的标签。连接两个顶点的边表示顶点之间存在的某种关系，这个关系也可以被赋予一个标签，表示边的类型。一个典型的例子是分子结构图，其中每个顶点代表一个原子，顶点的标签代表原子的类型，边代表原子之间存在的化学键，而一个图表达了分子的结构。人们可以利用顶点类型是否一致，以及边是否类型一致来判断两个图是否同构（结构上的一致性），从而实现对标签图的匹配和检索。需要注意的是，顶点和边可以有零个、一个或多个标签。图 3.4 所示为一个标签图实例。

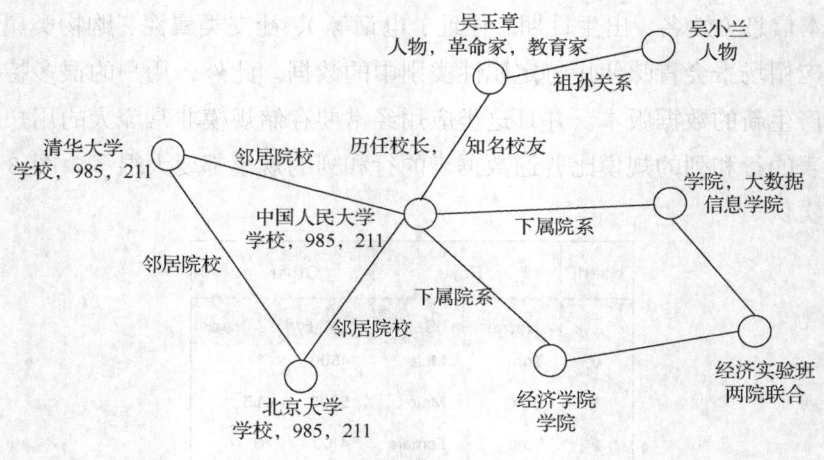

图 3.4 标签图实例

2. 属性图

图上的顶点和边是对信息的抽象，仅仅使用标签，往往不足以表达顶点和边所需表达的信息。这时会需要根据顶点或者边所具有的标签，为顶点和边赋予一些属性，每个属性上可以存在具体的属性值，来细致地表示顶点或者边的信息。这样一来，就构成了属性图。属性图在实际应用中也比较常见，比如社交网络中，每个用户被抽象为一个顶点，而每个用户又存在很多属性，利用属性图，可以在顶点上充分表示一个用户的信息。图 3.5 所示为一个属性图实例。

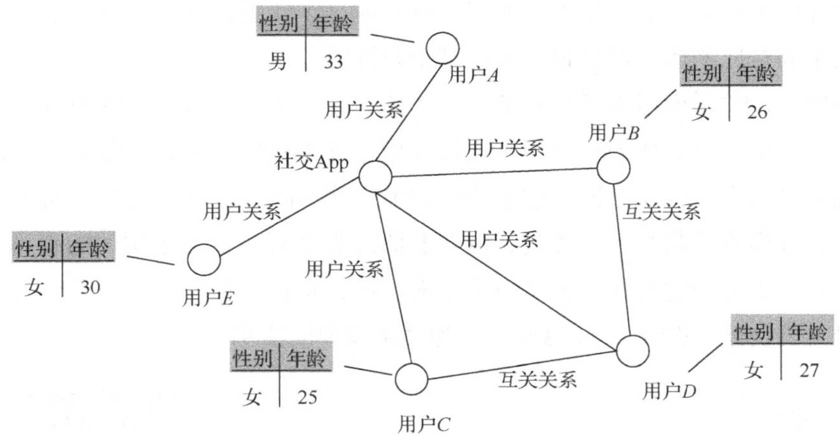

图 3.5　属性图实例

3. 语义网络

语义网络使用的 RDF（Resource Description Framework），是由 WWW 提出的对万维网上信息进行描述的一个框架，它为 Web 上的各种应用提供信息描述规范。RDF 用主语（Subject）、谓词（Predicate）、宾语（Object）的三元组形式来描述 Web 上的资源。其中，主语一般用统一资源标识符（Uniform Resource Identifiers，URI）表示 Web 上的信息实体（或者概念），谓词描述实体所具有的相关属性，宾语为对应的属性值（也可以是其他信息实体的主语）。主语和宾语构成了图中的顶点，谓词构成了边。这样的表述方式使得 RDF 可以用来表示 Web 上的任何被标识的信息，并且使得它可以在应用程序之间交换而不丧失语义信息。图 3.6 所示为一个语义网络图实例。

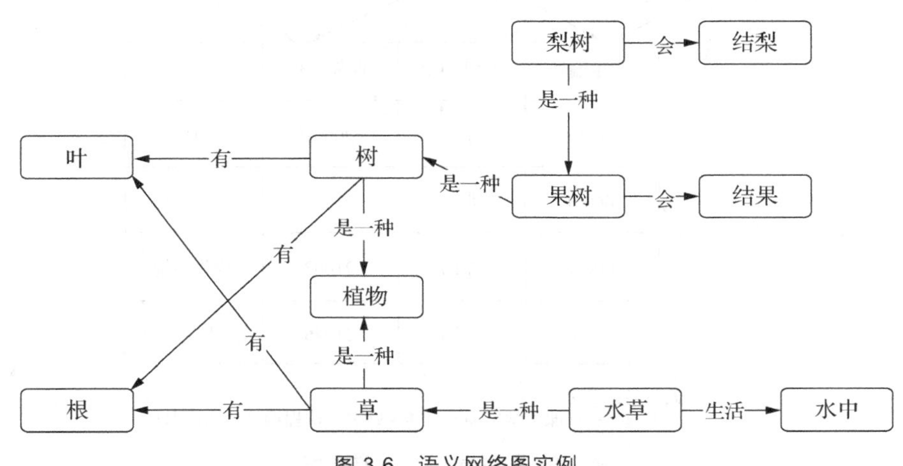

图 3.6　语义网络图实例

3.1.3 关系模型

根据前面介绍的数据表和属性图等概念，为了更为有效地表达实体与实体之间的关联，人们在关系代数的理论基础上，提出了关系模型。它以类似数据表的二维表来表示实体或者实体间的关联，被称作关系表。这个二维表的每一行构成一个元组，每一列是关系的一个属性。而具体某一行上某列对应的值，则是该元组的某个属性值。

区别于数据表，关系模型为了更好地表达实体之间的关联，引入了键的概念。如果在一个关系中存在唯一标识一个实体的一个属性或属性集，称为实体的主键，即使得在该关系的任何一个关系状态中的两个元组，在该属性上的值的组合都不同。当一个关系 *A* 的主键在另一个关系 *B* 中使用时，就构成了关系 *B* 的外键，相当于是关系 *B* 对关系 *A* 中实体的引用。通过主键外键关系，构建起实体之间的关联。关系模型定义严谨，也较为复杂，在数据库的教材中有详细的介绍，这里不再赘述。图 3.7、图 3.8 所示为关系模型的实例。

主键

外键，引用关系表“课程”的主键

课程编号	课程名称	学分	教师编号	教室	先修课程
20008	数据库	4	02465	4106	NULL
21005	数据结构	3	12045	2408	NULL
21007	操作系统	4	01927	4107	NULL
21046	高级操作系统	4	03376	2415	21007

关系名：课程

关系模式：课程（课程编号，课程名称，学分，教师编号，教室，先修课程）

图 3.7 关系模型 1——课程表

外键，引用关系表“学生”的主键　主键（学生编号，课程编号）　外键，引用关系表“课程”的主键

学生编号	学生姓名	课程编号	课程名称
00001	张三	20008	数据库
00001	张三	21005	数据结构
00002	李四	21007	操作系统
00002	李四	21046	高级操作系统

关系名：选课

关系模式：选课（学生编号，学生姓名，课程编号，课程名称）

图 3.8 关系模型 2——选课表

3.1.4　时序模型

在一些场景中，数据和时间被紧密地绑在一起。每个数据项（一个或一组变量）都被赋予了一个时间戳，数据项之间在时间维度上形成了先后关系，构成了时间序列数据。典型的时间序列数据有股票价格数据、传感器采集的传感数据等。时间序列被用来记录数据随时间的变化。最为简单的时间序列，其每个数据项包含一个时间戳和一个数据值；复杂一点的时间序列，每个数据项除了时间戳以外，还包含一个多维度的元组，可以看成带有时间戳的元组。时序数据也是一种流数据，数据随着时间的推移，源源不断地产生，为人们理解信息世界的变化规律提供了重要的参考。

3.2　数据分析流程与数据生命期

CRISP-DM（Cross-Industry Standard Process for Data Mining）是工业界广泛使用的数据分析/挖掘标准流程，它将数据分析的过程划分为 6 个阶段：业务理解、数据理解、数据准备、建模、评价、部署。数据分析的主体流程是按照这 6 个阶段逐步开展的。当然，其中一些环节会转回到上一阶段，甚至是转回到初始的业务理解阶段。从图 3.9 我们可以看到，数据是整个数据分析流程的核心，数据的生命期就是伴随数据分析不同阶段而体现出来的数据分析处理过程。

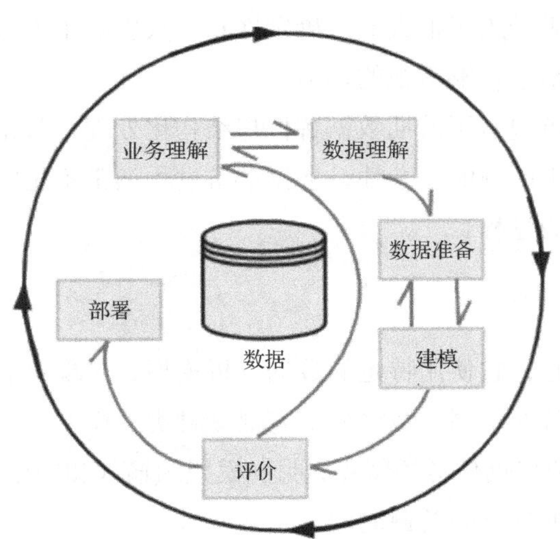

图 3.9　数据分析/挖掘标准流程图

3.2.1　业务理解

数据分析是一项技术，它可以帮助企业实现一些商业目标：如提高生产效率、降低运营成本等。若想通过数据分析达到商业目标，则必须对业务有深刻的理解，需要评估企业拥有的数据资源，厘清业务流程和数据资源的关系，分析实现商业目标所需要的一些因素，总体上设计数据分析框架，为后续数据分析的各个阶段提供战略层面的引导和定位。商业理解看似缺少技术含量，实则非常重要。错误的理解极易造成南辕北辙的后果，导致后续某个环节才发现问题、继续走下去无法实现既定的商业目标，从而迫不得已推倒重来，重新进行商业理解，这样就大大降低了数据分析的效率。

3.2.2 数据理解

如果说商业理解更多的是业务人员与分析技术人员之间通过沟通，明确定位数据分析的商业目标，那么，数据理解则更多的是分析技术人员对数据分析需要的数据进行初步的探索和理解，是分析人员对数据熟悉的过程。这一过程可以通过简单的数据统计，发现数据的分布特点、存在的质量问题。分析人员在数据理解的过程中，进一步建立数据特点与商业目标之间的对应关系，能在很多情况下帮助分析人员在早期发现商业理解的偏颇，通过及时调整商业目标或所使用的数据集来有效地建立二者之间的关联。

3.2.3 数据准备

数据准备是我们在挖掘提炼数据价值过程中，所要进行的前期数据预处理工作。它看似简单，实则非常重要。有调查研究表明，很多大数据分析任务，80%以上的工作花费在数据整理上，给数据分析带来了巨大的人力成本。很多分析想法因为承担不起前期巨大的数据整理工作量而最终放弃。更重要的是，由于缺少系统性和理论性的支撑，数据整理的质量存在千差万别的情况，为数据分析的结果带来了很大的不确定性，大大影响了大数据价值的挖掘与提炼。因此，数据准备是人们必须给予足够重视的环节。

从技术上讲，数据准备包含了前期数据解析与结构化处理，数据质量评估与数据清洗，数据集成和提纯等过程。由于问题的复杂性，数据准备过程通常不是完全自动化的，而是需要用户介入的反复迭代和交互的过程。

3.2.4 建模

建模是数据分析的核心，它使用特定的数据分析模型，实现对数据的洞察，进而成为达到商业目标的关键。根据任务的不同，数据分析有很多种类的模型。同一类任务下面，又有很多不同的模型。分析人员需要根据任务的特点，明确模型的输入和输出，并结合数据自身的特点，选用合适的模型来解决数据分析的关键问题。

比如，有一个数据表，每个元组代表一个数据点，当我们的商业目标是想从这个表中找出一些表现异常的元组时，我们就需要选用异常值检测模型来解决这个问题。由于异常值检测模型也有很多，还要考虑数据的特点。比如，数据是给定的一个数据集，还是动态的流数据；有没有已经被标注好的异常数据和正常数据；数据量有多大，等等。这些因素都是我们进一步选取异常值检测模型的关键。只有选择了合理的模型，数据分析才有可能达到最初设定的商业目标。

建模过程对分析人员的要求高，需要分析人员有足够的经验，对模型的功能和特点有足够的了解。即便如此，因为数据特点的不同，建模过程一般是一个迭代的过程，好的模型需要不断尝试和调整才能被找到。

3.2.5　评估

确定模型的好坏，需要一个评估过程。在最终选定模型、应用模型之前，必须先对模型进行评估，验证模型的质量，然后才能确定是否部署模型。一般来讲，模型具有一些参数，这些参数通常需要使用机器学习的办法从数据中获取，来优化某个目标函数。这一过程往往是在训练数据集上对模型进行训练，在验证数据集上优化参数配置。实际在测试数据集上，可能由于数据分布的变化，存在模型质量的风险，需要多方面的评估。

除了对模型进行评估，整个解决方案也需要在这个环节进行评估。方案的成本、收益、稳定性、可扩展性等，都需要在应用之前进行评估。通常还会应用一些经济学方法，来有效评估模型的经济效益。当在评估阶段发现模型达不到预期的商业目标时，仍要推倒重来，回到最初的阶段，重新定位商业目标。这时人们对数据和模型的理解就更深刻了，更有利于设定合理的商业目标。

3.2.6　部署

经过评估确定下来的模型和整体方案，就可以进行部署实施了。部署过程通常也被称作上线的过程。这一阶段往往又回到业务人员手中，整体方案（含模型）通过业务人员的操作完成部署。方案部署之后，还需要合理地运维，以确保模型可以持续不断地产生输出，创造价值。

3.3　数据分析的基础方法

数据分析方法通常可以分为四大类：描述性分析、诊断性分析、预测性分析、规范分析。下面分别对这四大类分析进行介绍。

3.3.1　描述性分析

描述性分析是最简单、最直观的数据分析方法。它通过对已有数据做简单的统计对比，揭示数据分布和演化的规律。这类分析方法通常结合可视化工具展示数据的统计特征，便于用户理解数据的特点。典型的描述性分析实例是企业统计报表。在数据分析流程中的数据理解阶段，描述性分析是经常被人们使用的一种分析方法，能够帮助我们更好地实现数据的探索性分析。这里给出一个柱状图的实例。图 3.10 所示为两种不同品牌的汽车在过去一年中的销量数据，通过按照每个月销售数据的汇总和对比，能够看出两个品牌汽车销售量的对比，以及在一年中销售量趋势的变化。在企业高管的决策过程中，描述性分析的结果因为简单直观，往往能够发挥重要作用。

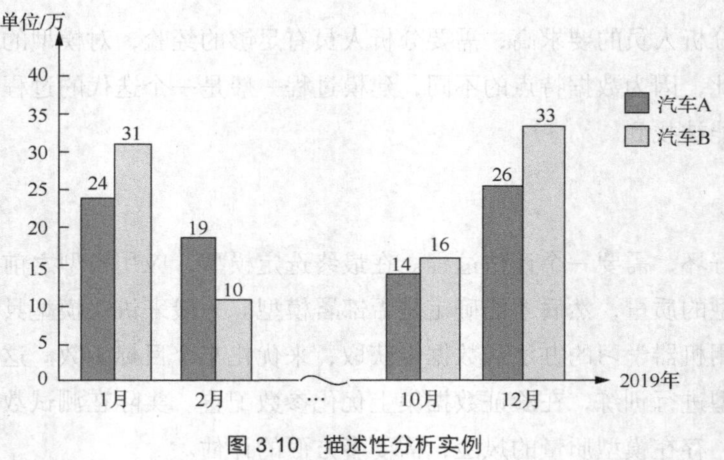

图 3.10　描述性分析实例

3.3.2　诊断性分析

描述性分析通常只是对现象的直观表达，当我们使用描述性分析发现了存在的问题（或某些特殊现象）时，需要借助诊断性分析方法找到问题发生的原因。通常会借助数据钻取去获悉数据的细节，进行探索性的根因发现。在探索性的分析过程中，也会根据已有的分析结果，排除一些混淆的特征维度，更细致地分析问题根源。当然也有专门的根因分析方法，用于找到问题产生的原因，这里不再赘述。

3.3.3　预测性分析

预测性分析是利用已有的数据，学习得到数据的特征和规律，并利用学习得到的模型，预测未来数据的走势或者类别。很多预测性分析都是建立在回归分析之上的。这里结合线性回归的实例来解释一下回归分析。在图 3.11 中，有一个品牌汽车在过去一年中每个月销量的数据，我们可以根据这些数据，使用线性回归的方法，拟合出销量变化的线性趋势，进而给出未来一个月汽车销量的估计。

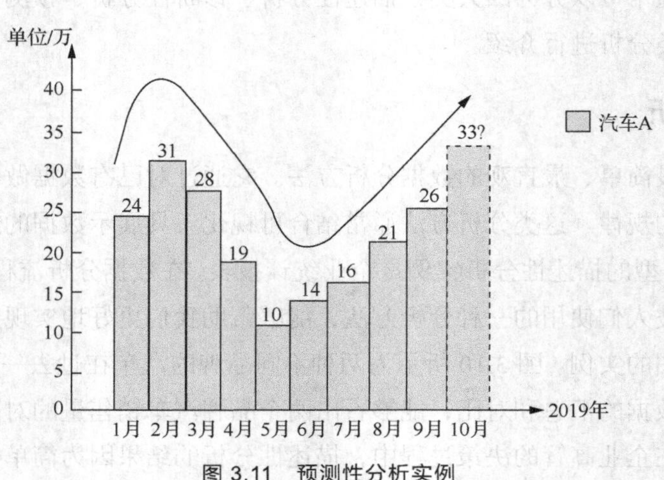

图 3.11　预测性分析实例

预测性分析不仅仅用于对数据未来值的预测，还有一种很常用的场景是对数据的分类，给出数据的类别标签。其本质是使用机器学习的方法“学到”一个函数 $y=f_a(x)$，其中，x 是一个输入数据项，y 是对 x 的类别预测标签，f 是实现这个预测功能的模型函数，a 是模型 f 的参数，是在大量训练数据（$<x, y>$标注对）学习基础上得到的优化参数。需要说明的是，模型有的简单，有的复杂，简单的模型可以只有一个参数甚至没有参数，复杂的模型可以有成千上万的参数。模型越复杂、参数越多，就越需要有更多的训练数据来支撑。

3.3.4　规范分析

规范分析是在上述分析类型基础上，为了决策而进行的分析任务。通过决策，对业务系统采取必要的行动，从而干预系统的状态，形成闭环反馈。由于决策和行动的使用，规范分析对数据分析结果的精度要求高，否则，会产生错误的决策信息，造成重大的损失。智能交通就是一个典型的规范分析的实例。它根据描述性分析和预测性分析，对当前的交通状况进行深入了解，并对今后一段时间的交通状况进行预测。进而，为了全局优化交通状况，可能采取行动进行交通管制，从而影响未来的交通状况。

3.4　大数据平台

大数据产业的发展，得益于大数据开发平台的发展。正是由于有大数据开发平台做技术支撑，降低了大数据的应用门槛，大数据技术才得以真正地转化成产品，服务于生活和社会。根据大数据开发平台的处理数据类型和应用场景，可将它们分为以下几类：线下数据的批处理平台，比如 Hadoop 系列；线上数据的实时处理平台，比如 Spark 系列（交互计算处理）、Storm、Flink（流数据处理）、Neo4j（图数据处理）。下面，我们将结合例子介绍一些平台的特点和功能。

3.4.1　Hadoop

Hadoop 是 Apache 为可靠的、可扩展的、分布式计算所开发的开源基础软件架构。利用 Hadoop，用户可以直接开发分布式程序，而不需要了解分布式系统的底层细节，可充分发挥集群高速运算和存储的优势。

Hadoop 框架中最核心的设计是 HDFS 和 MapReduce，前者解决了海量数据的存储问题，后者解决了海量数据的计算问题。除此之外，Hadoop 系列还包括 Hive（数据仓库基础架构）、HBase（可扩展的分布式数据库）、Mahout（可扩展的机器学习和数据挖掘库）等。

1. HDFS

HDFS（Hadoop Distributed File System）是一种适合运行在廉价服务器上的分布式文件系统。HDFS 主要负责 Hadoop 平台数据的存储。HDFS 会创建数据块的多个副本，并分发到各个计算节点。这种设计保证了应用的可靠性和计算的迅速。整个 HDFS 架构如图 3.12 所示。

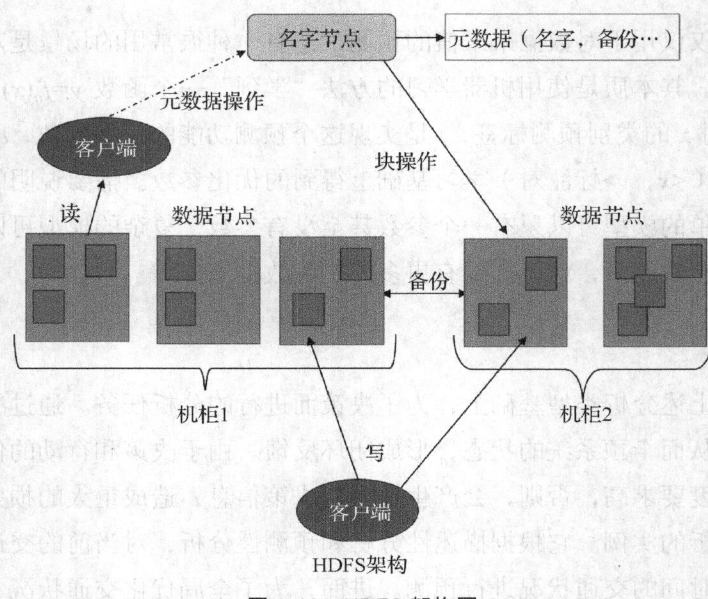

图 3.12　HDFS 架构图

HDFS 是一个主从结构，从图 3.12 中可以看出，HDFS 包含 3 个部分：名字节点、数据节点和客户端。其中，名字节点主要负责管理文件命名空间、集群配置信息和存储块的操作等，相当于文件系统的管理者；数据节点是文件存储的基本单元，它将数据块存储在本地；客户端其实就是访问分布式系统文件的应用程序。

2. MapReduce

简单来说，MapReduce 就是“任务的分解和结果的汇总”，分为 Map 和 Reduce 两个阶段。Map 阶段的工作主要负责任务的分解，即将一个任务分解为多个任务。不同任务之间的关系包括两种，一种是可并行执行的任务，即任务的执行与先后顺序无关；另一种是任务之间有依赖，有着严格的先后顺序，即无法并行处理的任务。对于分布式系统来说，集群可以看作是资源池，通过分解任务，把可以并行执行的任务分发给不同的机器，这样就极大地提高了计算的效率，同时这种资源无关性，也有利于计算集群的扩展。最后，将分解后子任务的处理结果汇总起来，这就是 Reduce 阶段的工作。此处引用 Google 公司发表的论文中的经典流程图（见图 3.13）来说明 MapReduce。

从 User Program 开始，User Program 链接了 MapReduce 库，实现了最基本的 Map 函数和 Reduce 函数。执行顺序已经用数字在图 3.13 中标记。MapReduce 库先把 User Program 的输入文件划分为 *M* 份（*M* 为用户定义），如图 3.13 中左方所示，输入文件分成了 split 0～split 4；然后使用 fork 将用户进程复制到集群内其他机器上。在 User Program 的副本中有一个称为 Master，其余称为 Worker，Master 是负责调度的，为空闲 worker 分配作业（Map 作业或者 Reduce 作业）。

被分配了 Map 作业的 Worker，开始读取对应分片的输入数据，Map 作业从输入数据中抽取出键值对，每一个键值对都作为参数传递给 Map 函数，Map 函数产生的中间键值对被缓存在内存中。缓存的中间键值对会被定期写入本地磁盘，而且被分为 *R* 个区，将来每个区会对应一个 Reduce 作业；这些中间键值对的位置会被通报给 Master，Master 负责将信息转发给 Reduce Worker。Master 通知分配了 Reduce 作业的 Worker 负责的分区在什么位置，当 Reduce Worker 把所有它负责的中间键值对都读过来后，先对它们进行排序，使得相同键的键值对聚集在一起。

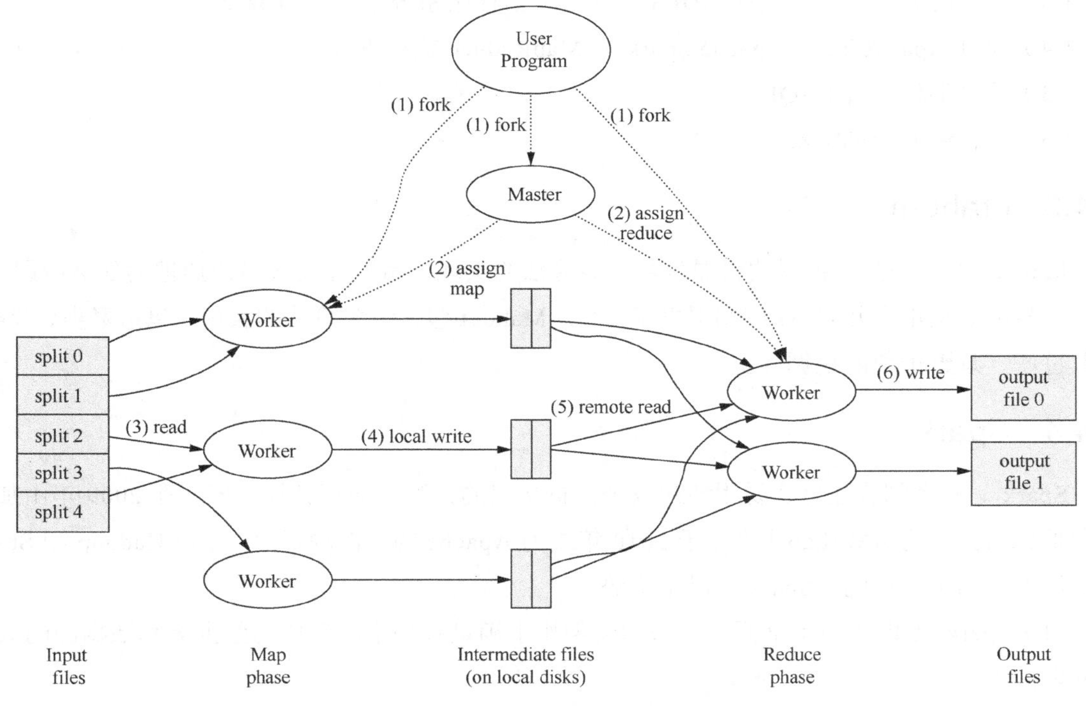

图 3.13　MapReduce 经典流程图

因为不同的键可能会映射到同一个分区，也就是同一个 Reduce 作业（因为分区少），所以排序是必需的。Reduce Worker 遍历排序后的中间键值对，对于每个唯一的键，都将键与关联的值传递给 Reduce 函数；Reduce 函数产生的输出会添加到这个分区的输出文件中。当所有的 Map 和 Reduce 作业都完成了，Master 唤醒 User Program，MapReduce 函数调用返回 User Program 的代码。

所有代码执行完毕后，MapReduce 输出就被放在了 *R* 个分区的输出文件中（分别对应一个 Reduce 作业）。用户通常并不需要合并这 *R* 个文件，而是将其作为输入交给另一个 MapReduce 程序处理。整个过程中，输入数据是来自底层分布式文件系统（HDFS）的，中间数据存放在本地文件系统，最终输出数据被写入底层分布式文件系统（HDFS）。我们要注意 Map/Reduce 作业和 Map/Reduce 函数的区别：Map 作业处理一个输入数据的分片，可能需要多次调用 Map 函数来处理每个输入键值对；Reduce 作业处理一个分区的中间键值对，期间要对每个不同的键调用一次 Reduce 函数，Reduce 作业最终也对应一个输出文件。

3.4.2　Hive

Hive 是 Hadoop 的数据仓库的基础架构，通过将结构化数据映射到一张表，提供简单的 SQL 查询，为分布式存储的大数据集上的读、写、管理提供了很大的方便。Hive 具有以下特点。

（1）用户可以通过 SQL 轻松访问数据，支持数据仓库的任务，如提取-转换-加载，报告和数据分析。

（2）它是一种可以对各种数据类型进行操作的机制。

（3）访问的文件可以存储在 HDFS 或其他数据存储系统中，如 HBase 等。

（4）通过 Apache Tez、Apache Spark 或 MapReduce 执行查询。

（5）提供编程语言 HSQL。

（6）亚秒级的查询检索。

3.4.3 Mahout

Mahout 提供一些可扩展的机器学习经典算法的实现，帮助开发人员便捷地创建 AI 程序，为在大规模数据集上开发 AI 应用提供了方便。Mahout 包含许多算法的实现，包括聚类、分类、推荐过滤、频繁子项的挖掘等。

3.4.4 Spark

Spark 是一个围绕速度、易用性和复杂分析构建的大数据通用计算引擎，在 2009 年由加州大学伯克利分校的 AMPLab 开发，于 2010 年成为 Apache 的开源项目之一。与 Hadoop 和 Storm 等其他大数据平台相比，Spark 有以下优势。

（1）Spark 提供了一个全面、统一的框架用于满足各种不同性质的数据集和数据源的大数据处理需求。

（2）根据官方资料，Spark 可以将 Hadoop 集群中的应用在内存中的运行速度提高 100 倍，甚至能将应用在磁盘上的运行速度提高 10 倍。

Spark 的应用场景包含以下两种。

（1）当需要处理的数据量超过了单机尺度，我们可以选择 Spark 集群进行计算。

（2）有时我们需要处理的数据量可能并不大，但是计算很复杂，需要花费大量的时间，这时我们也可以选择利用 Spark 集群强大的计算资源，并行化地计算。其架构如图 3.14 所示。

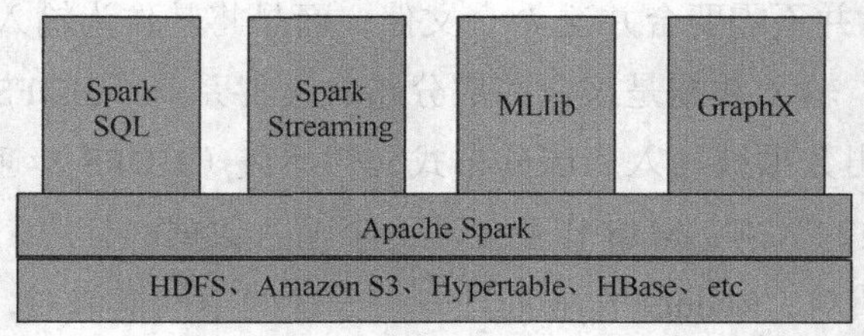

图 3.14 Spark 架构图

Spark Core：包含 Spark 的基本功能，尤其是定义弹性分布数据集（Resilient Distributed Dataset，RDD）的 API、操作以及这两者上的动作。其他 Spark 的库都是构建在 RDD 和 Spark Core 之上的。

Spark SQL：提供通过 Apache Hive 的 SQL 变体 Hive 查询语言（HiveQL）与 Spark 进行交互的 API。每个数据库表被视作一个 RDD，Spark SQL 查询被转换为 Spark 操作。

Spark Streaming：对实时数据流进行处理和控制。Spark Streaming 允许程序能够像处理普通 RDD 一样处理实时数据

MLlib：一个常用机器学习算法库，算法被实现为对 RDD 的 Spark 操作。这个库包含可扩展的学习算法，比如分类、回归等此类需要对大量数据集进行迭代操作的算法。

GraphX：并行图操作和计算的一组算法和工具的集合。GraphX 扩展了 RDD API，包含图的典型操作和算法。

3.4.5　Storm

Storm 是一个免费、开源、分布式、高容错的实时计算系统。Storm 使得不间断的流计算变得容易，弥补了 Hadoop 批处理所不能满足的实时要求。Storm 常用于实时分析、在线机器学习、持续计算、分布式远程调用和 ETL 等领域。Storm 的部署、管理非常简单，而且与同类的流式计算工具相比，Storm 的性能也是非常出众的。

Storm 主要包括两种组件——Nimbus 和 Supervisor。这两种组件都是无状态的。任务状态和心跳信息等都保存在 ZooKeeper 上，提交的代码资源都存储在本地机器的硬盘上。Nimbus（全局只有一个）负责在集群里发送代码，分配工作给机器，并且监控状态。Supervisor 会监听分配给它那台机器的工作状态，根据需要启动/关闭工作进程 Worker。每一个要运行 Storm 的机器上都要部署一个 Supervisor，并且，按照机器的配置设定上面分配的槽位数。ZooKeeper 是 Storm 重点依赖的外部资源。Nimbus 和 Supervisor，以及实际运行的 Worker 都把心跳信息保存在 ZooKeeper 上。Nimbus 根据 ZooKeeper 上的心跳信息和任务运行状况，进行调度和任务分配。

Storm 提交运行的程序称为 Topology。Topology 处理的最小消息单位是一个 Tuple，也就是一个任意对象的数组。Topology 由 Spout 和 Bolt 构成。Spout 是发出 Tuple 的节点。Bolt 可以随意订阅某个 Spout 或者 Bolt 发出的 Tuple。Spout 和 Bolt 都统称为 component。Storm 数据交互如图 3.15 所示。

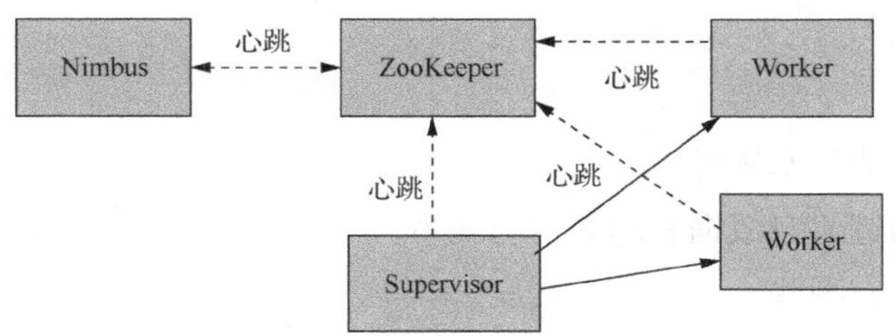

图 3.15　Storm 数据交互图

3.4.6　Flink

Apache Flink 是一个面向分布式数据流处理和批量数据处理的开源计算平台，它能够基于

一个 Flink 运行时，提供支持流处理和批处理两种类型应用的功能。

Flink 流处理有以下特性。

（1）支持高吞吐、低延迟、高性能的流处理。

（2）支持带有事件时间的窗口（Window）操作。

（3）支持有状态计算的 Exactly-once 语义。

（4）支持高度灵活的窗口（Window）操作，支持基于 time、count、session，以及 data-driven 的窗口操作。

（5）支持具有 Backpressure 功能的持续流模型。

（6）支持基于轻量级分布式快照（Snapshot）实现的容错。

（7）一个运行时同时支持批处理和流处理。

（8）Flink 在 JVM 内部实现了自己的内存管理。

（9）支持迭代计算。

（10）支持程序自动优化：避免特定情况下的 Shuffle、排序等代价昂贵的操作，在有必要时可缓存中间结果。

3.4.7 Neo4j

Neo4j 是一个高性能的 NoSQL 图数据库。它是一个嵌入式的、基于磁盘的、具备完全的事务特性的 Java 持久化引擎，它在图（网络）中而不是表中存储数据。Neo4j 提供了大规模可扩展性，在一台机器上可以处理数十亿节点/关系/属性的图，可以扩展到多台机器并行运行。相对于关系数据库来说，图数据库善于处理大量复杂、互连接、低结构化的数据，这些数据变化迅速，需要频繁地查询。在关系数据库中，这些查询会导致大量的表连接，因此会产生性能上的问题。Neo4j 重点解决了拥有大量连接的传统关系数据库系统在查询时出现的性能衰退问题。通过围绕图进行数据建模，Neo4j 会以相同的速度遍历节点与边，其遍历速度与构成图的数量没有任何关系。此外，Neo4j 还提供了处理速度非常快的图算法、推荐系统和 OLAP 风格的分析，而这一切在目前的关系数据库系统中都是无法实现的。

3.5 思考题

1. 简述数据模型的基本概念。
2. 简述数据表与键值对数据表的区别与联系。
3. 属性图的特点有哪些？
4. 简述 CRISP-DM 6 个阶段的任务及其关系。
5. 简述描述性分析与预测性分析的区别。
6. 简述典型大数据平台的功能。

04 第4章　数据可视化

本章主要介绍数据可视化的定义、可视化的意义和价值、数据可视化的流程、常见可视化图表，以及可视化图表工具。

4.1　可视化的定义

本书所讲的可视化不同于软件工程中的视觉设计、平面设计等概念，重点指的是数据可视化或科学计算可视化。数据可视化是指利用计算机图形学等技术，将数据通过图形化的方式展示出来，直观地表达数据中蕴含的信息、规律和逻辑，便于用户进行观察和理解。数据可视化是数据探索以及发现有价值的知识的手段。

数据可视化不仅是输出视觉结果，还是一种计算方法和交互方式，它将数据转换为直观的几何图形，使用抽象的方式呈现数据的变化、联系或者趋势，便于研究人员观察数据中包含的特征。可视化还可以借助于交互式的界面元素，让人们能够采用互动的方式对数据内容进行探索和分析。可视化是数据分析的一个重要步骤，通过可视化人们还可以发现数据分析中存在的问题以及模型的不足，进而促进模型的改善和优化。

具体而言，数据可视化的优点如下。

（1）数据可视化用更直观的图形化的表现形式进行信息摘要。

（2）数据可视化通过交互的方式，帮助用户对数据进行探索，发现数据里面隐藏的模式，获得对数据的洞察力和理解。

4.2　可视化发展历程

在 19 世纪，随着计算机图形学技术的发展，以及社会对数据应用和分析需求的增加，加速了以统计图表等为特征的现代数据可视化的诞生。这个时期的数据可视化图表包括散点图、直方图、极坐标图以及时间序列图等统计图表，以及以主题地图为代表的主题图，其中的典型代表是 John Snow 医生制作的用于展示 1854 年伦敦霍乱爆发的主题地图，如图 4.1 所示。可视化的优点通过这个案例展示得非常清晰。在该主题地图中，霍乱病例在地理区域上的分布模式被直观地揭示出来，并借助图形，可以让人们直观地发现病例与 Broad Street 水泵之间的关联关系。

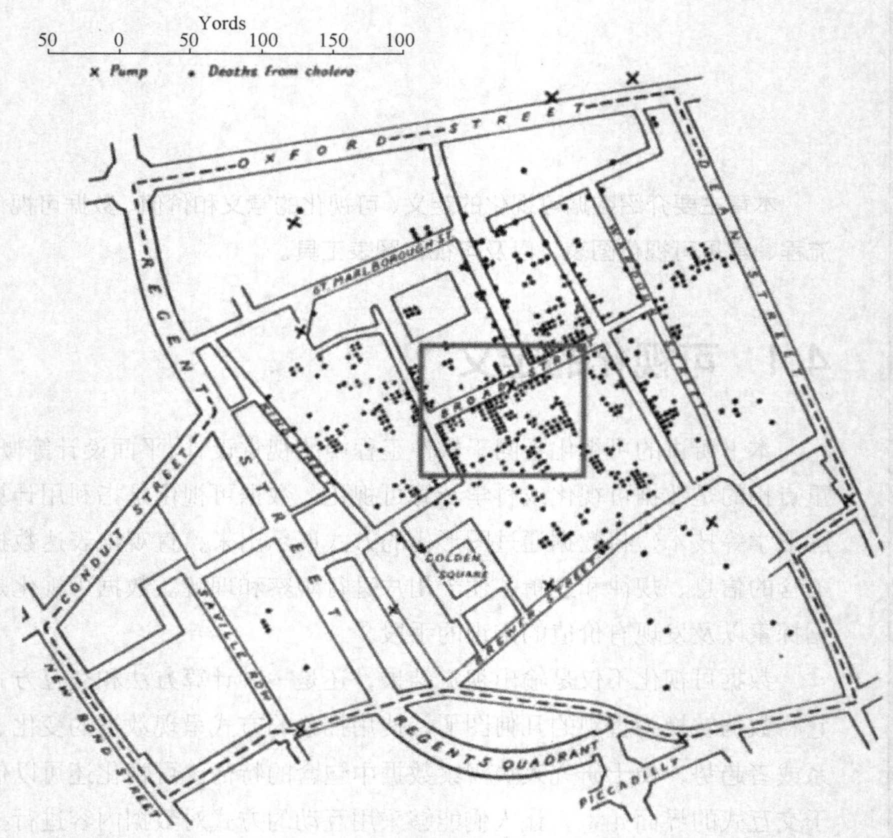

1854 年伦敦爆发严重霍乱，当时流行的观点是霍乱是通过空气传播的，而 John Snow 医生研究发现，霍乱是通过饮用水传播的。研究过程中，John Snow 医生统计每户病亡人数，每死亡一人标注一条横线，分析发现，大多数病例的住所都围绕在 Broad Street 水泵附近，结合其他证据得出饮用水传播霍乱的结论，于是移走了 Broad Street 水泵的把手，霍乱最终得到控制。

图 4.1　1854 年伦敦霍乱地图

21 世纪以来，随着计算机硬件的发展，数据规模不断增长，数据的内容和类型比以前要丰富得多。人们创建了更复杂、规模更大的数字模型，改进了数据采集设备和数据保存设备，因此也需要更高级的计算机图形学技术及方法来呈现这些规模庞大的数据集。随着数据可视化平台的拓展，应用领域的增加，表现形式的不断变化，以及增加了诸如实时动态效果、用户交互等功能，数据可视化如同大多数新兴概念一样，边界不断地扩大，数据可视化被广泛应用在商业分析、用户行为数据分析、用户日志分析等各种面对复杂或大规模异型数据集的应用中。

随着各行各业对数据的重视程度与日俱增，随之而来的是对数据进行一站式整合、挖掘、分析、可视化的需求日益强烈，因此也诞生了一批以数据可视化分析为主要业务的公司。如 2003 年成立的 Tableau 公司，其愿景是使用可视化工具与其他工具，让数据能够更好地被理解，让企业能够把握不断增长的数据流，促进数据发现，进而帮助人们进行更加合理的决策。Tableau 公司的可视化产品可帮助用户脱离底层烦琐、复杂的报表定制化操作，用户只需简单地将大量数据拖放到数字“画布”上，就能创建好各种图表。类似的可视化工具的诞生，促进了数据可视化技术在各种商业智能分析业务中的应用。Tableau 公司网站的主页如图 4.2 所示。

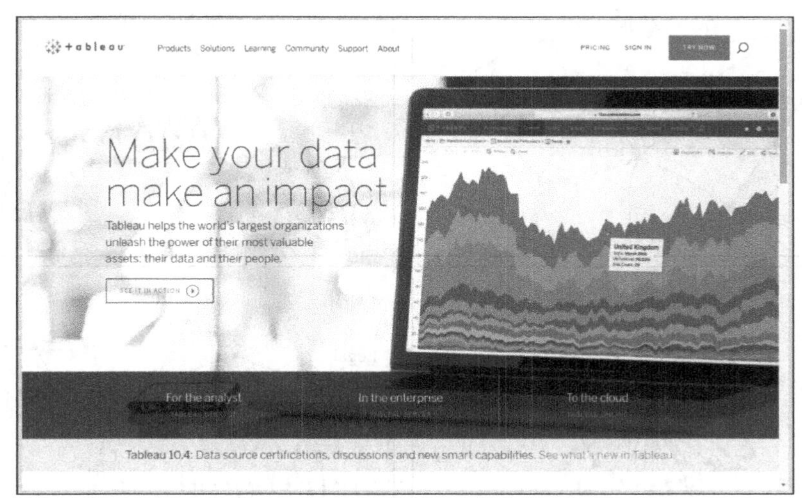

图 4.2　Tableau 公司网站的主页

4.3 可视化的意义和价值

可视化的特点是直观、美观、可交互。一个好的可视化作品，往往能够达到“一图胜千言”的效果。例如，Web 设计师 Manu Cornet 在自己的博客上，发布了他绘制的一组 2008 年前后美国科技公司的组织结构图，如图 4.3 所示。从图中可以直观地看出，亚马逊公司的组织结构等级森严且有序，并且组织机构与电商品类层次结构非常相似；谷歌公司结构清晰，产品和部门之间却相互交错且混乱，整个结构就像一个互联网；Facebook 公司的架构分散，就像一个典型的社交网络；微软公司内部各自占山为王，“军阀”作风深入骨髓，各部门之间竞争激烈；苹果公司大部分员工都围绕着灵魂人物乔布斯（前 CEO）；而在甲骨文公司中，因为其开展的主要是企业业务，因此需要一个庞大的法务部来处理商务合作中的问题。通过一张简单的可视化图表，这些企业的业务特点和组织结构特点就展示得淋漓尽致而且生动有趣。

如前面的例子所示，良好的可视化图表和可视化分析工具可以帮助人们快速地从数据中发掘知识，帮助人们快速地揭示数字或数据中蕴含的秘密。例如，图 4.4 中的表是某院校部分课程的学生平均成绩与课程教学评估的分数。直接观察这两列数字，很难发现其中的关系。但图 4.4 中右边的散点图则清晰地揭示出二者存在一定的正相关性。

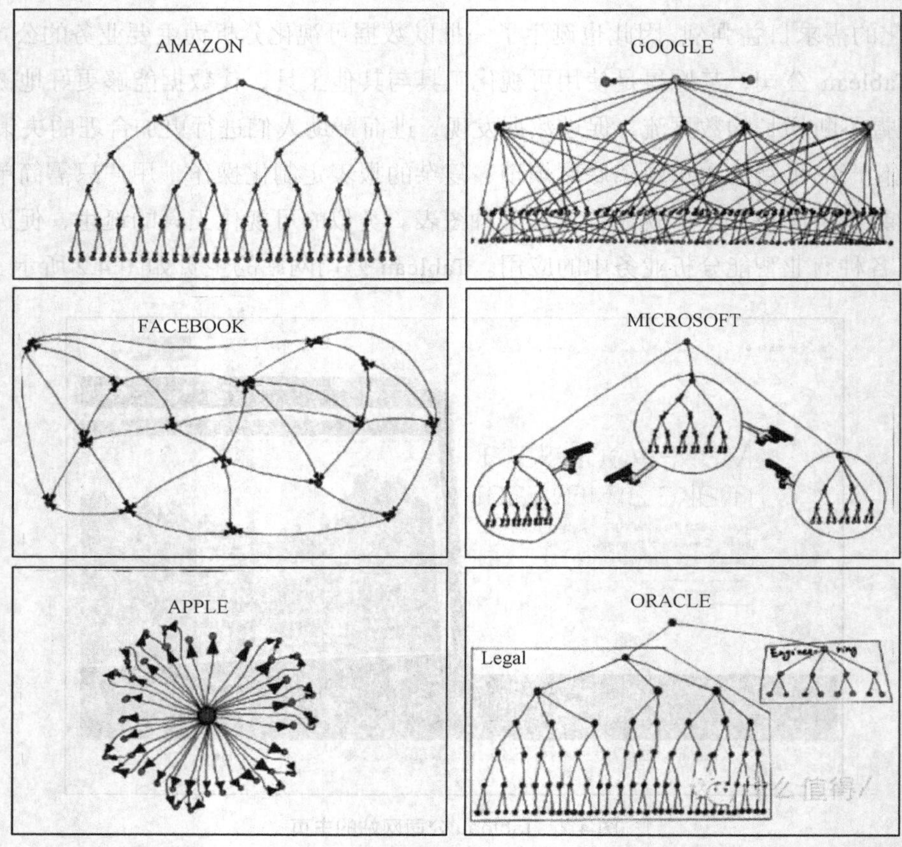

图 4.3 Manu Cornet 绘制的国际知名公司的组织结构图

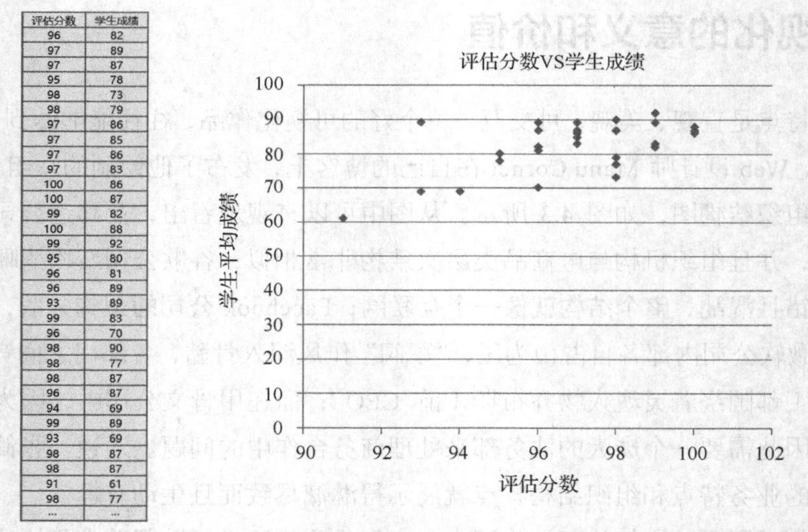

评估分数	学生成绩
96	82
97	89
97	87
95	78
98	73
98	79
97	86
97	85
97	86
97	83
100	86
100	87
99	82
100	88
99	92
95	80
96	81
96	89
93	89
99	83
96	70
98	90
98	77
98	87
96	87
94	69
99	89
93	69
98	87
98	87
91	61
98	77
...	...

图 4.4 某院校部分课程的学生平均成绩与课程教学评估的分数及其散点图

与文字一样，可视化是一种媒介而非一种特定的工具。Nathan Yau 在《数据之美：一本书学会可视化设计》中指出，“可视化是展示数据的一种方式，是对现实世界的抽象，也是可以用来讲述不同种类的故事的"。合理地采用可视化，能够更好地发现数据中存在的特点和规律，更好地完成信息的表达与传导。

4.4　数据可视化的流程

如前所述，数据可视化是数据探索以及发现有价值的知识的手段。因为原始的数据纷繁复杂，而且往往不具有直观的可直接供可视化分析的维度和数据，若要进行可视化分析，往往首先需要对原始数据进行分析和挖掘。例如，图 4.5 所示的原始数据中包含一批互联网新闻，每篇新闻中包含几百至几千字的报道内容。对于这些内容，很难直接进行可视化。在可视化之前，可以先通过命名实体抽取和话题挖掘，统计分析出这些新闻中包含的热门话题及其相应的频度，然后采用合适的图表对挖掘出来的这些结果和知识进行可视化。例如，可以采用柱状图对相关人物出现的频率进行展示，采用词云图展示热门话题等。

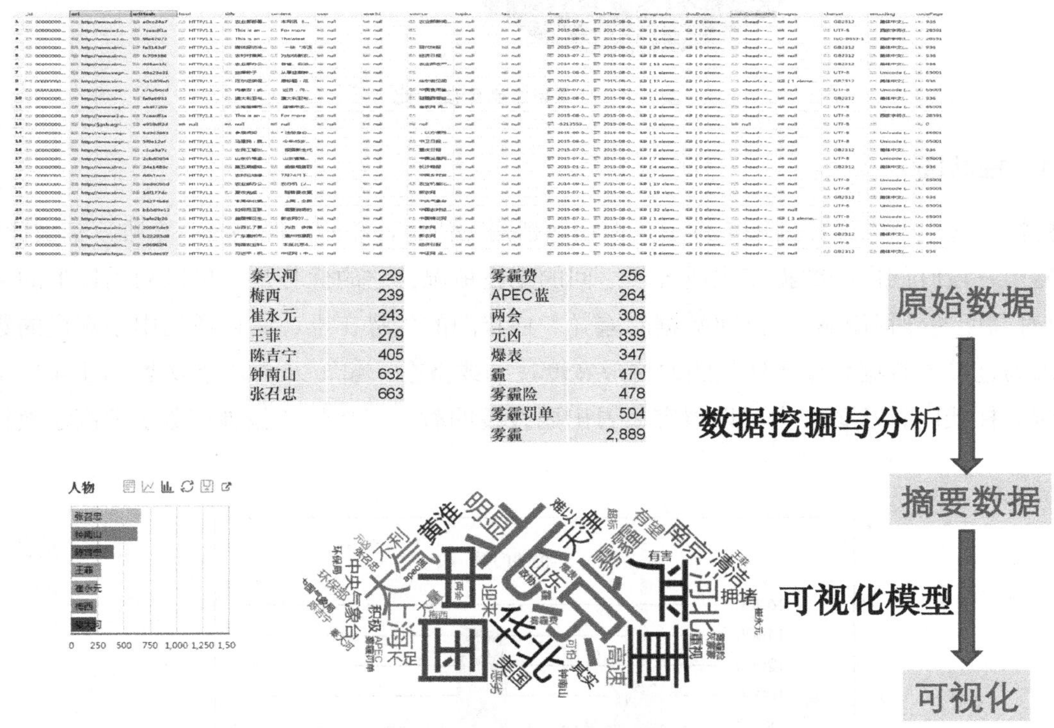

图 4.5　互联网新闻及其可视化

4.5　常见可视化图表

常见的统计图表有柱状图、折线图、饼图、散点图、气泡图、雷达图等，此外还有漏斗图、树图、热力图、关系图、词云图、事件河流图、日历图等。下面我们简要地介绍其中的几种。

如果选择的图表不合适，也很难体现出数据特征。例如图 4.6，如需对比一个学校每个学年的开课班级数，使用饼图不能直观地对数据之间的大小进行对比，显然这是一个错误的图形选择。

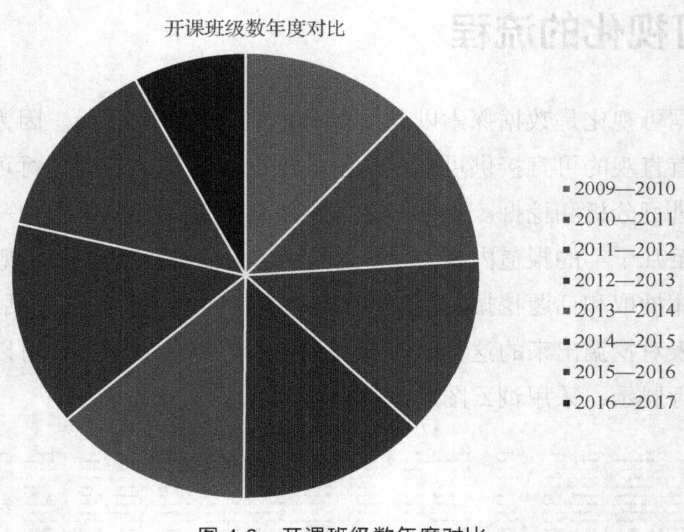

图 4.6 开课班级数年度对比

4.5.1 柱状图

柱状图适用于二维数据集（每个数据点包括两个值：x 和 y），但只有一个维度需要比较，用于显示一段时间内的数据变化或各项之间的比较情况。它的优势是，可以利用柱形的高度（人眼对高度差异很敏感），反映数据的差异。柱状图的劣势在于，它只适用中小规模的数据集，因为过多的数据会导致柱状图的柱形宽度过细或挤在一起，无法区分数据。图 4.7 是一个实例的柱状图，从该图中可以很容易看出副教授的教学工作量（授课门数）要高于教授和讲师。

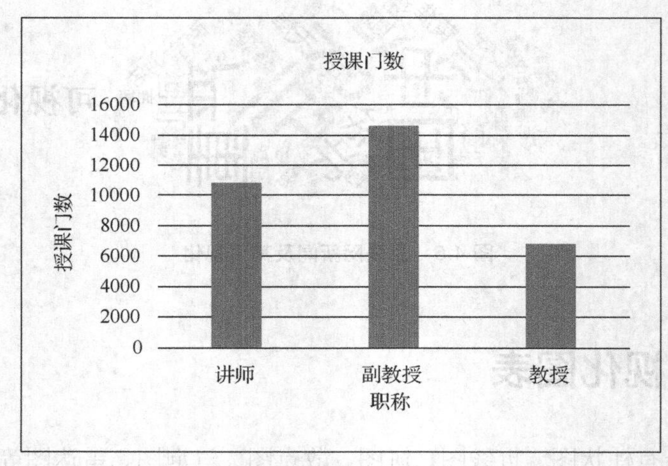

图 4.7 示例柱形图

4.5.2　折线图

折线图一般在按照时间序列分析数据的变化趋势时使用，适用于较大的数据集。在通常情况下，折线图的 x 轴设定为时间（或者有大小意义的其他值），y 轴设定为其他指标值。分析数量、比例等指标整体变化趋势时多用折线图。

示例折线图如图 4.8 所示。从该图中可以看出，该校教学评估的平均分数逐年提高。从某种角度上揭示出该校的教学质量或者学生满意度在提升。在使用折线图时，读者往往并不关注曲线中每个点的具体数值，而更关注变化趋势。

图 4.8　示例折线图

4.5.3　饼图

饼图一般在指定一个分析轴进行所占比例的比较时使用，只适用于反应部分与整体之间的关系，部分之间的对比不强烈，如图 4.6 所示。

4.5.4　散点图

散点图主要用于当数据中有两个以上维度需要比较的时候使用。散点图有时也用来展示数据中两个维度之间的关联关系。图 4.4 中展示了一个散点图。

4.5.5　雷达图

雷达图可以从不同角度对比数据之间的差异，一般来说，雷达图中实际展示的数据点不超过 6 个，否则各数据点之间重叠会导致不容易观察到数据之间的差异。图 4.9 所示为两个学者的行为画像。从该图中可以很容易看出学者一和学者二的差异。学者一的社交性和多样性高于学者二，而学者二的核心学术成果（论文数、引用数等）明显高于学者一。

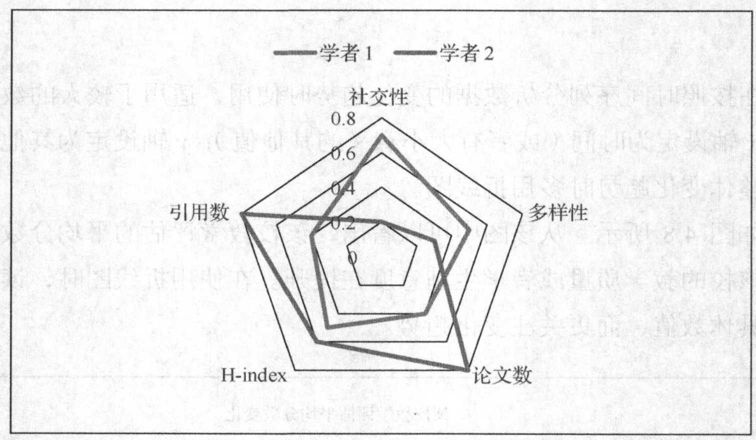

图 4.9　某两个学者的学术画像雷达图

4.6　可视化图表工具

有很多工具可以生成可视化图表。传统的可视化工具包括微软公司的 Excel，新一代的支持互联网数据可视化的工具有 ECharts、HighChart、D3、Google Charts 等。Python 的第三方库 matplotlib 是通过代码进行可视化图表制作的另一种选择。

1. Excel

利用 Excel 可以制作简单的折线图、柱状图等。在 Excel 中选择需要进行可视化的数据，单击“插入”选项卡中的“图表”按钮，从“图表”中选择一个合适的图表样式，或者从“所有图表”中选择一个自己喜欢的图表即可创建图表，如图 4.10 所示。Excel 提供了非常灵活多样的配置功能，图表中的线条、文字、填充等样式都可以进行修改。

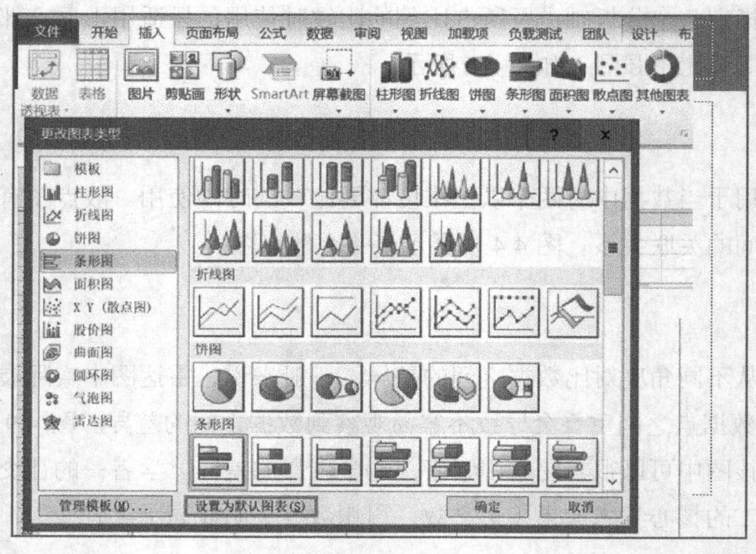

图 4.10　Excel 提供的图表

Excel 虽然功能强大，但存在一个比较明显的问题，大部分图表都是静态图表，对用户交互方面支持较差。同时，Excel 的可编程性不高，不太适合在互联网数据分析产品中使用。

2. ECharts

ECharts 源自百度，目前是由 Apache 孵化器赞助的 Apache 开源基金会孵化项目。ECharts 是一个使用 JavaScript 实现的开源可视化库，可以流畅地运行在 PC 和移动智能设备上，兼容当前绝大部分浏览器（IE8/9/10/11、Chrome、Firefox、Safari 等），底层依赖矢量图形库 ZRender，提供直观、交互丰富、可高度个性化定制的数据可视化图表。ECharts 提供了常规的折线图、柱状图、散点图、饼图、K 线图，用于统计的盒形图，用于地理数据可视化的地图、热力图、线图，用于关系数据可视化的关系图、TreeMap、旭日图，多维数据可视化的平行坐标，还有用于商务智能（Business Intelligence，BI）的漏斗图、仪表盘，等等，并且支持图与图之间的混搭。ECharts 的界面如图 4.11 所示。

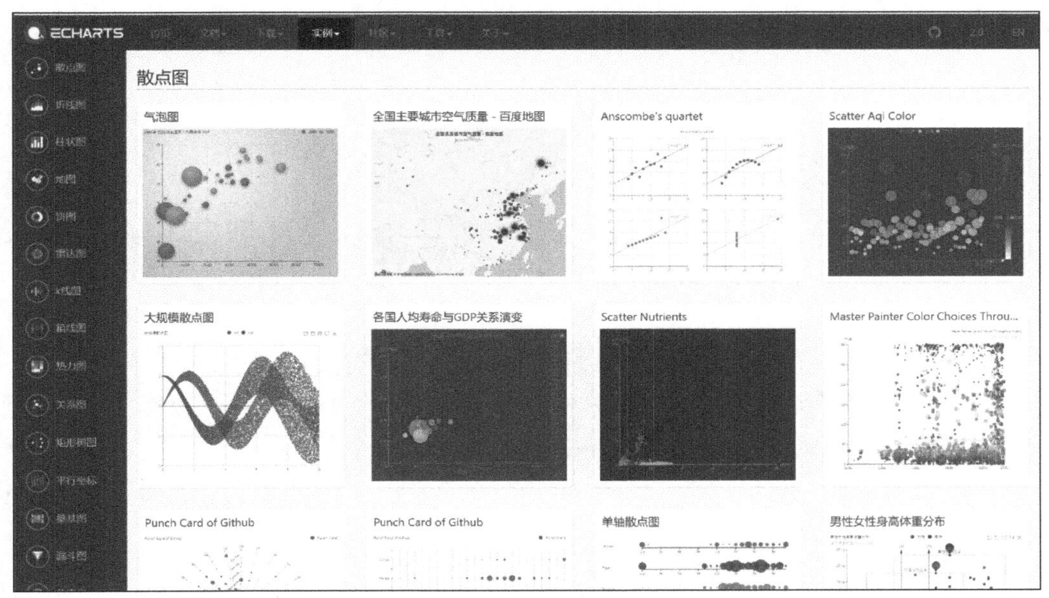

图 4.11　ECharts 的界面

ECharts 提供了非常强大的深度交互式数据探索功能，十分适用于 Web 端的可视化分析应用，与 Excel 相比，ECharts 提供了对地图、热力图、关系图以及多种 3D 图表（如地形图）的支持。

3. matplotlib

matplotlib 是 Python 下 2D 绘图中使用最广泛的套件之一。它能让用户轻松地将数据图形化，并且提供多样化的输出格式。matplotlib 以各种硬拷贝格式和跨平台的交互式环境生成出版物质量级别的图形，支持绘制折线图、散点图、等高线图、条形图、柱状图、3D 图形等。关于 matplotlib 的更多文档，可以通过访问其官网获取。

4.7 思考题

1. 什么是数据可视化，它有什么意义和价值？
2. 数据可视化包括哪些流程？
3. 常见的可视化图表有哪些？
4. 掌握使用 Excel 进行可视化的方法。
5. 简述 ECharts 的特点和主要应用场景。

05 第5章 数据分析与计算

对数据进行深入分析，挖掘和利用数据的价值，依赖于人工智能、机器学习技术。本章首先简单介绍人工智能、机器学习、数据挖掘的概念及其关系，然后介绍主流的分类、聚类、回归、关联规则分析和推荐算法。在此基础上，对 21 世纪初开始流行起来的深度学习技术进行简要介绍。

算法要落地，需要计算平台的支持。本章还介绍了云计算技术，以及两大主流的大数据处理平台，即 Hadoop 和 Spark。

5.1 机器学习简介

要从数据里发现其中隐藏的规律，仅仅计算一些指标和生成一些报表（汇总）是不够的。我们需要统计分析、数据挖掘、机器学习等方法，来对数据进行深入、复杂的分析。

首先，我们来了解一下人工智能、机器学习、数据挖掘等概念及其关系。

机器学习是一种能够赋予机器学习的能力，让它完成直接编程无法完成的功能的方法。从实践上来说，机器学习是一种通过利用数据训练出模型，然后使用模型进行预测的一种方法。可以看出，数据对于机器学习来说十分重要。可以说，数据是原材料，机器学习是加工工具，模型是产品。有了模型以后，我们就可以利用它做预测，指导未来的行动。

机器学习和人工智能紧密关联。人工智能的概念自从 20 世纪 50 年代被提出以来，它的研究大概经历了几个阶段，从早期的逻辑推理，到中期的专家系统，到近期的机器学习。从另外一个角度来看，人类的智能包括归纳总结和演绎推理，对应人工智能研究的联接主义（如神经网络）和符号主义（如符号推理系统）。符号主义的主要思想是应用逻辑推理法则，从公理出发，推演出整个理论体系。联接主义的研究策略，则试图在了解人脑工作原理的基础上，创造出一个人工的神经网络，然后利用数据对该网络进行训练，使其具有强大的预测能力。由此可见，人工智能包含机器学习，而人工神经网络是机器学习的一种形式。数据挖掘，可以看作是机器学习算法在数据库上的应用。然而，数据挖掘能够形成自己的学术圈，是因为它也贡献了独特的算法，比如关联规则分析方法——Apriori 算法。具体说明如下。

沃尔玛是著名的零售商，拥有世界上最大的数据仓库系统。为了能够准确地了解顾客在其门店的购买习惯，沃尔玛对顾客的购物行为，进行购物篮的关联分析，了解顾客经常一起购买的商品有哪些。他们获得了一个意外的发现，与尿布一起购买最多的商品竟然是啤酒！经过实际调查分析，揭示了一个隐藏在“尿布与啤酒”背后的美国人的一种行为模式。在美国，太太们经常叮嘱她们的丈夫，下班后为小孩买尿布。而丈夫们在购买尿布后，有 30%～40%的人又顺手带回了他们喜欢的啤酒。于是他们根据这些分析结果，优化了商场里商品的摆放，实现了交叉销售，提高了商品的销售额。

在这里，我们把常用的机器学习和数据挖掘方法放在一起，进行统一的介绍，并且兼顾介绍一些统计分析方法。这些算法可以进行简单的分类，其中的一种分类方法，把机器学习方法分为有监督（Supervised）学习、无监督（Unsupervised）学习、半监督（Semi-Supervised）学习等类别。

（1）有监督学习是机器学习的一种类别，其训练数据由输入特征（Feature）和预期的输出构成，输出可以是一个连续的值（称为回归分析），或者是一个分类的类别标签（称为分类）。比如，给定 20 张图片及其标签（这些标签需要人工标注）作为训练集，其中 10 张图片是小狗的图片，那么其标签为“狗”；另外 10 张图片是其他物体的图片，那么其标签为“非狗”。有监督学习的任务，要训练一个模型，当这个模型再遇到新的图片的时候，能够根据这张图片是否是狗的图片，给出“狗”和“非狗”的分类结果。决策树、支持向量机（SVM）、K 最近邻（KNN）等算法，都属于有监督学习。

（2）无监督学习与有监督学习的区别，是它的训练数据无须人工标注，直接对数据进行建模。K-Means 聚类算法，就是典型的无监督学习算法，它把相似的对象聚集在一起。聚类算法获得的每个类簇（Cluster），需要用户进行观察和判断，以便了解其实际意义。比如，对新闻进行聚类分析，不同的新闻类簇有可能是关于不同的主题的，如政治、军事、财经、地理、文化等。

（3）半监督学习，是有监督学习和无监督学习相结合的一种学习方法。它研究如何利用少量的标注（Annotated）样本和大量的未标注样本，进行训练和预测的问题。

除了上述分类方法，我们可以把机器学习、数据挖掘方法分成这样几个类别，包括分类、聚类、回归、关联规则分析、推荐、神经网络与深度学习等。下文将按照这些类别，给读者介绍主流的算法。

5.2　分类

分类是有监督的机器学习方法。有监督学习要求我们在构造训练数据集时，必须对这个数据集进行标注，比如对生化指标进行有病/没病的标注、对图片进行类别标注、对商品的评论进行情感标注（正面/负面情感）等。

主要的分类方法，包括支持向量机、决策树、朴素贝叶斯方法、K 最近邻（KNN）算法、逻辑斯蒂回归等，下面分别予以介绍。

5.2.1　支持向量机

支持向量机（Support Vector Machine，SVM）由万普尼克（Vapnik）等人在 1992 年提出。从那以后，支持向量机以其在解决小样本、非线性以及高维模式识别中表现出来的特有优势，获得了广泛的应用。其应用领域包括文本分类、图像识别等。

1. 二维空间（即平面）数据点的分类

下面通过一个二维平面上的数据点的分类，来介绍支持向量机技术。如图 5.1 所示，在平面上有两种不同的点，用不同的形状表示，一种为三角形，另一种为正方形。现在要求在平面上绘制一根直线，把两类数据点分开。可见这样的直线可以绘制很多条，到底哪一条才是最合适的分割线呢？

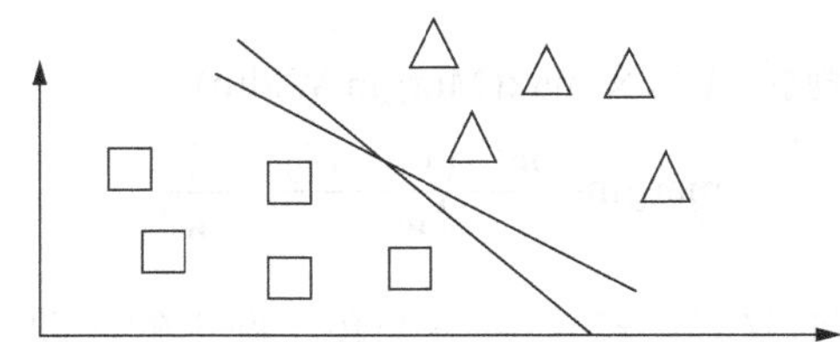

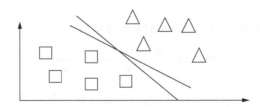

图 5.1　二维平面上的数据分类（有无数条分割直线）

在二维平面上，把两类数据分开（假设可以分成两类），需要一条直线。那么到了三维空间，要把两类数据分开，就需要一个平面。把上述分类机制扩展到基本情形，在高维空间里，把两类数据分开，需要一个超平面。直线和平面是超平面在二维和三维空间的表现形式。

2. 支持向量

我们需要找出分类函数 $y=f(x)=\boldsymbol{w}^{\mathrm{T}}\cdot x+\boldsymbol{b}$。先将超平面上的点代入这个分类函数，得到 $f(x)=0$；将超平面一侧的数据点代入分类函数，得到 $f(x)\geqslant 1$；将超平面另外一侧的数据点代入分类函数，得到 $f(x)\geqslant -1$。在二维平面上，这个分类函数对应一根直线 $y=f(x)=ax+b$。

在二维平面上确定一条直线，就是确定上述方程中的 a 和 b。而在高维空间上确定一个超平面，则是需要确定 $\boldsymbol{w}$ 向量和 $\boldsymbol{b}$ 向量。那么，应该如何确定 $\boldsymbol{w}$ 和 $\boldsymbol{b}$ 呢？答案是寻找一个超平面，使它到两个类别数据点的距离都尽可能地大。这样的超平面为最优的超平面。

在图 5.2 中，中间的那条直线到两类数据点的距离是相等的（图中双向箭头的长度表示距离 d）。为了确定这条直线，不需要所有的数据点（向量）参与决策，只需要图中显示为深灰色的数据点（向量）即可。这些向量唯一确定了数据划分的直线（超平面），称为支持向量。

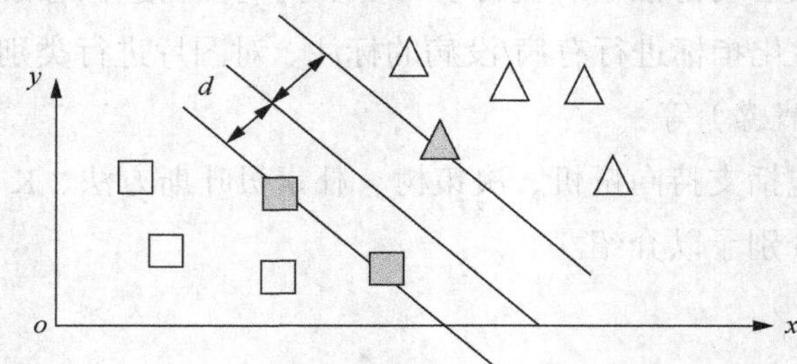

图 5.2　支持向量（d 表示超平面到不同类别数据点的距离）

通过对上述实例的分析和解释，我们了解到支持向量机是一个对高维数据进行分类的分类器。数据点分别被划分到两个不相交的半空间（Half Space），从而实现分类。划分两个半空间的是一个超平面。SVM 分类的主要任务是寻找到与两类数据点都具有最大距离的超平面，目的是使得把两类数据点分开的间隔（Margin）最大化。

下面是对 SVM 分类的形式化描述。

（1）SVM 问题模型

$\boldsymbol{w}^{\mathrm{T}}\cdot x^{+}+\boldsymbol{b}=+1$

$\boldsymbol{w}^{\mathrm{T}}\cdot x^{-}+\boldsymbol{b}=-1$

$\boldsymbol{w}^{\mathrm{T}}\cdot(x^{+}-x^{-})=2$，将线性问题转化为求 max(Margin Width)。

$$\text{margin}=\frac{\boldsymbol{w}^{\mathrm{T}}\cdot(x^{+}-x^{-})}{|\boldsymbol{w}|}=\frac{2}{|\boldsymbol{w}|}$$

可以看成由样本构成的向量($x^{+}-x^{-}$)，在分类超平面上的法向量上 $\frac{\boldsymbol{w}^{\mathrm{T}}}{|\boldsymbol{w}|}$ 的投影。

（2）假设训练数据

假设训练数据为：

$$(x_1,y_1),(x_2,y_2),\cdots,(x_n,y_n)\in \mathrm{R}^{d},\ \ y\in\{+1,-1\}$$

线性分类函数

$$w^{\mathrm{T}}\cdot x+b=0,\ \ w\in \mathrm{R}^{d},\ \ b\in \mathrm{R}$$

将 max-margin 问题转化成优化问题。

$$\max\left(\frac{2}{\|\boldsymbol{w}\|}\right)\Leftrightarrow \min(\|\boldsymbol{w}\|^{2})$$

（3）线性 SVM 问题建模

将最优分类平面求解问题，表示成约束优化问题。

最小化目标函数 $\varnothing(\boldsymbol{w})=\frac{1}{2}\|\boldsymbol{w}\|^{2}=\frac{1}{2}(\boldsymbol{w}^{\mathrm{T}}\cdot\boldsymbol{w})$

约束条件：$y_t((\boldsymbol{w}^{\mathrm{T}}\cdot x_i)+\boldsymbol{b})\geqslant 1$，$i=1,\cdots,n$

对最优超平面进行计算，是一个二次规划问题。可以通过应用拉格朗日对偶性（Lagrange Duality），求解对偶问题得到最优解。具体细节请参考相关资料。

有时候两个数据点集，在低维空间中无法找到一个超平面来进行清晰的划分。例如，图 5.3（a）中的二维平面上的两类数据点，找不到一条直线把它们划分开。SVM 数据分析方法中，有一个核（Kernel）函数技巧，可以巧妙地解决这个问题。通过核函数，可以把低维空间的数据点（向量），映射到高维空间中。经过映射以后，两类数据点在高维空间里，可以用一个超平面分开。

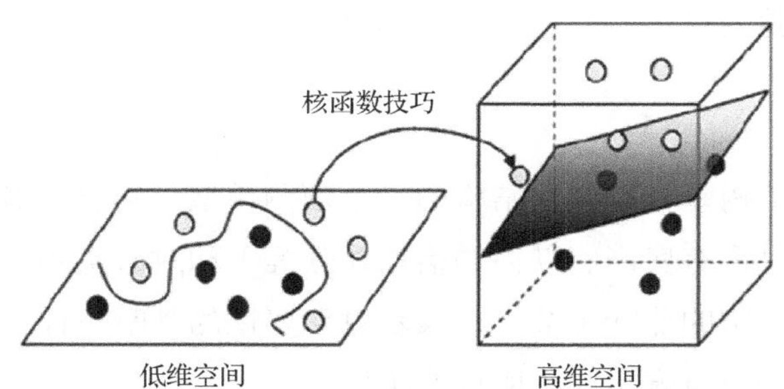

（a）二维平面上的两类数据点（不易分类）（b）经过核函数映射后的三维空间上的两类数据点（容易分类）

图 5.3　SVM 的核函数技巧

在图 5.3（b）中，两类数据点经过映射以后，映射到三维空间的数据点。在三维空间里，两类数据点可以用一个平面予以分开。

常用的核函数包括多项式核函数、高斯径向基核函数、指数径向基核函数、神经网络核函数、傅里叶级数核函数、样条核函数、B 样条核函数等。

3. **异常值的处理**

在 SVM 模型中，超平面是由少数几个支持向量确定的，未考虑 Outlier（离群值）的影响。

我们通过下面的实例，展示异常值的影响。在下面的实例里，不同形状表示不同类别的数据点，深灰色的数据点则表示异常值，如图 5.4 所示。这个异常值将导致分类错误。我们的目标，是计算一个分割超平面，把分类错误降低到最小。

上述的问题可通过在模型中引入松弛（Relax）变量来解决。松弛变量是为了纠正或约束少量“不安分”的或脱离集体不好归类的数据点的因子。引入松弛变量后，支持向量机的超平面的求解问题，仍然可以转化成一个二次规划问题来求解。在引入松弛变量的情况下，最优分类平面求解问题，可表示成如下的约束优化问题。

最小化目标函数：$\varnothing(\boldsymbol{w})=\frac{1}{2}\|\boldsymbol{w}\|^2+C\sum_{i=1}^{n}\xi_i=\frac{1}{2}(\boldsymbol{w}^{\mathrm{T}}\cdot\boldsymbol{w})+C\sum_{i=1}^{n}\xi_i$

约束条件：$y_t((\boldsymbol{w}^{\mathrm{T}}\cdot x_i)+\boldsymbol{b})\geqslant 1-\xi_i,\ i=1,\cdots,n,\ \ \xi_i\geqslant 0, i=1,\cdots,n$

正则化参数 C，可以理解为允许划分错误的权重。当 C 越大时，表示越不容许出错；而当 C 较小的时候，则允许少量样本划分错误。

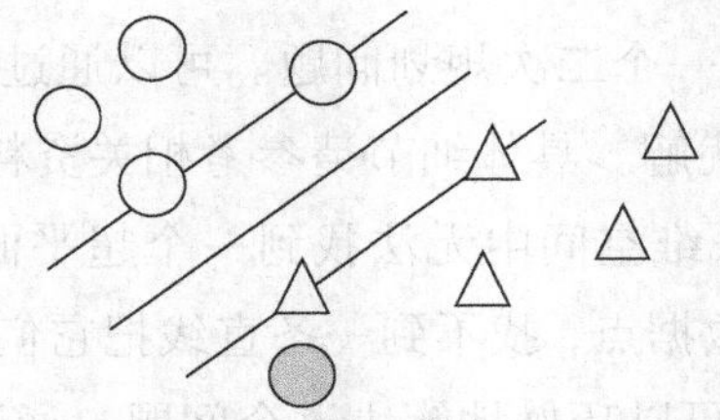

图 5.4　SVM 分类器中异常值的处理

支持向量机功能强大，不仅能够处理线性分类，还能够处理非线性分类（使用核函数），以及容忍异常值（使用松弛变量）。

5.2.2　决策树

在机器学习中，决策树是具有树状结构的一个预测模型。它表示对象属性（比如贷款用户的年龄、是否有工作、是否有房产、以往的信用评分等）和对象类别（是否批准其贷款申请）之间的一种映射。决策树中的非叶子节点，表示对象属性的判断条件，其分支表示符合节点条件的所有对象，树的叶子节点表示对象所属的类别。

本小节给出了一个实例，通过该实例，我们可以了解决策树的基本原理。表 5.1 所示为某金融机构授予贷款的客户列表。每条记录表示一个客户，表格的各个列表示客户的一些属性（包括年龄 Age、是否有工作 Has_Job、是否有房产 Own_House、以往的信用评价 Credit_Rating 等），这几个属性可以看作自变量。其中，最后一列（Class）表示客户的贷款申请是否获得批准，这一列可以看作因变量。表 5.1 记录了该金融机构根据不同用户的情况，是否批准其贷款申请的历史信息。

表 5.1　　　　客户贷款情况表

ID	Age	Has_Job	Own_House	Credit_Rating	Class
1	old	false	true	excellent	Yes
2	old	false	true	good	Yes
3	old	true	false	good	Yes
4	old	true	false	excellent	Yes
5	old	false	false	fair	No
6	young	false	false	fair	No
7	young	false	false	good	No
8	young	true	false	good	Yes
9	young	true	true	fair	Yes
10	young	false	false	fair	No
11	middle	false	false	fair	No
12	middle	false	false	good	No
13	middle	true	true	good	Yes
14	middle	false	true	excellent	Yes
15	middle	false	true	excellent	Yes

图 5.5 是利用上述历史数据训练出来的一个决策树。利用该决策树，金融机构就可以根据

新来客户的一些基本属性，决定是否批准其贷款申请。比如某个新客户的年龄是中年，拥有房产，我们首先访问根节点 Age，根据该用户的年龄为中年，我们应该走中间那个分支，到达是否拥有房产的节点“Own_House”，由于该客户拥有房产，所以我们走左边那个分支，到达叶子节点，节点的标签是“Yes”，也就是应批准其贷款申请。

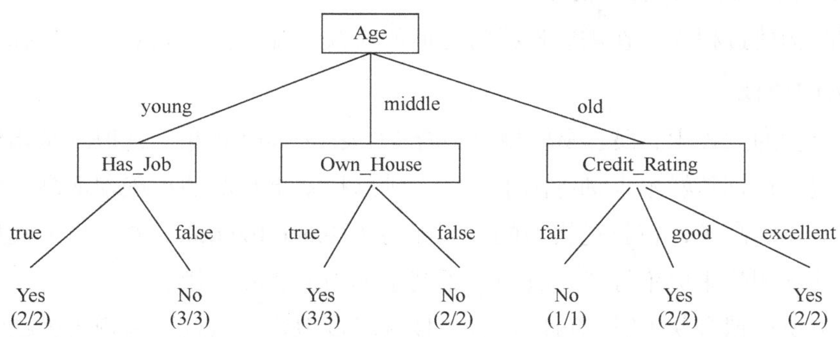

图 5.5　从客户贷款情况表训练出来的决策树

决策树可以转化为一系列规则（Rule），从而构成一个规则集（Rule Set）。比如上述决策树，最左边的分支，对应的规则是：如果客户年龄属于青年，而且有工作，那么就可以批准其贷款申请。这样的规则很容易被人们理解和运用。

1. 决策树的构造过程

决策树的创建从根节点开始，首先需要确定一个属性，根据不同记录在该属性上的取值，对所有记录进行划分。接下来，对每个分支重复这个过程，即对每个分支，选择另外一个未参与树的创建的属性，继续对样本进行划分，一直到某个分支上的样本都属于同一类（或者隶属该路径的样本大部分都属于同一类）。

比如在上述实例中，经过树中的一系列非叶子节点的划分后，样本就被分成批准贷款（Yes）和未批准贷款（No）两类，这样的节点，形成叶子节点。

属性的选择也称为特征选择。特征选择的目的，是使得分类后的数据集更“纯”，即数据子集里的样本，主要属于某个类别。理想的情况是，通过特征的选择，能把不同类别的数据集贴上对应的类别标签。

为了衡量一个数据集的纯度，需要引入数据纯度函数。其中一个应用广泛的度量函数，是信息增益（Information Gain）。信息熵，表示的是不确定性。非均匀分布时，不确定性最大，此时熵就最大。当选择某个特征，对数据集进行分类时，分类后的数据集其信息熵会比分类前的要小，其差值表示为信息增益。信息增益可以用于衡量某个特征对分类结果的影响大小。

对于一个数据集，特征 A 作用之前的信息熵计算公式为 $Info(D)=-\sum_{i=1}^{c}P_i\log_2(P_i)$，其中 D 表示训练数据集，c 表示类别数量，P_i 表示类别 i 样本数量占所有样本的比例。

对应数据集 D，选择特征 A 作为决策树判断节点时，在特征 A 作用后的信息熵为 $Info_A(D)$

（特征 A 作用后的信息熵计算公式），计算公式为：$Info_A(D)=-\sum_{j=1}^{k}\frac{|D_j|}{|D|}*Info(D_j)$，其中 k 表示样本 D 被分为 k 个子集。

信息增益，表示数据集 D 在特征 A 的作用后，其信息熵减少的值，也就是信息熵差值，其计算公式为 $Gain(A)=Info(D)-Info_A(D)$。

在决策树的构建过程中，在需要选择特征值的时候，都选择 $Gain(A)$值最大的特征。

2．决策树的剪枝

在决策树建立的过程中，很容易出现过拟合（Overfitting）现象。过拟合是指模型非常逼近训练样本。模型是在训练样本上训练出来的，在训练样本上预测的准确率很高，但是对测试样本的预测准确率就不高了，也就是模型的泛化能力（Generalization）差。当把模型应用到新数据上的时候，其预测效果更不好了，过拟合不利于模型的实际应用。

当决策树出现过拟合现象时，可以通过剪枝减轻过拟合。剪枝分为预先剪枝和后剪枝两种情况。预先剪枝是指在决策树构造过程中，使用一定条件加以限制，使产生完全拟合的决策树之前，就停止生长。预先剪枝的判断方法有很多，比如信息增益小于一定阈值的时候，通过剪枝使决策树停止生长。

后剪枝是在决策树构造完成之后，也就是所有的训练样本都可以用决策树划分到不同子类以后，按照自底向上的方向，修剪决策树。后剪枝有两种方式，一种是用新的叶子节点替换子树，该节点的预测类由子树数据集中的多数类决定；另一种是用子树中最常使用的分支代替子树。后剪枝一般能够产生更好的效果，因为预先剪枝可能过早地终止决策树构造过程。

决策树的应用很广泛，上述是否批准贷款申请就是一个典型的应用实例，此外，还可以应用在对客户进行细分、对垃圾邮件进行识别等场合。

5.2.3 朴素贝叶斯方法

贝叶斯分类，是一类分类算法的总称。该类算法都以贝叶斯定理为基础。首先，我们来了解贝叶斯定理，然后结合实例，讨论朴素贝叶斯分类，它是贝叶斯分类中最简单的一种方法。

1．贝叶斯定理

$P(B|A)$表示在事件 A 已经发生的前提下，事件 B 发生的概率，称为事件 A 发生情况下，事件 B 发生的“条件概率”。

在实际应用中经常遇到这样的情况，我们很容易计算出 $P(A|B)$，但是 $P(B|A)$则很难直接得出。我们要计算的目标是 $P(B|A)$，贝叶斯定理为我们从 $P(A|B)$计算 $P(B|A)$提供了一种途径。贝叶斯定理具体形式为：$P(B|A)=\frac{P(A|B)P(B)}{P(A)}$。

2．朴素贝叶斯分类实例

本小节给出了一个实例，通过朴素贝叶斯分类，来检测社交网络社区（Social Networking Service，SNS）中的账号是否真实。在 SNS 中，不真实账号是一个普遍存在的问题。SNS 社区的运营商，希望能够检测出不真实账号，从而加强对 SNS 的治理。使用人工检测方法，会耗费大量的人力，而且效率低下。如果能够使用某种自动检测方法，将大大提高工作效率。

这个工作的目的，是根据账号的一些属性，把它们划分成真实账号和不真实账号两类。那么，目标分类集合 C={0, 1}，0 表示真实账号，1 表示不真实账号。使用朴素贝叶斯分类方法，对账号进行分类的具体过程如下。

（1）确定特征属性以及属性值域的划分：在这里，主要目的是对朴素贝叶斯分类方法进行说明，仅仅使用少量的特征属性，并进行粒度较粗的划分。在实际应用中，特征属性的数量是很多的，划分也会更加细致。

在本实例中，使用 3 个属性，a_1 是日志数量/注册天数，a_2 是好友数量/注册天数，a_3 表示是否使用真实头像。每个账号的这 3 个属性，都可以从系统中查询出来，或者计算出来。这 3 个属性的值域划分如下，a_1: $\{(-\infty, 0.05], (0.05, 0.2), [0.2, +\infty)\}$，$a_2$: $\{(-\infty, 0.1], (0.1, 0.8), [0.8, +\infty)\}$，$a_3$:$\{0, 1\}$，0 表示未使用真实头像，1 表示使用真实头像。

（2）获取训练样本，可以使用运维人员曾经人工检测的 1 万个账号作为训练样本。

（3）利用训练样本中真实账号和不真实账号，计算各个类别的概率。比如，真实账号 $P(c=0)$= 8900/100 00 = 0.89，不真实账号 $P(c=1)$=1100/10 000=0.11。

（4）计算每个类别下，各个特征属性划分的概率。比如，

$P(a_1 \in (-\infty, 0.05]|C=0) = 0.3$，$P(a_1 \in (0.05, 0.2)|C=0) = 0.5$，$P(a_1 \in [0.2, +\infty)|C=0) = 0.2$；

$P(a_1 \in (-\infty, 0.05]|C=1) = 0.8$，$P(a_1 \in (0.05, 0.2)|C=1) = 0.1$，$P(a_1 \in [0.2, +\infty)|C=1) = 0.1$；

$P(a_2 \in (-\infty, 0.1]|C=0) = 0.1$，$P(a_2 \in (0.1, 0.8)|C=0) = 0.7$，$P(a_2 \in [0.8, +\infty)|C=0) = 0.2$；

$P(a_2 \in (-\infty, 0.1]|C=1) = 0.7$，$P(a_2 \in (0.1, 0.8)|C=1) = 0.2$，$P(a_2 \in [0.8, +\infty)|C=1) = 0.1$；

$P(a_3=0|C=0) = 0.2$，$P(a_3=1|C=0) = 0.8$；

$P(a_3=0|C=1) = 0.9$，$P(a_3=1|C=1) = 0.1$。

（5）使用分类器进行分类。假设现在有一个账号 X，我们要计算 $P(C|X)$，也就是计算 $P(C=0|X)$ 以及 $P(C=1|X)$，利用贝叶斯公式 $P(C|X)=\dfrac{P(X\mid C)P(C)}{P(X)}$，注意到两者的分母是一样的，我们只是比较 $P(C=0|X)$以及 $P(C=1|X)$的大小，所以无须计算分母项。

该账号的属性 a_1=0.11，a_2=0.22，a_3=0。

那么，$P(C=0)P(X|C=0) = P(C=0)\ P(a_1 \in (0.05,\ 0.2)|C=0)\ P(a_2 \in (0.1,\ 0.8)|C=0)\ P(a_3=0|C=0) =$ $0.89\times0.5\times0.7\times0.2=0.0623$。

$P(C=1)P(X|C=1) = P(C=1)P(a_1 \in (0.05,\ 0.2)|C=1)\ P(a_2 \in (0.1,\ 0.8)|C=1)\ P(a_3=0|C=1)=0.11\times0.1\times$ $0.2\times0.9=0.001\ 98$。

由于前者大于后者，所以该账号属于 C=0 类的概率更大，即该账号为真实账号类别。

3. 朴素贝叶斯分类总结

朴素贝叶斯分类，是运用上述贝叶斯定理，并且假设特征属性（Feature Attribute）是条件独立的一种分类方法，即朴素贝叶斯分类器假设样本的每个特征与其他特征都不相关。

假设我们有如下的分类问题（在下面的描述中涉及 N 个样本，下标用 s；K 个类，下标用 i；M 个特征属性，下标用 j；某个属性 a_j 有 L_j 个划分，下标为 l）：

（1）假设 $x=\{a_1, a_2,\cdots, a_m\}$ 为一个待分类项（即一个向量），$a_1, a_2,\cdots, a_m$ 为 x 的特征属性。

（2）类别集合 $C = \{y_1, y_2,\cdots, y_k\}$，总共有 K 个分类。

（3）我们要判断 x 属于哪个分类，于是计算 $P(y_1|x), P(y_2|x),\cdots,P(y_k|x)$。

（4）如果 $P(y_i|x) = \max\{ P(y_1|x), P(y_2|x),\cdots, P(y_k|x)\}$，那么 $x \in y_i$。也就是 $P(y_i|x)$，$i=1,\cdots,K$，哪个类别的值最大，x 就最可能属于哪个类别。

因此，问题可以转换成计算 $P(y_1|x), P(y_2|x),\cdots, P(y_k|x)$，也就是 x 属于各个类别的概率。其具体计算过程如下。

（1）创建一个已经知道其分类的待分类项集合，这个集合称为训练样本集，样本集包含 N 个样本。$P(y_1)\dfrac{\sum_{s=1}^{N} I(y_s = y_1)}{N}$，其中 s 是样本下标，I 是一个指示函数，若括号内成立，则计 1，否则为 0。使用同样的方法计算 $P(y_k)$。

（2）根据训练样本集，统计得到各个类别下各个特征属性的条件概率估计。也就是计算 $P(a_1|y_1), P(a_2|y_1),\cdots, P(a_m|y_1)$; $P(a_1|y_2), P(a_2|y_2),\cdots, P(a_m|y_2)$;$\cdots$; $P(a_1|y_n), P(a_2|y_n),\cdots,P(a_m|y_n)$等，$a_1$, $a_2,\cdots, a_m$ 是 M 维特征向量的各个维度。

当计算 $P(a_1|y_1)$元素的时候，就是计算在分类为 y_1 的样本上，计算 a_1 的值域的各个划分的概率，比如 y_1 类样本有 100 个，a_1 的值域划分成 3 个子划分，各个子划分的样本分别包含 10、70、20 个样本，那么，$P(a_1 \in 划分_{11}|y_1)=0.1$, $P(a_1 \in 划分_{12}|y_1)=0.7$，$P(a_1 \in 划分_{13}|y_1)=0.2$。

总结起来，$P(a_1 \in 划分_{1i} \mid y_1) = \dfrac{\sum_{s=1}^{N} I(a_1 \in 划分_{1l})}{\sum_{s=1}^{N} I(y_s = y_1)}$，其中，$l \in 1,\cdots,L_1$（$L_1$=3）为 a_1 的值域的划分的个数。其他的 $P(a_j|y_i)$根据同样的方法进行计算。

（3）假设各个特征属性是条件独立的，根据贝叶斯定理，有如下的推导：

$$P(y_i \mid x) = \frac{P(x \mid y_i)P(y_i)}{P(x)}$$

其中，分母对于所有类别为常数，我们只需比较分子即可。由于各个特征属性是条件独立的，所以 $P(x \mid y_i)P(y_i) = P(a_1 \mid y_i)P(a_2 \mid y_i)\cdots P(a_m \mid y_i)P(y_i) = P(y_i)\prod_{j=1}^{m} P(a_j \mid y_i)$。

到此，我们总结如下，整个朴素贝叶斯分类分为 3 个阶段，分别是准备阶段、训练阶段和应用阶段。

（1）准备阶段的任务，是为朴素贝叶斯分类做必要的准备。

根据实际情况，确定特征属性，并对每个特征属性进行适当划分，然后对一部分待分类样本进行人工分类，形成训练样本集合。分类器的质量很大程度上由特征属性、特征属性划分以及训练样本质量决定。

（2）训练阶段的主要任务，是生成分类器。计算每个类别在训练样本中的出现概率（上述公式中的 $P(y_i)$)，以及每个特征属性划分对每个类别的条件概率估计（上述公式中的 $P(a_j|y_i)$)，

并且记录结果。

（3）应用阶段的主要任务是使用分类器，对新数据进行分类。

5.2.4　K 最近邻（KNN）算法

KNN（K-Nearest Neighbors）算法是一种分类算法。它根据某个数据点周围的最近 K 个邻居的类别标签情况，赋予这个数据点一个类别。具体的过程如下，给定一个数据点，计算它与数据集中其他数据点的距离；找出距离最近的 K 个数据点，作为该数据点的近邻数据点集合；根据这 K 个最近邻所归属的类别，来确定当前数据点的类别。

比如，在图 5.6 中，采用欧式距离，K 的值确定为 7，正方形表示类别一，圆形表示类别二。现在要确定灰色方块的类别，图中的虚线圆圈表示其 K 最近邻所在的区域。在虚线圆圈里面，除了待定数据点外，其他数据点的分类情况为：类别一有 5 个，类别二有 2 个。采用投票法进行分类，根据多数原则，灰色数据点的分类确定为类别一。

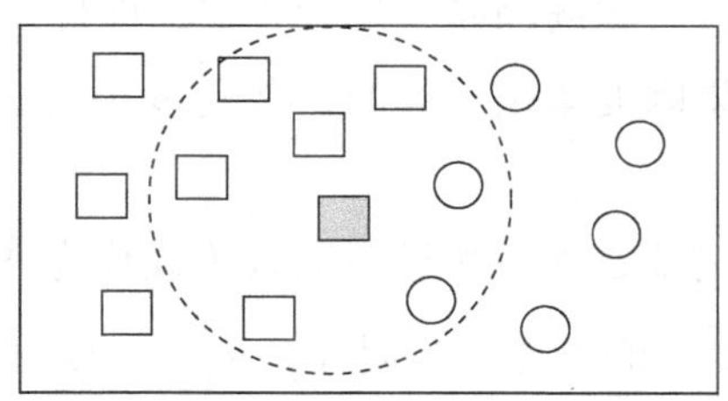

图 5.6　KNN 算法实例

在 KNN 算法中，可用的距离包括欧式距离、夹角余弦等。一般对于文本分类来说，用夹角余弦计算距离（相似度），比欧式距离更为合适。距离越小（距离越近），表示两个数据点属于同一类别的可能性越大。下面为距离公式（x 为需要分类的数据点（向量），p 为近邻数据点）。

$$D(x,p)=\begin{Bmatrix} \sqrt[2]{(x-p)^2} \ \text{欧式距离} \\ \dfrac{x\cdot p}{|x|*|p|}\text{向量夹角余弦} \end{Bmatrix}$$

当 K 个最近邻居确定之后，当前数据点的类别确定，可以采用投票法或者加权投票法。投票法就是根据少数服从多数的原则，在近邻中，哪个类别的数据点越多，当前数据点就属于该类。而加权投票法，则根据距离的远近，对近邻的投票进行加权，距离越近权重越大，权重为距离平方的倒数，最后确定当前数据点的类别。权重的计算公式为（K 个近邻的权重之和正好是 1）：

$$W(x,p_i)=\frac{e^{-D(x,p_i)}}{\sum_{i=1}^{k}e^{-D(x,p_i)}}$$

KNN 算法的原理很容易理解，也容易实现。它无须进行参数估计，也无须训练过程，有了标注数据之后，直接进行分类即可。KNN 算法可以对不常见的事件进行分类，在客户流失预测、欺诈检测等场合特别有用。该算法也适用于多类别分类，也就是对象具有多个类别标签，比如某个基因序列具有多个功能，一段文本有多个分类标签等。

KNN 算法也有其缺点，主要的缺点是该算法在进行数据点分类的时候计算量大，内存开销大，执行速度慢。另外，该算法无法给出类似决策树的可以解释的规则。

在 KNN 算法中，K 值的选择非常重要。如果 K 值太小，则分类结果容易受到噪声数据点影响；而 K 值太大，则近邻中可能包含太多其他类别的数据点。上述加权投票法可以降低 K 值设定不适当的一些影响。根据经验法则，一般来讲，K 值可以设定为训练样本数的平方根。

KNN 分类算法的应用非常广泛，包括协同过滤推荐（Collaborative Filtering）、手写数字识别（Hand Written Digit Recognition）等领域。

5.2.5 逻辑斯蒂回归

逻辑斯蒂（Logistic）回归，本质上是一种分类方法，主要用于二分类问题。逻辑斯蒂回归与多元线性回归，有很多相同之处，两者可以归于同一个模型家族，即广义线性回归模型（Generalized Linear Model）。这一家族的模型形式类似，即样本特征的线性组合。它们的最大区别是它们的因变量不同。如果因变量是连续的，就是多元线性回归；如果因变量是二项分布的，就是逻辑斯蒂回归。

为了了解逻辑斯蒂回归，需要首先了解逻辑函数（或称为 Sigmoid 函数）。其函数形式为 $g(z)=\dfrac{1}{1+e^{-z}}$。这个函数的自变量的变化范围是（$-\infty,+\infty$），函数值的变化范围是（0,1），函数的图像如图 5.7 所示。

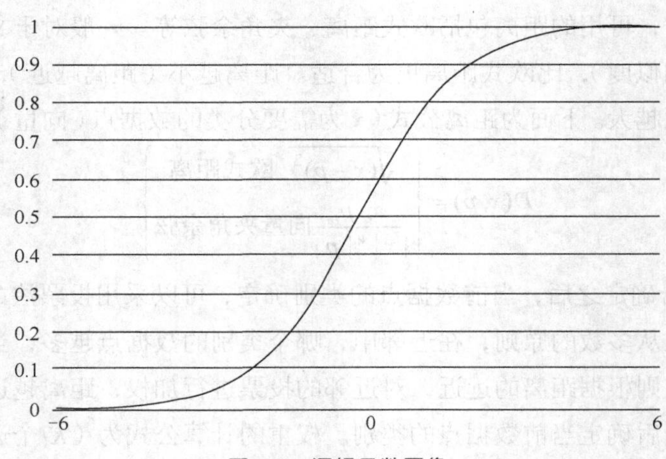

图 5.7 逻辑函数图像

逻辑斯蒂回归分类器（Logistic Regression Classifier），是从训练数据中学习出的一个 0/1 分类模型。这个模型以样本特征（$x_1, x_2,\cdots, x_n$ 是某样本数据的各个特征，维度为 n）的线性组合 $\theta_0+\theta_1 x_1+\cdots+\theta_n x_n=\sum_{i=0}^{n}\theta_i x_i=\theta^{\mathrm{T}}x$ 作为自变量，使用逻辑函数将自变量映射到（0,1）上。

将上述线性组合代入逻辑函数，构造一个预测函数 $h_\theta(x)=g(\theta^{\mathrm{T}}x)=\dfrac{1}{1+e^{-\theta^{\mathrm{T}}x}}$。$h_\theta(x)$ 函数的

值具有特殊的含义，它表示结果取 1 的概率。对于输入 x，分类结果为类别 1 的概率为 $P(y=1|x,\theta)=h_\theta(x)$，分类结果为类别 0 的概率 $P(y=0|x,\theta)=1-h_\theta(x)$。

现在有一个新的数据点 Z，新样本具有特征 $z_1,z_2,\cdots,z_n$；首先计算线性组合 $\theta_0+\theta_1 z_1+\cdots+\theta_n z_n=\theta^{\mathrm{T}}x$，然后代入 $h_\theta(x)$，计算其函数值。如果函数值大于 0.5，那么类别 y=1；否则类别 y=0。这里假设统计样本是均匀分布的，所以设阈值为 0.5。

给定训练数据集，需要根据这些训练数据，计算分类器的参数，也就各个特征属性的加权参数 $\theta=<\theta_0,\theta_1,\theta_2,\cdots,\theta_n>$。具体的计算过程可以使用极大似然估计（Maximum Likelihood Estimation）、梯度上升（下降）算法或者牛顿-拉菲森迭代算法。

逻辑斯蒂回归分类器，适用于数值型数据和类别型数据，其计算代价不高，容易理解和实现。逻辑斯蒂回归分类器可以应用于很多领域，比如在流行病学中，需要探索某疾病的危险因素，根据这些因素，预测某疾病发生的概率。比如，要探讨胃癌发生的危险因素，可以选择两组人群，一组是胃癌组，另一组是健康组。两组人群有不同的体质特征和生活方式。对问题进行建模的时候，因变量就是是否得胃癌，取值为“是”或者“否”，而自变量可以包括很多因素，比如年龄、性别、饮食习惯。自变量可以是连续的，也可以是分类的。对采集的样本数据进行逻辑斯蒂回归分析，获得每个数据点（对应人）的各个特征属性（对应上述各个自变量）的加权参数。根据权重的不同，就可以大致了解，到底哪些因素是胃癌的危险因素，即权重比较大的特征属性。当我们建立了这样的逻辑斯蒂回归模型，就可以预测，在不同的自变量下，发生某种疾病的概率有多大。

5.2.6　分类算法的实例

1. 使用支持向量机对手写数字进行分类

（1）导入必要的库和数据集。Pyplot 用于绘制图形，我们使用的数据集 digits 是 scikit-learn 的内置示例数据集。svm 是通过 sklearn 软件包导入的，这是支持向量机的一个实现。

```
import matplotlib.pyplot as plt
from sklearn import datasets
from sklearn import svm

digits = datasets.load_digits()
```

digits 数据集包含经过标注的手写数字样本，每个样本都是一个手写的数字图片（像素的颜色信息）。我们可以通过 digits.data 和 digits.target 引用这个数据集的特征值（Features）和人工标注的标签（Labels）。

（2）现在我们已经准备好数据，可以开始机器学习过程了。

首先我们需要创建 SVM 分类器。在创建 SVM 分类器的时候，我们可以不指定任何参数，即留空，分类器将使用缺省参数。

```
clf = svm.SVC()
```

使用缺省参数一般得到的结果比较差，也就是分类器的分类效果差。但是在这个实例里，最后的分类效果尚可。

或者使用精心挑选的参数，使我们能够获得更好的分类器，也就是分类效果更好。

```
clf = svm.SVC(gamma=0.001, C=100)
```

然后，我们把除了最后 10 个样本之外的数据，包括 Features 和 Labels，作为训练数据，而最后的 10 个样本可以作为测试数据。

一般，我们把 Features 赋予 X，把 Labels 赋予 y，然后利用 X 和 y 对模型进行训练。

```
X,y = digits.data[:-10], digits.target[:-10]
```

注意，X 包含了所有的特征，而 y 则是样本的类别。

比如 X 包含数字 5 的一个样本图片的像素信息，而 y 则是 5。

最后，对模型进行训练。

```
clf.fit(X,y)
```

训练出模型以后，需要观察这个模型的预测能力怎么样。我们从剩下的最后 10 个样本里选择一个样本，即某个数字对应的图片，测试这个分类器。

```
one_sample = digits.data[-5]
print (one_sample)
print(len(one_sample))
one_sample.reshape(1,1,64)
print (one_sample)
print(clf.predict(one_sample.reshape(1, -1) ))
```

上述语句的输出，是该图片的预测值，也就是到底是哪个数字。

我们观察一下相应的图片，观察分类器是否正确分类了。我们把图片显示出来，需要用到 plt 的 imshow 函数。

```
plt.imshow(digits.images[-5], cmap=plt.cm.gray_r, interpolation='nearest')
plt.show()
```

print 语句的输出是[9]，而显示的图片如下。我们可以看到，分类器正确地识别了图片里的数字。

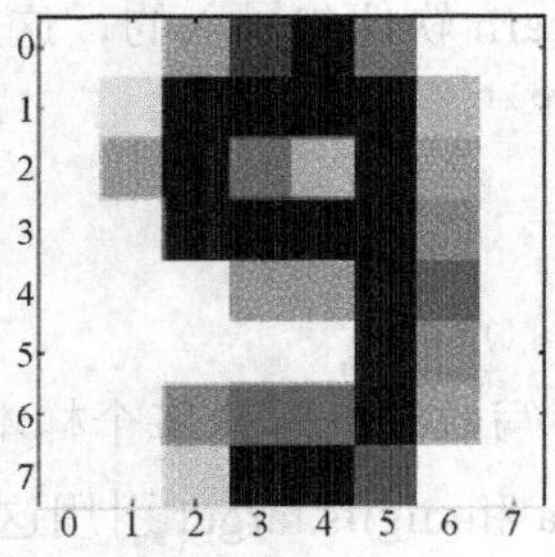

2. 利用支持向量机对文本进行情感分类

首先导入必要的 Python 库。笔者对参考代码进行了修改，运行时无须再指定 Python 程序命令行参数（指定数据文件所在的目录），直接运行即可。

```
import sys
import os
import time

from sklearn.feature_extraction.text import TfidfVectorizer
from sklearn import svm
```

```
from sklearn.metrics import classification_report

def usage():
     print("Usage:")
     print("python %s <data_dir>" % sys.argv[0])
```

准备训练和测试数据集，从./txt_sentoken 的 pos 和 neg 两个目录分别装载正样本（Positive）和负样本（Negative）的文档实例，并且把文件名以 cv9 开头的文件作为测试集。

```
if __name__ == '__main__':

     #if len(sys.argv) < 2:
     #    usage()
     #    sys.exit(1)

     data_dir = "./txt_sentoken"#sys.argv[1]
     classes = ['pos', 'neg']

     # 读取数据
     train_data = []
     train_labels = []
     test_data = []
     test_labels = []
     for curr_class in classes:
           dirname = os.path.join(data_dir, curr_class)
           for fname in os.listdir(dirname):
                with open(os.path.join(dirname, fname), 'r') as f:
                     content = f.read()
                     if fname.startswith('cv9'):
                          test_data.append(content)
                          test_labels.append(curr_class)
                     else:
                          train_data.append(content)
                          train_labels.append(curr_class)
```

接着创建一个文本向量化对象，准备对训练和测试数据（文本）进行向量化，这里使用 TF-IDF 向量化对象。关于 TF、IDF、文档向量化，请读者参考第 6 章“文本分析”。

注意，下面的代码是有缩进的（这些代码在上一段代码的 if 的控制之下）。

```
    # 创建特征向量
    vectorizer = TfidfVectorizer(min_df=5,
                                  max_df = 0.8,
                                  sublinear_tf=True,
                                  use_idf=True)
    #UnicodeDecodeError
    #vectorizer = TfidfVectorizer(min_df=5,
    #                               max_df = 0.8,
    #                               sublinear_tf=True,
    #                               use_idf=True, decode_error='ignore')

    train_vectors = vectorizer.fit_transform(train_data)
    test_vectors = vectorizer.transform(test_data)
```

分别建立不同核函数的 SVM 分类器，加上 svm 包里的 LinearSVC 分类器。对分类器进行训练，训练数据的 X 是文档的向量化表示，y 是文档的 Labels。使用分类器进行预测时，输入

的 X 是测试集的向量化表示，输出就是针对这些文档预测的 Labels。

```
# Perform classification with SVM, kernel=rbf
classifier_rbf = svm.SVC()
t0 = time.time()
classifier_rbf.fit(train_vectors, train_labels)
t1 = time.time()
prediction_rbf = classifier_rbf.predict(test_vectors)
t2 = time.time()
time_rbf_train = t1-t0
time_rbf_predict = t2-t1

# Perform classification with SVM, kernel=linear
classifier_linear = svm.SVC(kernel='linear')
t0 = time.time()
classifier_linear.fit(train_vectors, train_labels)
t1 = time.time()
prediction_linear = classifier_linear.predict(test_vectors)
t2 = time.time()
time_linear_train = t1-t0
time_linear_predict = t2-t1

# Perform classification with SVM, kernel=linear
classifier_liblinear = svm.LinearSVC()
t0 = time.time()
classifier_liblinear.fit(train_vectors, train_labels)
t1 = time.time()
prediction_liblinear = classifier_liblinear.predict(test_vectors)
t2 = time.time()
time_liblinear_train = t1-t0
time_liblinear_predict = t2-t1
```

利用 classification_report 函数报告分类器的分类性能，主要的指标包括准确率（Precision）、召回率（Recall）、F1 得分（F1-Score）等。

```
# Print results in a nice table
print("Results for SVC(kernel=rbf)")
print("Training time: %fs; Prediction time: %fs" % (time_rbf_train, time_rbf_predict))
print(classification_report(test_labels, prediction_rbf))

print("Results for SVC(kernel=linear)")
print("Training time: %fs; Prediction time: %fs" % (time_linear_train, time_linear_predict))
print(classification_report(test_labels, prediction_linear))

print("Results for LinearSVC()")
print("Training time: %fs; Prediction time: %fs" % (time_liblinear_train, time_liblinear_predict))
print(classification_report(test_labels, prediction_liblinear))
```

笔者参考上述代码，写出如下代码，对单个文档进行 sentiment 分类。

```
#test single document, written by xiongpai qin
doc_test = "I don't like this movie. The main actor is ugly looking!"
test_data = []
```

```
        test_labels = []
        test_data.append(doc_test)
        test_vectors = vectorizer.transform(test_data)
        prediction_liblinear = classifier_liblinear.predict(test_vectors)#use the third
classifier
        print(prediction_liblinear)
```

结果是 Negative，是符合我们的预期的。

5.3 聚类

聚类是一种无监督的机器学习方法，也就是我们无须对数据进行标注，算法自动把数据聚拢成一堆一堆的。主要的聚类算法包括 K-Means 算法、DBSCAN 算法、凝聚层次聚类算法等。

5.3.1 K-Means 算法

K-Means 算法是最简单的一种聚类算法。

假设我们的样本是 $\{x^{(1)},x^{(2)},\cdots,x^{(m)}\}$，每个 $x^{(1)}\in R^n$，即它是一个 n 维向量。现在用户给定一个 K 值，要求将样本聚类（Clustering）成 K 个类簇（Cluster）。即聚类算法的结果，是一系列的类簇。

K-Means 是一个迭代型的算法，它的算法流程如下。

（1）随机选取 K 个聚类质心（Cluster Centroid），为 $\mu_1,\mu_2,\cdots,\mu_k\in R^n$。

（2）重复下面过程，直到收敛：

{

① 对于每个样本 i，计算它应该属于的类簇

$c^{(i)}:=\arg min_j \| x^{(i)}-\mu_j \|^2$。

② 对于每一个类簇 j， 重新计算它的质心

$$\mu_j:=\frac{\sum_{i=1}^{m}1\{c^{(i)}=j\}x^{(i)}}{\sum_{i=1}^{m}1\{c^{(i)}=j\}}。$$

}

收敛是指从上一次迭代到本次迭代，每个样本隶属于同样的类簇，每个类簇的质心不再发生改变。

下面以一个实例展示 K-Means 算法的执行过程。假设我们有一系列二维的样本点，现在对样本进行 K=3 的聚类，图中的三角形是样本点，而圆形（不同灰度）分别是 3 个类的质心。

图 5.8（a）表示，由于 K=3，所以算法开始在有效的数据域（Domain）里，生成 3 个初始的质心。图 5.8（b）表示，所有的样本，根据它与质心的远近，分配到最近的质心，形成 3 个类簇。图中的 3 个色块，是基于 3 个质心的、对平面的一个 Voronoi Diagram 划分，该划分把平

面上的点根据到 3 个质心的远近，分配给各个划分。图 5.8（c）表示，经过迭代计算，K 个类簇的质心改变了。图 5.8（d）表示经过多次迭代（把样本分配到各个质心、重新计算各个类簇的质心）后各个类簇最终的质心，即聚类算法收敛的结果。

在 K-Means 算法中，涉及距离的计算，其中最常用的距离是欧式距离。欧式距离（Euclidean Distance）的计算公式为 $d_{ij}=\sqrt{\sum_{k=1}^{n}(x_{ik}-x_{jk})^2}$。此外，还有闵可夫斯基距离、曼哈顿距离（也称为城市街区距离（City Block Distance））可以使用，它们的计算公式分别是 $d_{ij}=\sqrt[\lambda]{\sum_{k=1}^{n}(x_{ik}-x_{jk})^{\lambda}}$、$d_{ij}=\sum_{k=1}^{n}|x_{ik}-x_{jk}|$。

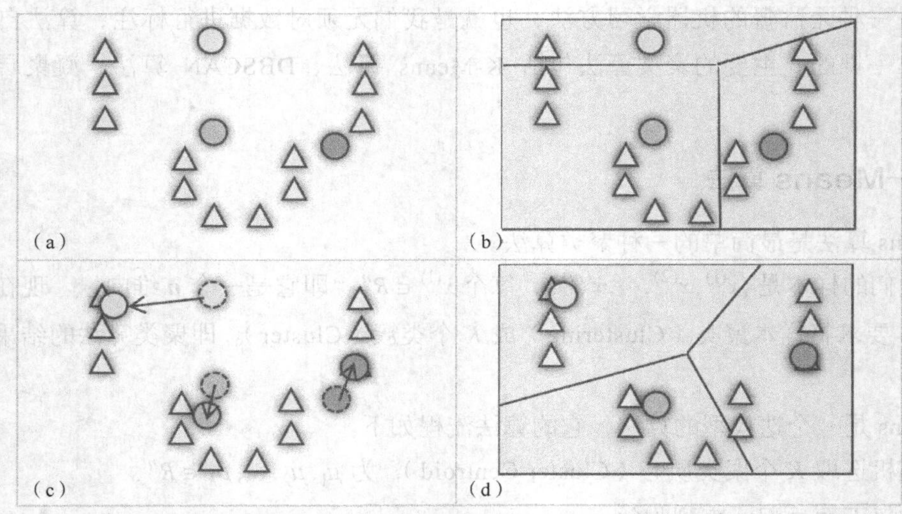

（图中不同的圆形不是真实存在的数据点，而是某个类簇的虚拟质心）

图 5.8　K-Means 算法实例

在 K-Means 算法中，K 值的选择是一个重要的问题。我们希望所选择的 K 正好是数据里隐含的真实的类簇的数目。我们可以选择一个合适的类簇指标来判定 K 的好坏。比如，当我们假设的类簇的数目等于或高于真实的类簇的数目的时候，这个指标变化平缓，而当我们假设的类簇的数目小于真实的类簇的数目的时候，这个指标变化剧烈。

一般采用每个类簇数据点到该类簇的质心的均方差作为指标。我们可以给出一系列的 K 值，然后运行 K-Means 算法，并且计算该指标：再根据上述原则，选取一个合适的 K 值。

K-Means 算法是可伸缩的和高效的，能够处理大数据集，计算的复杂度为 $O(NKt)$，其中 N 是数据对象的数目，t 是迭代的次数。一般来说，$K<<N$，$t<<N$。当各个类簇是密集的，且类簇与类簇之间区分明显时，K-Means 算法可以取得较好的效果。

K-Means 算法简单有效，但是有如下 3 个缺点。

（1）K-Means 算法中的 K 是事先给定的，一般情况下难以估计一个合适的 K 值。

（2）在 K-Means 算法中，首先需要根据初始类簇中心来确定一个初始划分，然后对初始划分进行优化。初始类簇中心的选择，对聚类结果有较大的影响。一旦初始值选择得不好，可能无法得到有效的聚类结果。可以使用遗传算法（Genetic Algorithm），帮助选择合适的初始类簇中心。

（3）算法需要不断地进行样本所属类簇调整，不断地计算调整后的新的类簇中心，因此，当数据量很大时，算法的时间开销是非常可观的。可以利用采样策略，改进算法效率。也就是说，不管是初始点的选择，还是每一次迭代完成时对数据的调整，都是建立在随机采样的样本数据之上的，这样就可以加快算法的收敛速度。

5.3.2 DBSCAN 算法

DBSCAN（Density-Based Spatial Clustering of Applications with Noise）算法是 Martin Ester、Hans-Peter Kriegel、Jorg Sander 及 Xiaowei Xu 等人于 1996 年提出的一种基于密度的空间数据聚类方法。DBSCAN 的目标是寻找被低密度区域分离的高密度区域。通俗地说，就是把扎堆的点（高密度）找出来，而数据点很少、很稀疏的地方（低密度）就作为分割区域。

DBSCAN 算法基于这样一个事实：一个类簇可以由其中的任何一个核心对象唯一确定。与划分和层次聚类方法不同，它将类簇定义为密度相连的点的最大集合。该方法将密度足够大的相邻区域连接，能在具有噪声的空间数据中发现任意形状的类簇，能够有效处理异常数据，主要用于对空间数据的聚类。

1. DBSCAN 算法的主要概念如下。

（1）Eps 邻域：给定对象半径为 Eps 内的区域，称为该对象的 Eps 邻域。

（2）核心点（Core Point）：如果给定对象的 Eps 邻域内，样本点数目大于或等于 MinPts，则该对象称为核心点，如图 5.9 中的 a 点。

（3）边界点（Edge Point）：不是核心点，但是与其他核心点的距离小于 Eps，也就是在半径为 Eps 的邻域内，数据点数量小于 MinPts，但是落在核心点的 Eps 邻域内，如图 5.9 中的 f 点。

（4）噪声点（Outlier Point）：既不是核心点，也不是边界点的数据点，这类数据点的周围数据点很少，如图 5.9 中的 g 点。

（5）直接密度可达（Directly Density Reachable）：对象集合 $\boldsymbol{D}$，如果 p 在 q 的 Eps 邻域内，而 q 是一个核心对象，则称对象 p 从对象 q 出发时是直接密度可达的，如图 5.9 中的 $a \to b,c,d,e,f$。

（6）密度可达（Density Reachable）：对于样本集合 $\boldsymbol{D}$，给定一串样本点 $p_1,p_2,\cdots,p_n$，$p=p_1$，$q=p_n$，假如对象 p_i 到 p_{i-1} 是关于 Eps 和 MinPts 直接密度可达的，那么，对象 q 到对象 p 就是关于 Eps 和 MinPts 密度可达的，如图 5.9 中的 $h \to a$ 密度可达。

（7）密度相连（Density-Connected）：存在样本集合 $\boldsymbol{D}$ 中的一点 o，如果对象 o 到对象 p 和对象 q 都是关于 Eps 和 MinPts 密度可达的，那么，p 和 q 就是关于 Eps 和 MinPts 密度相连的，比如图 5.9 中的 e、c。

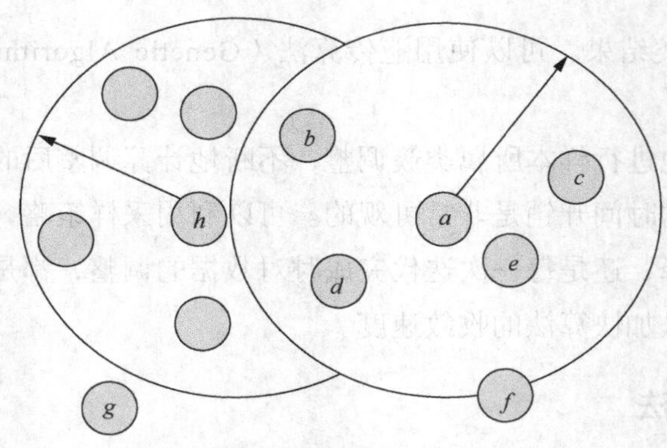

图 5.9 密度可达和密度相连

2. DBSCAN 算法原理

对任一满足核心对象条件的数据对象 p，数据集合 $\boldsymbol{D}$ 中所有从 p 密度可达的数据对象 o 所组成的集合，构成了一个完整的类簇 C，且 p 属于 C。

DBSCAN 通过检查数据集中每个数据点的 Eps 邻域来搜索类簇，如果点 p 的 Eps 邻域包含的点多于 MinPts 个，则创建一个以 p 为核心对象的类簇。然后，DBSCAN 迭代地聚集从这些核心对象密度可达的对象。当没有新的点添加到任何类簇时，该过程结束。

DBSCAN 算法的基本原理如下。

输入：包含 n 个对象的数据集，半径为 Eps，最少数目为 MinPts。

输出：所有生成的类簇，达到密度要求。

（1）Repeat

（2）从数据库中抽出一个未处理的点

（3）IF 抽出的点是核心点 THEN

找出所有从该点密度可达的对象，形成一个类簇

（4）ELSE 抽出的点是边缘点（非核心对象）

跳出本次循环，寻找下一个点

（5）UNTIL 所有的点都被处理

3. DBSCAN 算法的时空复杂度分析

时间复杂度：①DBSCAN 的基本时间复杂度是 $O(N$*找出 Eps 领域中的点所需要的时间)，N 是点的个数，最坏情况下时间复杂度是 $O(N^2)$；②在低维空间数据中，有一些数据结构如 KD 树，可以有效地检索特定点的给定距离内的所有样本点，时间复杂度可以降低到 $O(N\log N)$。

空间复杂度：在低维和高维数据中，其空间复杂度都是 $O(N)$，对于每个点，它只需要维持少量数据，即类簇标号和每个点的标识（核心点、边界点或噪声点）即可。

4. DBSCAN 的优缺点总结

DBSCAN 算法的主要优点包括：①聚类速度快，且能够有效地处理噪声点和发现任意形状的空间类簇；②与 K-Means 算法比较起来，不需要输入类簇个数；③类簇的形状没有偏倚；

④可以在需要时，输入过滤噪声的参数。

DBSCAN 算法的主要缺点包括：①当数据量增大时，需要较大的内存，I/O 消耗也很大；②当空间类簇的密度不均匀、类簇间距相差很大时，聚类质量较差，在这种情况下，参数 MinPts 和 Eps 的选取较为困难；③聚类效果依赖于距离公式的选取，实际应用中常用欧式距离，对于高维数据，存在“维数灾难”问题。

5.3.3 聚类实例

下面我们给出两个聚类算法实例。第一个实例是对人工数据集进行处理，第二个实例是对文档集进行处理。

1. 对人工数据集进行 K-Means 聚类

我们手工准备一个二维的数据集，并且用 matplotlib 把它可视化出来，如图 5.10 所示。

```
# clustering dataset
from sklearn.cluster import KMeans
from sklearn import metrics
import numpy as np
import matplotlib.pyplot as plt

x1 = np.array([3, 1, 1, 2, 1, 6, 6, 6, 5, 6, 7, 8, 9, 8, 9, 9, 8])
x2 = np.array([5, 4, 6, 6, 5, 8, 6, 7, 6, 7, 1, 2, 1, 2, 3, 2, 3])

#visualize the data
plt.plot()
plt.xlim([0, 10])
plt.ylim([0, 10])
plt.title('Dataset')
plt.scatter(x1, x2)
plt.show()
```

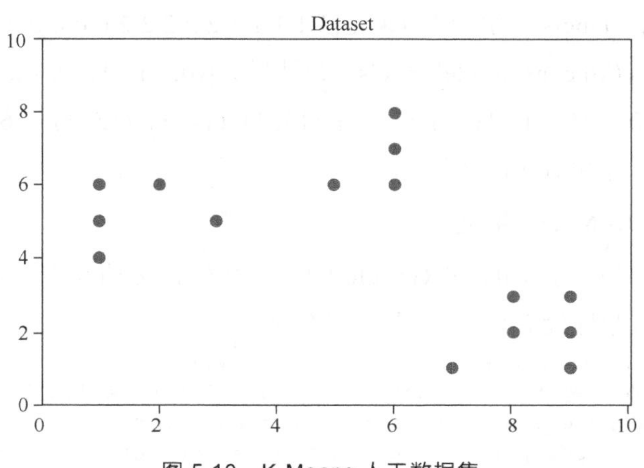

图 5.10 K-Means 人工数据集

可以明显看到 3 个类簇，所以我们选择 K 为 3。运行 K-Means 算法，对数据进行聚类。

```
X = np.array(list(zip(x1, x2))).reshape(len(x1), 2)#把两个数组整合成一个 n 行 2 列的数组
print(X)
```

```
colors = ['b', 'g', 'r']
markers = ['o', 'v', 's']
# KMeans algorithm
K = 3
kmeans_model = KMeans(n_clusters=K).fit(X)
print(kmeans_model.labels_)
plt.plot()
for i, l in enumerate(kmeans_model.labels_):
        plt.plot(x1[i], x2[i], color=colors[l], marker=markers[l],ls='None')
        plt.xlim([0, 10])
        plt.ylim([0, 10])

plt.show()
```

运行结果如图 5.11 所示。从图中可以看到，K-Means 算法较好地对数据进行了聚类。

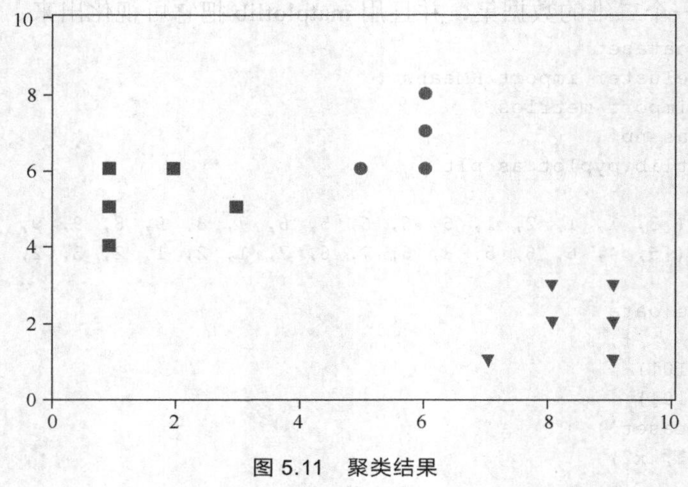

图 5.11　聚类结果

print(kmeans_model.labels_)的输出结果是[1 1 1 1 1 2 2 2 2 2 0 0 0 0 0 0 0]，表示各个数据点的类簇标签。enumerate(kmeans_model.labels_)的结果为[(0, 2), (1, 2), (2, 2), (3, 2), (4, 2), (5, 0), (6, 0), (7, 0), (8, 0), (9, 0), (10, 1), (11, 1), (12, 1), (13, 1), (14, 1), (15, 1), (16, 1)]，每个元素的两个分量分别对应列表的下标和对应的类簇标签。

2. 对文档集进行 K-Means 聚类

本书作者收集了一些关于 cats 和 Google 的一些文档，文档都不长（在实际应用中，文档的长度要长得多，但是原理没有什么不同）。具体如下。

```
documents = ["This little kitty came to play when I was eating at a restaurant.",
             "Merley has the best squooshy kitten belly.",
             "Google Translate app is incredible.",
             "If you open 100 tab in Google you get a smiley face.",
             "Best cat photo I've ever taken.",
             "Climbing ninja cat.",
             "Impressed with google map feedback.",
             "Key promoter extension for Google Chrome."]
```

K-Means 算法一般对数值型数据进行处理，所以我们必须把文本转换为数值型数据。这个过程也称为从文档里进行特征提取。典型的文本表示模型为向量空间模型。我们提取的特征为 TD-IDF 特征，具体原理可以参考第 6 章。

TfidfVectorizer 类用于 TF-IDF 特征的提取，它把一个文档集转换成一个矩阵，每行表示一个文档，每列表示一个 word，每个 cell 表示某个文档里某个 word 的 TF-IDF 值。

```
from sklearn.feature_extraction.text import TfidfVectorizer
vectorizer = TfidfVectorizer(stop_words='english')
X = vectorizer.fit_transform(documents)
```

接着，我们用 K-Means 算法进行聚类分析。我们设定 K 为 2，因为我们早就知道数据集就是这样设计的。在实际应用中，我们可以尝试寻找一个最优的 K。

我们还把每个 Cluster 的 top words 显示出来。

```
true_k = 2
model = KMeans(n_clusters=true_k, init='k-means++', max_iter=100, n_init=1)
model.fit(X)

print("Top terms per cluster:")
order_centroids = model.cluster_centers_.argsort()[:, ::-1]
terms = vectorizer.get_feature_names()
for i in range(true_k):
    print("Cluster %d:" % i),
    for ind in order_centroids[i, :10]:
        print(' %s' % terms[ind]),
    print
```

输出结果如下。第一个类簇的文档是关于 google,…的，第二个类簇的文档是关于 cat,…的。

```
Top terms per cluster:
Cluster 0: google translate app feedback impressed map incredible chrome
extension promoter
Cluster 1: cat ninja climbing ve photo taken best came belly chrome
```

现在我们给出两个新文档，让模型来预测一下，它更可能属于哪个类簇（Cluster）。

```
print("\n")
print("Prediction")

Y = vectorizer.transform(["chrome browser to open."])
prediction = model.predict(Y)
print('cluster id=',prediction)

Y = vectorizer.transform(["My cat is hungry."])
prediction = model.predict(Y)
print('cluster id=',prediction)
```

输出结果如下。

```
Prediction
('cluster id=', array([0]))
('cluster id=', array([1]))
```

结果还是很合理的。注意聚类结果与初始类簇中心的选择是相关的。

5.4 回归

5.4.1 线性回归与多元线性回归

回归分析是应用广泛的统计方法，主要用于分析事物之间的相关关系。其中，一元线性回归模型是指只有一个解释变量的线性回归模型；而多元线性回归模型则是包含多个解释变量的线性回归模型。解释变量就是自变量，而被解释变量则是因变量。回归模型，就是描述因变量和自变量之间依存关系的模型。

一元线性回归模型具有 $y=ax+b$ 的简单形式，a 称为自变量 x 的系数，b 称为截距。$y=ax+b$ 对应到图形，就是二维平面上的一条直线。扩展到多元线性回归模型，其形式为 $y=\sum_{i=1}^{n} a_i x_i + b$，方程中包含 n 个自变量 $x_1, x_2,\cdots, x_n$，其系数分别是 $a_1, a_2,\cdots, a_n$。

本小节给出了一个多元线性回归实例。通过该实例，我们来了解多元线性回归模型的建立和应用。现有 12 名大学一年级女生的体重、身高和肺活量数据，如表 5.2 所示。我们希望在这些数据上建立一个回归模型。这个模型有两个目的，一个是解释这些数据，也就是肺活量和身高、体重有什么关系；另外一个目的是进行预测，假设我们获得另外一个女生的身高、体重数据，我们可以用这个模型，预测出她的肺活量大概是多少。

表 5.2　　12 名大学一年级女生的身高、体重以及肺活量

编号	身高（cm）	体重（kg）	肺活量（L）
1	166	50	3.1
2	168	52	3.46
3	165	52	2.85
4	170	58	3.5
5	168	58	3
6	161	42	2.55
7	162	42	2.2
8	165	46	2.75
9	162	46	2.4
10	166	46	2.8
11	167	50	2.81
12	165	50	3.41

我们把身高作为第一个自变量 x_1，体重作为第二个自变量 x_2，而肺活量则作为因变量 y。我们要建立的方程为 $y = a_1x_1 + a_2x_2 + b$。利用样本数据进行参数估计，经过计算（使用最小二乘法估计），得出 $b=-0.5657$，$a_1=0.005\,017$，$a_2= 0.054\,06$。于是，多元线性回归方程为 $y = 0.005\,017x_1+0.054\,06x_2-0.5657$。$a_1=0.005\,017$，表示在 x_2，即体重不变的情况下，身高每增加 1cm，肺活量增加 0.005 017L。

现在有一个新的大学一年级女生的数据，身高为 166cm，体重为 46 公斤，把这两个数据代入上述方程，得到 $y=2.75$，表示模型预测这个女生的肺活量为 2.75L。

1. 多元线性回归模型的检验

多元线性回归模型建立以后，需要从几个角度进行检验，以了解模型的优劣。这些检验包括拟合优度检验、回归方程显著性检验、回归系数的显著性检验等。

我们把因变量的总变差（SST）分解成自变量变动引起的变差（SSR）和其他因素造成的变差（SSE）。用数学语言来表达就是：$\mathrm{SST}=\sum(y-\overline{y})^2=\sum(\hat{y}-\overline{y})^2+\sum(y-\hat{y})^2=\mathrm{SSR}+\mathrm{SSE}$，其中，$\overline{y}$ 表示样本均值，$\hat{y}$ 表示模型预测值，y 表示因变量的实际值。

（1）拟合优度检验

回归方程的拟合优度是指回归方程对样本的各个数据点的拟合程度。拟合优度一般使用判定系数 R^2 来度量，它是在因变量的总变差中，由回归方程解释的变动（回归平方和）所占的比重。R^2 的计算公式为：$R^2=\dfrac{\mathrm{SSR}}{\mathrm{SST}}=1-\dfrac{\mathrm{SSE}}{\mathrm{SST}}$。$R^2$ 越大，即接近 1，方程的拟合程度越高。

（2）回归方程显著性检验

回归方程的显著性检验，是对模型整体回归显著性的检验，目的是评价所有自变量和因变量的线性关系是否密切。一般用 F 检验统计量进行检验。F 检验统计量的计算公式为：$F=\dfrac{\mathrm{SSR}/k}{\mathrm{SSE}/(n-k-1)}$，$n$ 为样本容量，k 为自变量个数。

F 检验的原假设（H_0）为，自变量和因变量的线性关系不显著；备择假设（H_1）为，自变量和因变量的线性关系显著。

在给定的显著性水平（一般选 0.05）下，查找自由度为$(k, n-k-1)$的 F 分布表，得到相应的临界值 F_a，如果上述计算公式算得的 $F>F_a$，那么拒绝原假设，回归方程具有显著意义，回归效果显著。否则，$F<F_a$，那么接受原假设，回归方程不具有统计上的显著意义，回归效果不显著。

（3）回归系数的显著性检验

该检验用于检验回归模型中的各个回归系数是否具有显著性，一般采用 t 检验。t 检验是对单个解释变量回归系数的显著性进行验证的检验。回归系数 i 的 t 检验统计量为：$t_i=\dfrac{\beta_i}{S_{\beta i}}$，其中，$S_{\beta i}$ 表示回归系数 β_i 的标准误差。

t 检验的原假设（H_0）为，a_i 的值为 0，即对应变量 x_i 的系数为 0，该变量无须进入方程；备择假设（H_1）为，a_i 的值不为 0，即对应变量 x_i 的系数不为 0，该变量需要进入方程。

给定显著性水平 a（一般选 0.05），查找自由度为 $n-k-1$ 的 t 分布表，得到临界值 t_a，如果上述公式计算的 $t_i>t_a$，则拒绝原假设，回归系数 a_i 与 0 有显著差异，对应的自变量 x_i 对因变量 y 有解释作用。否则，$t_i<t_a$，接受原假设，回归系数 a_i 与 0 没有显著差异，对应的自变量 x_i 对因变量 y 没有解释作用。这时应该从回归模型中剔除这个变量，建立更为简单的回归模型。

2. 共线性的检测

共线性是指自变量之间存在较强的线性相关关系。这种关系如果超越了因变量与自变量的线性关系，那么回归模型就不准确了。在多元线性回归模型中，共线性现象是无法避免的，只要不是太严重就可以接受。如何检测回归方程是否存在严重的共线性，请读者参考相关资料。

降低共线性的办法，主要是转换自变量的取值，比如将绝对数转换为相对数或平均数，或者用其他自变量进行更换。

3. 使用回归模型进行预测

使用回归模型进行预测的时候，解释变量的值，最好不要离开样本数据的值域范围太远。一般来讲，预测点离样本平均值 $\bar{x}$ 越远，则被解释变量（因变量）的预测误差就越大。在样本所在的值域之外，变量之间的关系到底是怎么样的，我们并不清楚。如果样本外（Out of Sample）变量的关系与样本内（In Sample）变量的关系完全不同，目前建立的回归方程就不能正确地描述其关系。这时候，在样本外进行预测，当然就会发生错误。

5.4.2 回归实例

下面的实例是利用线性回归模型预测房价。首先，需要导入必要的库。

```
# Load libraries
from sklearn.linear_model import LinearRegression
from sklearn.datasets import load_boston
import warnings

# Suppress Warning
warnings.filterwarnings(action="ignore", module="scipy", message="^internal gelsd")
```

然后，装载 boston 房价数据集，这是 scikit-learn 内置的数据集。

```
# Load data
boston = load_boston()
X = boston.data
y = boston.target
```

接着，把房价数据集划分成训练集和测试集。

```
from sklearn.model_selection import train_test_split
X_train, X_test, Y_train, Y_test =train_test_split ( X, y, test_size=0.33,random_
state=5)
print (X_train.shape )
print (X_test.shape )
print (Y_train.shape )
print (Y_test.shape)
```

输出结果如下。表示每个样本是 13 维的向量。

```
(339L, 13L)
(167L, 13L)
(339L,)
(167L,)
```

创建一个线性模型，并且训练它。

```
# Create linear regression
regr = LinearRegression()

# Fit the linear regression
```

```
model = regr.fit(X_train, Y_train)
```

打印模型的截距和各个变量的系数。

```
# View the intercept
print(model.intercept_)

# View the feature coefficients
print(model.coef_)
```

输出结果为：

```
32.858932634085605
[-1.56381297e-01  3.85490972e-02 -2.50629921e-02  7.86439684e-01
 -1.29469121e+01  4.00268857e+00 -1.16023395e-02 -1.36828811e+00
  3.41756915e-01 -1.35148823e-02 -9.88866034e-01  1.20588215e-02
 -4.72644280e-01]
```

计算均方误差。

```
import numpy as np
mseFull = np.mean( (Y_train-model.predict(X_train))**2)
print mseFull
```

输出结果为 19.546 758 473 534 663。

显示训练数据集上、测试数据集上的残差（Residuals）。

```
import matplotlib.pyplot as plt

lm =model
plt.scatter(  lm.predict(X_train),   lm.predict(X_train)-Y_train,   c='b',   s=40,
alpha=0.5)
plt.scatter( lm.predict(X_test), lm.predict(X_test)-Y_test, c='g', s=40, alpha=0.5)
plt.hlines(y=0,xmin=0, xmax=50)
plt.title('Residual plot using training(blue) and test(green) data')
plt.ylabel('Residuals')
plt.show()
```

结果如图 5.12 所示。我们希望，残差图上的误差分布在 y=0 的直线的上边和下边，但是距离不要太远。从图 5.12 中可以看出，有些数据点的误差还是比较大的，意味着线性回归方程的拟合度并不太好。

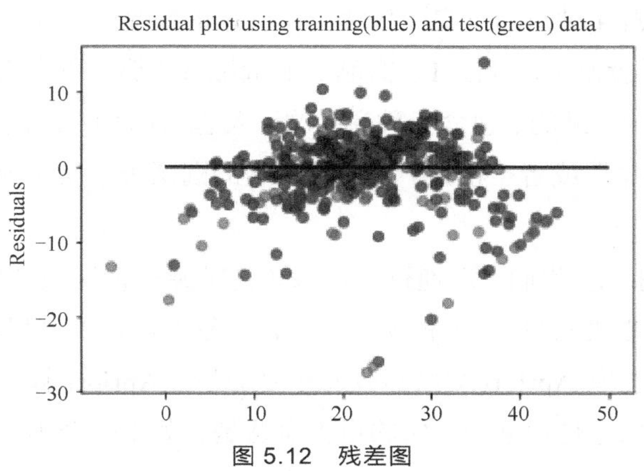

图 5.12　残差图

根据 13 个指标，预测一个房子的价格，并且与实际价格进行比较。

```
print(lm.predict(X_test[1:2]))   #测试集的下标为 1 的样本
print(Y_test[1])
```

输出结果如下：预测值为[31.391 547 01]，而实际值为 27.9。可以看出还是有较大的误差的。

5.5 关联规则分析

5.5.1 关联规则分析

关联规则分析，最典型的例子是购物篮分析。通过关联规则分析，我们能够发现很多顾客的购物篮中的不同商品之间的关联，从而了解客户的消费习惯，让商家能够了解哪些商品被客户同时购买，这些信息可以用来优化货架摆放、进行交叉销售等。

关联规则是形如 $X \rightarrow Y$ 的蕴含式，表示通过 X 可以"推导出" Y，X 称为关联规则的左部（Left Hand Side，LHS），Y 称为关联规则的右部（Right Hand Side，RHS）。比如，购物篮分析结果"尿布→啤酒"，表示客户在购买尿布的同时，有很大的可能性购买啤酒。

关联规则有两个指标，分别是支持度（Support）和置信度（Confidence）。关联规则 A->B 的支持度=$P(AB)$，指的是事件 A 和事件 B 同时发生的概率。置信度=$P(B|A)=P(AB)/P(A)$，指的是在发生事件 A 的基础上，发生事件 B 的概率。比如，如果"尿布→啤酒"关联规则的支持度为 30%，置信度为 60%，则表示：（1）所有的商品交易中，30%交易同时购买了尿布和啤酒；（2）在购买尿布的交易中，60%的交易购买了啤酒。

关联规则分析需要从基础数据中挖掘出支持度和置信度都超过一定阈值的关联规则。同时满足最小支持度阈值和最小置信度阈值的规则，称为强规则。

挖掘关联规则的主流算法为 Apriori 算法。它的基本原理是在数据集中找出同时出现概率符合预定义（Pre-defined）支持度的频繁项集，而后从频繁项集中，找出符合预定义置信度的关联规则。频繁项集和关联规则通过如下实例来解释。

假设有一家商店经营 4 种商品（实际生活中，商店的商品数目比这大得多，但是不影响算法原理的阐述），分别是商品 0、商品 1、商品 2 和商品 3。那么所有商品的组合有：只包含一种商品的、包含其中两种商品的、包含三种商品的以及包含四种商品的。这些组合，包括空集，构成图 5.13 所示的"子集"或者"超集"关系。图中的圆圈表示某个商品组合，连接线则表示"子集"/"超集"关系。

对于单个项集的支持度，我们可以通过遍历每条记录并检查该记录是否包含该项集来计算。对于包含 N 种物品的数据集共有 2^N-1 种项集组合，重复上述计算过程，代价就很大了。

科研人员在研究中发现 Apriori 算法可以减少计算量。Apriori 算法是，如果某个项集是频繁的，那么它的所有子集也是频繁的。它的逆否命题是，如果一个项集是非频繁的，那么它的所有超集也是非频繁的。比如，在图 5.14 中，已知项集{商品 2,商品 3}（虚线）是非频繁的。

利用这个基础知识，我们可以知道项集{商品 0,商品 2,商品 3}、{商品 1,商品 2,商品 3}以及{商品 0,商品 1,商品 2,商品 3}也是非频繁的。因为它们都是{商品 2,商品 3}的超集。

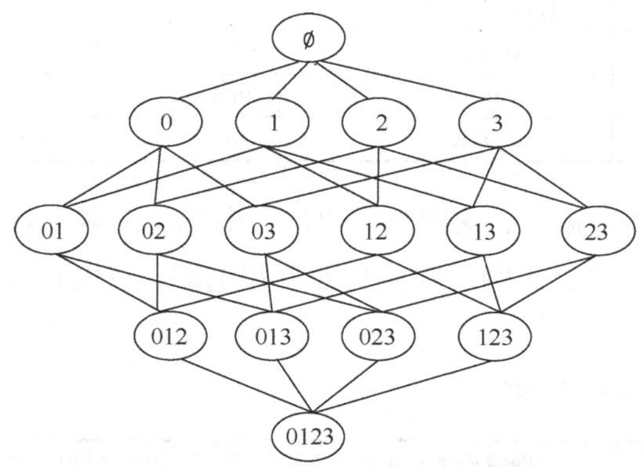

图 5.13 集合{商品 0,商品 1,商品 2,商品 3}中所有可能的项集组合

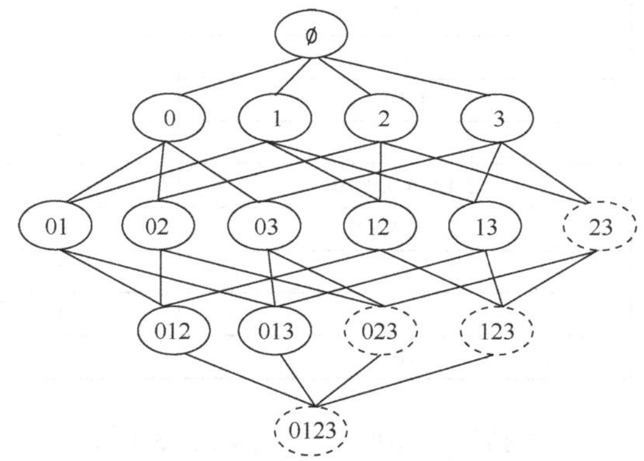

图 5.14 Apriori 算法（非频繁项集用虚线框表示）

于是在计算过程中，一旦计算出了{商品 2,商品 3}的支持度，知道它是非频繁的后，就可以排除{商品 0,商品 2,商品 3}、{商品 1,商品 2,商品 3}和{商品 0,商品 1,商品 2,商品 3}项集的判断，于是节省了计算工作量。

除了 Apriori 算法，挖掘关联规则的算法还有 FP-growth 算法等，读者可参考相关资料进行学习。

本小节给出了一个实例，通过该实例，我们来了解 Apriori 算法的执行过程。假设有如下的数据集，表示用户观看电影的活动。

交易号	电影 1	电影 2	电影 3	电影 4	电影 5
1	Sixth Sense	LOTR1	Harry Potter1	Green Mile	LOTR2
2	Gladiator	Patriot	Braveheart		
3	LOTR1	LOTR2			
4	Gladiator	Patriot	Sixth Sense		
5	Gladiator	Patriot	Sixth Sense		
6	Gladiator	Patriot	Sixth Sense		

续表

交易号	电影 1	电影 2	电影 3	电影 4	电影 5
7	Harry Potter1	Harry Potter2			
8	Gladiator	Patriot			
9	Gladiator	Patriot	Sixth Sense		
10	Sixth Sense	LOTR	Gladiator	Green Mile	

我们的目标是，从这些数据中，挖掘出用户观看电影的关联规则，即购票观看某部（几部）电影的用户中，有多大的比例会去购票观看其他哪些电影。支持度阈值设定为 50%，置信度阈值设定为 80%。

根据上述表格，我们得到 1 项集，列表如下：

电影名称	同时出现在哪些交易中	出现次数	支持度
Sixth Sense	1,4,5,6,9,10	6	6/10=0.6
LOTR1	1,3	2	2/10=0.2
Harry Potter1	1	1	1/10=0.1
Green Mile	1,10	2	2/10=0.2
LOTR2	1,3	2	2/10=0.2
Gladiator	2,4,5,6,8,9,10	7	7/10=0.7
Patriot	2,4,5,6,8,9	6	6/10=0.6
Braveheart	2	1	1/10=0.1
Harry Potter2	7	1	1/10=0.1
LOTR	10	1	1/10=0.1

从这张表中可以看出，符合支持度≥50%的只有如下 3 项，即有 3 个 1 项集是频繁的。

电影名称	同时出现在哪些交易中	出现次数	支持度
Sixth Sense	1,4,5,6,9,10	6	6/10=0.6
Gladiator	2,4,5,6,8,9,10	7	7/10=0.7
Patriot	2,4,5,6,8,9	6	6/10=0.6

在此基础上，通过自连接构造超集，构造出来的 2 项集为：

电影名称	同时出现在哪些交易中	出现次数	支持度
Sixth Sense, Gladiator	4,5,6,9,10	5	6/10=0.6
Sixth Sense, Patriot	4,5,6,9	4	4/10=0.4
Gladiator, Patriot	2,4,5,6,8,9	6	6/10=0.6

可以看出，符合支持度≥50%的只有如下两项，即有两个 2 项集是频繁的。

电影名称	同时出现在哪些交易中	出现次数	支持度
Sixth Sense, Gladiator	4,5,6,9,10	5	5/10=0.5
Gladiator, Patriot	2,4,5,6,8,9	6	6/10=0.6

在此基础上，通过自连接构造超集，构造出来的 3 项集如下，支持度为 40%，是不频繁的。

电影名称	同时出现在哪些交易中	出现次数	支持度
Sixth Sense, Gladiator, Patriot	4,5,6,9	4	4/10=0.4

在上述实例中，因为 2 项集{Sixth Sense, Patriot}是不频繁的（基于一定的支持度），包含{Sixth Sense, Patriot}的 3 项集，必定是不频繁的，无须继续判断。这是对上述 Apriori 算法的运用。

到这里，我们提取了如下关联规则。

规则	支持度	置信度
Sixth Sense=>Gladiator	0.5	5/6=0.833 333 3
Gladiator=>Sixth Sense	0.5	5/7=0.714 285 7
Gladiator=>Patriot	0.6	6/7=0.857 142 9
Patriot=>Gladiator	0.6	1.0

由于置信度的阈值为 80%，第二个关联规则不符合要求。最终提取的关联规则如下。

规则	支持度	置信度
Sixth Sense=>Gladiator	0.5	5/6=0.833 333 3
Gladiator=>Patriot	0.6	6/7=0.857 142 9
Patriot=>Gladiator	0.6	1.0

对于上述实例，可以给出如下解释。

（1）购票观看“Sixth Sense（第六感）”的用户中，有 83%会购票观看“Gladiator（角斗士）”，同时购票观看这两部电影的用户占 50%。

（2）购票观看“Gladiator（角斗士）”的用户中，有 85.7%会购票观看“Patriot（爱国者）”，同时购票观看这两部电影的用户占 60%。

（3）购票观看“Patriot（爱国者）”的用户中，100%会购票观看“Gladiator（角斗士）”，同时购票观看这两部电影的用户占 60%。

5.5.2　关联规则分析实例

下面给出一个关联规则分析实例。scikit-learn 软件包不包含关联规则分析的必要函数（如 Apriori），于是我们使用 mlxtend 软件包。在 Anaconda Prompt 命令行窗口运行如下命令，安装 mlxtend。

```
pip install matplotlib==3.0.0 -i https://pypi.douban.com/simple/
pip install scipy==1.4.1 -i https://pypi.douban.com/simple/
pip install mlxtend==0.17.1 -i https://pypi.douban.com/simple/
```

首先 import 必要的软件包。接着创建数据集，这是一个二维数组，每行表示一个 Transaction（Transaction 的概念可以对应一个购物篮），每行的大小都不一样。

使用 TransactionEncoder 对数据集进行编码，然后基于编码以后的数据集，建立一个 DataFrame。

```
import pandas as pd
```

```
from mlxtend.preprocessing import TransactionEncoder
from mlxtend.frequent_patterns import apriori


dataset = [['Milk', 'Onion', 'Nutmeg', 'Kidney Beans', 'Eggs', 'Yogurt'],
           ['Dill', 'Onion', 'Nutmeg', 'Kidney Beans', 'Eggs', 'Yogurt'],
           ['Milk', 'Apple', 'Kidney Beans', 'Eggs'],
           ['Milk', 'Unicorn', 'Corn', 'Kidney Beans', 'Yogurt'],
           ['Corn', 'Onion', 'Onion', 'Kidney Beans', 'Ice cream', 'Eggs']]


te = TransactionEncoder()
te_ary = te.fit(dataset).transform(dataset)
df = pd.DataFrame(te_ary, columns=te.columns_)
```

调用 Apriori 方法，寻找频繁项集。最小支持度是 0.6。

```
frequent_itemsets = apriori(df, min_support=0.6, use_colnames=True)

print(frequent_itemsets)
```

图 5.15 所示为找到频繁项集。

```
    support                      itemsets
0       0.8                        [Eggs]
1       1.0                [Kidney Beans]
2       0.6                        [Milk]
3       0.6                       [Onion]
4       0.6                      [Yogurt]
5       0.8          [Eggs, Kidney Beans]
6       0.6                 [Eggs, Onion]
7       0.6          [Kidney Beans, Milk]
8       0.6         [Kidney Beans, Onion]
9       0.6        [Kidney Beans, Yogurt]
10      0.6   [Eggs, Kidney Beans, Onion]
```

图 5.15　频繁项集

在频繁项集基础上，创建关联规则，最小置信度是 0.7。最小置信度和最小支持度可以根据生成的结果动态调整。

```
from mlxtend.frequent_patterns import association_rules

rules = association_rules(frequent_itemsets, metric="confidence", min_threshold=
0.7)
rules
#print(rules)
```

挖掘到的关联规则如图 5.16 所示。

我们不希望被不是那么显著的规则所干扰，所以按照一定的规则过滤这些规则。过滤条件如下。

（1）至少两个 antecedant（规则的左部的项数）。

（2）Confidence > 0.75。

（3）Lift Score > 1.2。备注，lift 是 confidence 对 support 的比值。

最后找到的关联规则如图 5.17 所示。

	antecedants	consequents	antecedent support	consequent support	support	confidence	lift	leverage	conviction
0	(Eggs)	(Onion)	0.8	0.6	0.6	0.75	1.25	0.12	1.600000
1	(Onion)	(Eggs)	0.6	0.8	0.6	1.00	1.25	0.12	inf
2	(Milk)	(Kidney Beans)	0.6	1.0	0.6	1.00	1.00	0.00	inf
3	(Yogurt)	(Kidney Beans)	0.6	1.0	0.6	1.00	1.00	0.00	inf
4	(Eggs)	(Kidney Beans)	0.8	1.0	0.8	1.00	1.00	0.00	inf
5	(Kidney Beans)	(Eggs)	1.0	0.8	0.8	0.80	1.00	0.00	1.000000
6	(Onion)	(Kidney Beans)	0.6	1.0	0.6	1.00	1.00	0.00	inf
7	(Eggs, Kidney Beans)	(Onion)	0.8	0.6	0.6	0.75	1.25	0.12	1.600000
8	(Eggs, Onion)	(Kidney Beans)	0.6	1.0	0.6	1.00	1.00	0.00	inf
9	(Kidney Beans, Onion)	(Eggs)	0.6	0.8	0.6	1.00	1.25	0.12	inf
10	(Eggs)	(Kidney Beans, Onion)	0.8	0.6	0.6	0.75	1.25	0.12	1.600000
11	(Onion)	(Eggs, Kidney Beans)	0.6	0.8	0.6	1.00	1.25	0.12	inf

图 5.16　关联规则

```
rules["antecedents_len"] = rules["antecedents"].apply(lambda x: len(x))
rules[ (rules['antecedents_len'] >= 2) &
          (rules['confidence'] > 0.75) &
          (rules['lift'] > 1.2) ]
```

	antecedants	consequents	antecedent support	consequent support	support	confidence	lift	leverage	conviction	antecedant_len
9	(Kidney Beans, Onion)	(Eggs)	0.6	0.8	0.6	1.0	1.25	0.12	inf	2

图 5.17　过滤以后的关联规则

5.6　推荐

在互联网时代，信息量急剧膨胀，使得人们找到需要的信息变得越来越难。面对海量的数据，用户需要更加智能的，更加了解他们需求、口味和偏好的信息查找机制，于是推荐系统应运而生。推荐算法能够根据用户的偏好，向用户推荐商品或者服务。在电子商务网站（比如 Amazon 等），音乐、电影和图书分享网站，推荐引擎取得了巨大的成功。

我们可以从不同的角度，对推荐系统进行分类。

（1）根据是否为不同用户推荐不同的物品或者内容，可将推荐系统分为个性化推荐系统和大众化推荐系统。

（2）根据使用的数据源，推荐系统可分为基于内容的推荐系统、基于人口统计学的推荐系统、基于协同过滤的推荐系统等。基于内容的推荐（Content-Based Recommendation）系统根据推荐物品或内容的描述，发现物品或者内容的相似性，进行推荐。基于人口统计学的推荐（Demographic-Based Recommendation）系统根据用户的信息，发现用户之间的相似性，进行推荐。基于协同过滤的推荐（Collaborative Filtering-Based Recommendation）系统根据用户对物品或者内容的偏好，发现物品或者内容之间的相似性，或者是发现用户之间的相似性进行推荐。

（3）根据推荐模型的基本技术原理，推荐系统可分为基于用户对物品的评价矩阵的推荐系统、基于关联规则的推荐系统、基于模型的推荐系统等。基于关联规则的推荐（Rule-Based Recommendation）系统是通过对关联规则的挖掘，找到哪些物品经常被同时购买，或者用户购买了一些物品后，通常会购买哪些其他的物品，从而进行推荐。基于模型的推荐（Model-Based Recommendation）系统将已有的用户偏好信息作为训练样本，训练出一个模型，用于预测用户的其他偏好，以后用户再进入系统的时候，就可以基于这个模型进行推荐。

下面给读者详细介绍基于协同过滤的推荐。

基于协同过滤的推荐，根据用户对物品或者内容的偏好，发现物品或者内容之间的相似性，或者发现用户之间的相似性，然后再基于这些信息进行推荐。基于协同过滤的推荐，又可以分为两个子类：基于用户的（User-Based）协同过滤推荐和基于项目的（Item-Based，Item 可以译作项目或者物品）协同过滤推荐。

5.6.1 基于用户的协同过滤推荐

基于用户的协同过滤推荐是根据用户对物品或者内容的偏好，发现与某个用户偏好相似的 K 个最“近邻”用户，然后基于这 K 个“最近邻”用户的历史偏好信息，为该用户进行推荐。

以电商领域为例，比如我们现在要给用户 C 进行商品推荐。我们首先进行用户间相似度的计算，发现用户 C 与用户 D 和 E 的相似度较高，也就是说用户 D 和 E 是用户 C 的“K 最近邻”。于是，我们可以给用户 C 推荐用户 D 和 E 浏览过或者购买过的商品。我们只需推荐用户 C 还没有浏览过或者购买过的商品即可。

如果有多个商品可以推荐，到底优先推荐哪些商品呢？需要对商品进行适当的排序。可以采用加权排序方法，具体如下。比如，用户 C 的近邻用户为 D 和 E，他们和用户 C 的相似度，以及他们评价过的商品的评分，如表 5.3 所示。我们把用户 D 和 E 对其他商品（包括商品 101、102、103）的评分，乘以用户 D 和 E 与用户 C 之间的相似度，得到带权评分。然后，计算带权评分的总计 T_{Score}，除以相似度总计 T_{Sim}，以 T_{Score}/T_{Sim} 作为排序标准，对这些商品进行排序，然后推荐给用户 C。在这个例子中，根据计算，商品 103 排名靠前，应该优先推荐。

用户 C 获得的推荐，是从与他偏好相似的用户 D 和 E 评价的商品里获得的。与用户 C 相似度高的用户，这些用户评分高的商品，将被优先推荐。

表 5.3　为用户 C 推荐商品

K-最近邻用户	与用户 C 的相似度	商品 101 的评分	商品 101 的带权评分	商品 102 的评分	商品 102 的带权评分	商品 103 的评分	商品 103 的带权评分
用户 D	0.98	3.4	3.332	4.4	4.312	5.8	5.684
用户 E	0.95	3.2	3.04	/	0	4.1	3.895
带权评分总计 T_{Score}			6.372		4.312		9.579
相似度总计 T_{Sim}	1.93						
T_{Score}/T_{Sim} 作为排序标准			3.30		2.23		4.96

基于用户的协同过滤，需要找出用户的 K 最近邻，可以根据用户评分矩阵进行推断。用户评分矩阵，记录的是不同用户对不同的物品（Item）的评分。它的每一行对应一个用户，它的每一列对应一个物品，$<i, j>$单元记录的是用户 i 对物品 j 的评分 R_{ij}。

用户评分矩阵的具体形式如下。

	物品 1	物品 2	…	物品 n
用户 1	R_{11}	R_{12}	…	R_{1n}
用户 2	R_{21}	R_{22}	…	R_{2n}
…	…	…	…	…
用户 m	R_{m1}	R_{m2}	…	R_{mn}

这里的评分，表示用户对物品的偏好程度，评分越高表示用户越偏好该物品。以电商领域为例，用户对商品的浏览、向朋友推荐、收藏、评论、购买等行为，都表现了用户对商品的偏好。可以对这些行为进行量化，形成指标，然后对其进行加权求和，计算最终评分。

针对评分矩阵，基于用户的协同过滤推荐，是在每个用户对应的行向量上，计算用户的相关性。度量向量之间相似度的方法很多，包括欧式距离、向量夹角、Pearson 相关系数等。

我们通过如下的实例，了解用户之间的相似度，这里用的是欧式距离。假设用户对各个商品的评分如下。

用户	商品 1	商品 2
A	3.32	6.51
B	5.78	2.62
C	3.59	6.29
D	3.42	5.78
E	5.19	3.11

我们绘制一个散点图，以商品 1 得分作为横坐标，以商品 2 得分作为纵坐标。用户 A、B、C、D、E 在坐标系上的分布如图 5.18 所示。从图中可以看出，用户 A、C、D 之间的距离较近，用户 B、E 之间的距离较近。

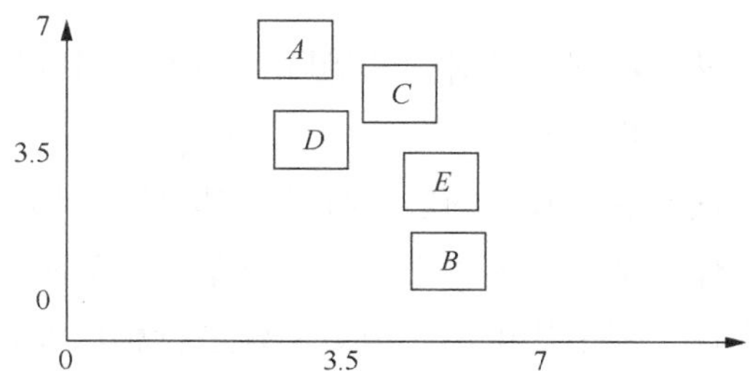

图 5.18　用户对商品的评分的散点图

从基本原理可以看到，该方法似乎与基于人口统计学的推荐机制很类似。但是，基于人口统计学的推荐机制只考虑用户的特征。而基于用户的协同过滤机制，是在用户的历史偏好数据上，计算用户的相似度。它假设喜欢类似物品的用户，可能具有相近的偏好，这是合理的。

5.6.2 基于项目的协同过滤推荐

基于项目的协同过滤推荐，使用所有用户对物品或者内容的偏好信息，发现物品和物品之间的相似度。然后根据用户的历史偏好信息，将类似的物品推荐给用户。以电商领域为例，当需要对用户 *C* 基于商品 3 进行商品推荐时，首先寻找商品 3 的 K 最“近邻”商品，也就是与商品 3 相似的商品，比如商品 3 的 K 最“近邻”为商品 4 和商品 5。然后计算商品 4、商品 5 与其他商品的相似度，并且进行排序，然后为用户 *C* 推荐新的商品，也就是用户 *C* 没有浏览过或者购买过的商品。

比如，表 5.4 列出了用户 *C* 购买过的商品 4、5，与其他商品（包括商品 101、商品 102、商品 103）的相似度。我们将用户 *C* 对商品 4、5 的评分作为权重，乘以其他商品和商品 4、5 的相似度，得到带权相似度。然后，计算出相似度总计 T_{Sim}，除以评分总计 T_{Score}，以 $T_{\text{Sim}}/T_{\text{Score}}$ 作为排序标准，对商品 101、商品 102、商品 103 进行排序，然后推荐给用户 *C*。在这个例子中，根据计算，商品 103 排名靠前，应该优先推荐。

用户 *C* 获得的推荐，是从与他已经购买过的商品相似度较高的商品中选出的。与用户 *C* 评分高的商品相似度高的商品，就会被优先推荐。

表 5.4　　对用户 *C* 基于商品 3 进行推荐

K-最近邻商品	评分	与商品 101 的相似度	与商品 101 的带权相似度	与商品 102 的相似度	与商品 102 的带权相似度	与商品 103 的相似度	与商品 103 的带权相似度
商品 4	4.2	0.2	0.84	0.65	2.73	0.95	3.99
商品 5	4.5	0.3	1.35	0.40	1.8	0.78	3.51
相似度总计 T_{Sim}			2.19		4.53		7.5
评分总计 T_{Score}	8.7						
$T_{\text{Sim}}/T_{\text{Score}}$ 作为排序的标准			0.25		0.52		0.86

根据以上论述，我们可以观察到，针对评分矩阵，基于项目的协同过滤推荐，是在每个物品对应的列向量上，计算物品的相关性。

从基本原理可以看到，该方法和基于内容的推荐，都是基于物品相似度进行推荐。但是，它们的相似度计算方法不一样，基于内容的推荐，仅仅基于物品本身的属性信息进行相似度计算。基于项目的协同过滤推荐，则是从用户的历史偏好进行相似度计算。

那么，如何在基于用户的协同过滤推荐与基于项目的协同过滤推荐之间做出选择？这就需要根据应用场景的特点来选择。在电商领域，一般来讲，物品的数量是远远小于用户的数量的，而且物品的数量和相似度相对比较稳定，基于项目的推荐机制比基于用户的推荐机制更加适合，它的实时性也更好。物品的相似度可以离线先算好，再定期更新即可。而在新闻推荐系统中，新闻的数量（物品数）可能大于用户的数量，新闻更新也非常快，存在话题迁移等现象，新闻的相似度不稳定。这时候，使用基于用户的协同过滤推荐算法，效果会更好。

基于协同过滤的推荐机制，是目前应用最为广泛的推荐机制。它的优势主要为：它无须对用户、物品进行严格的建模，它是领域无关的；该方法支持发现用户潜在的兴趣偏好。

当然，该方法也存在如下问题。

（1）该方法基于历史数据做出推荐，对新用户和新物品，存在“冷启动”问题。

（2）推荐效果的好坏，依赖于用户历史偏好数据的数据量及其准确性。

（3）一部分人的错误偏好，有可能会对推荐的准确度产生很大的影响。

（4）不能照顾到具有特殊偏好的用户，给予他们更加精细的推荐。

5.7　神经网络与深度学习

5.7.1　神经网络

神经网络是模仿人类神经系统的特点，进行分布式并行信息处理的数学模型。人们把大量神经元节点（感知机）连接起来，形成神经网络，利用训练数据，调整节点间的连接强度，使得网络可以对新数据进行分类和预测。

1. 神经元

神经网络由神经元（也称感知机）组成。一个神经元的信息处理过程是，它把前端（模仿神经元的树突）收集到的输入信号，进行加权求和，再通过一个激活函数转换成输出，传送出去（模仿神经元的轴突）。图 5.19 所示为一个简单的神经元。其中，x_1、x_2、x_3 为神经元的输入，神经元的输出通过 $h_{w,b}(x)=f(\sum_{i=1}^{3}w_i x_i+b)$ 函数来计算，$f{:}R\to R$ 称为激活函数。

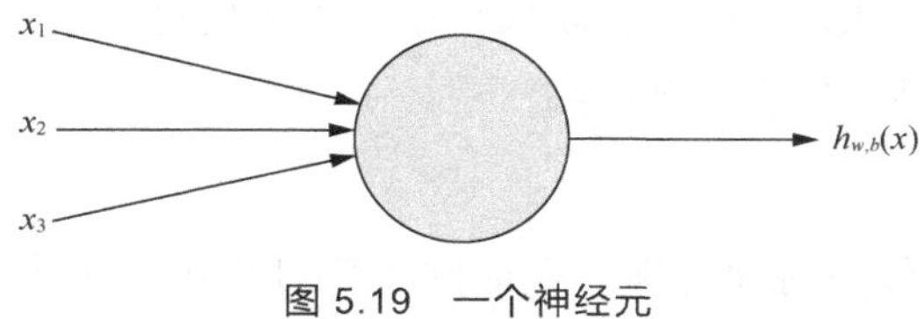

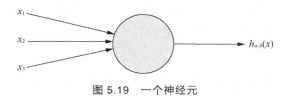

图 5.19　一个神经元

激活函数一般是一个非线性函数，目的是对实际应用中输出和输入之间的非线性关系进行建模。常用的激活函数有 Sigmoid 函数和 Tanh 函数等，两个函数的具体形式如下。

$$f(x)=\text{sigmoid}(x)=\frac{1}{1+e^{-x}};$$

$$f(x)=\tanh(x)=\frac{e^{x}-e^{-x}}{e^{x}+e^{-x}}$$

可以通过不断调整每个输入的权重，训练单个神经元。当输入一个样本数据后，按照最小化输出误差（Output Error）的方向，来调整各个输入的权重。输出误差是实际的输出值（Actual Output）和想要的目标值（Desired Target）之间的差别，可以用均方误差来表示。

2. 带一个隐藏层的神经网络

最简单的神经网络是前馈（Feed Forward）神经网络。这个神经网络由许多单一的神经元连接而成，一个神经元的输出，可以是另一个神经元的输入。神经元组织成一层层的，每一层的节点仅与下一层的节点相连。

图 5.20 所示为一个简单的前馈神经网络。该神经网络最左边的一层，称为输入层，最右边的一层称为输出层。中间的节点组成独立的一层，称为隐藏层。之所以称为隐藏层，是因为我们不能从训练样本上观察到它们的取值。

增加了一个隐藏层以后，神经网络系统具有非常好的非线性分类效果。但是当网络中各层的节点数增大，神经网络权重优化的计算量增大时，若不能及时有效地训练，隐藏层就会成为复杂神经网络应用的绊脚石。

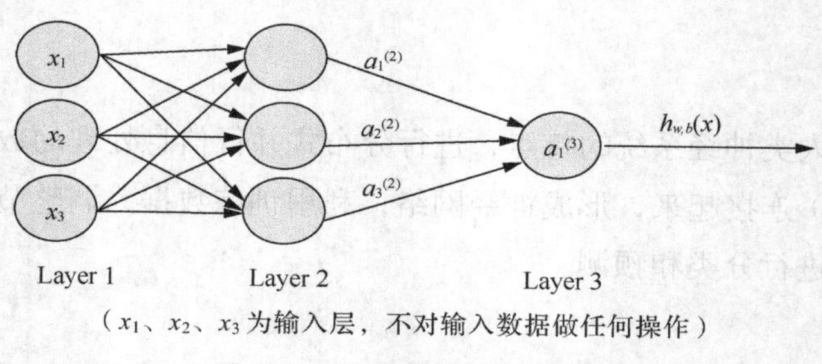

（x_1、x_2、x_3 为输入层，不对输入数据做任何操作）

图 5.20　一个简单的神经网络

在神经网络中，上一层的各个神经元，到下一层的各个神经元的连接，有一个权重，这个权重有一个初始值，经过训练（一般采用反向传播方法）获得一个优化的权重配置。当新的样本值输入训练后的神经网络，就可以获得一个输出值，这个输出值可以应用在对新的输入数据进行分类和回归等目的。比如，在医疗诊断应用中，输入值可以是患者的各项生化指标值，而不同的输出值，表示患者是否患有某种疾病。

3. 前向传播

计算输出值的过程，称为前向传播。在前向传播过程中，每个神经元首先把上一层各个神经元获得的数值进行加权（每个连接的权重）求和，然后应用激活函数，获得相应的输出，然后通过与下一层的连接传播给下一层的各个神经元，直到最后一层的神经元获得输出结果。

以图 5.20 为例，$w_{ij}^{(l)}$表示第 l 层第 j 单元与第 l+1 层第 i 单元之间的连接参数，也就是连接线上的权重，$b_i^{(l)}$表示第 l 层第 i 单元的偏置项，也就是激活函数的常量部分。$a_i^{(l)}$表示第 l 层第 i 单元的激活值（输出值），当 l=1 的时候，$a_i^{(l)}=x_i$。

激活过程，可以用如下的公式表示。

$$a_1^{(2)} = f(w_{11}^{(1)}x_1 + w_{12}^{(1)}x_2 + w_{13}^{(1)}x_3 + b_1^{(1)})$$
$$a_2^{(2)} = f(w_{21}^{(1)}x_1 + w_{22}^{(1)}x_2 + w_{23}^{(1)}x_3 + b_2^{(1)})$$
$$a_3^{(2)} = f(w_{31}^{(1)}x_1 + w_{32}^{(1)}x_2 + w_{33}^{(1)}x_3 + b_3^{(1)})$$
$$h_{w,b}(x) = a_1^{(3)} = f(w_{11}^{(2)}a_1^{(2)} + w_{12}^{(2)}a_2^{(2)} + w_{13}^{(2)}a_3^{(2)} + b_1^{(2)})$$

在实际应用中，我们可以创建包含多个隐藏层的神经网络。在深度学习技术兴起之前，因为没有有效的训练方法，在实际应用中，神经网络的隐藏层的数量只有少数几个。理论证明，包含 1 个输入层、1 个隐藏层和 1 个输出层的神经网络，可以无限逼近任意连续函数，对数据中表现的非线性关系进行建模。

4. 反向传播训练算法

神经网络的权重，使用一种称为反向传播（Backpropagation, BP）的方法进行训练。

假设有一个样本集$(x^{(i)},y^{(i)})$，$x^{(i)}$为多维向量，而 $y^{(i)}$可以为多维（比如二维）或者一维向量。反向传播算法分两步，即正向传播和反向传播。正向传播即使用 $x^{(i)}$作为输入，输入的样本从输入层，经过隐藏层，一层一层地处理以后，由输出层输出。

在输出层上获得一个输出以后，和期望的输出值 $y^{(i)}$进行比对，若发现不相等，有误差，则反向传播过程把误差信号，按照原来正向传播的通路的相反方向传回，并且对每个隐藏层的各个神经元的连接权重进行修改，目的是使误差信号趋向最小。

BP 算法的本质，是误差函数的最小化问题。误差函数的定义一般采用期望输出和实际输出的差的平方和，即 $e=\frac{1}{2}\Sigma(x_i^l - y^{(i)})^2$ 。x_i^l 是第 l 层的实际输出，而 $y^{(i)}$则是期望的输出，也就是训练样本里的对应 $x^{(i)}$的输出。一般采用梯度下降方法来修改权重。对于某个神经元的某个权重的更新，采用 $\Delta w_i = -\alpha\frac{\partial E}{\partial w_i}$ 的公式，其中 E 为输出误差，w_i 为输入到该神经元的第 i 个连接的权重，而 α 为学习率。

神经网络模仿了人类神经系统的行为特性，经过训练的神经网络在分类和回归预测方面获得了较好的性能。神经网络被应用到语音识别、图像识别、自动驾驶等多个领域，也获得了较好效果。

但是上述神经网络存在若干问题。首先，尽管使用了 BP 算法，一次神经网络的训练仍然耗时太久，而且训练过程可能导致局部最优解，这使得神经网络的优化较为困难。此外，隐藏层的节点数需要根据应用调整，节点数设置的多少，会影响整个模型的效果，在实际应用中带来不便。

20 世纪 90 年代中期，Vapnik 等人发明了支持向量机（SVM）算法。SVM 在各个方面，体现出了比神经网络更大的优势，比如，它无须调整参数，训练和执行效率高，可以获得全局最优解等。SVM 算法在 20 世纪 90 年代到 21 世纪初，迅速代替神经网络，成为更加流行的机器学习算法。

5.7.2 深度学习

深度学习，一般指的是基于更深层次（包含多个隐藏层）的神经网络的机器学习。深度学习近十年来取得突破，在图像识别、语音识别、自然语言处理、机器人等领域，获得了超过传统机器学习方法的性能。2012 年，多伦多大学的 Krizhevsky 等人构造了一个大型的卷积神经网络，该网络共有 9 层，65 万个神经元，6000 万个参数。网络的输入是图片，输出是 1000 个图片分类，表示不同的对象类别，比如美洲豹、救生艇等。他们使用大量的图片训练这个模型，最后在 ImageNet 图片分类方面，识别性能优于当时所有其他分类器，错误率从 25%降低为 17%。ImageNet 是斯坦福大学李飞飞教授创建的截至目前最大的图像识别（Image Recognition）数据库，目前共包含约 22 000 个类，1500 万个标注图像。其中，目前最常用的 LSVRC-2010 Contest 数据集，包含 1000 个类，120 万个图像。近年来，在人脸识别（Face Recognition）比赛 LFW 和自然图像分类比赛 ImageNet 中，深度学习方法获得了超过人类的识别能力。2016 年，Google 公司的 AlphaGo 围棋程序，更是击败了人类棋手李世石九段，显示了深度学习技术的强大威力。

深度学习之所以能够流行起来，主要原因包括：大数据集的积累、计算机运算能力的提高、深度学习训练算法的改进，以及深度学习模型具有能够自主从数据中学习到有用的特征（Feature）的优势等。

大数据是深度学习的原材料。如果没有大数据，复杂的神经网络就无法得到更好的训练，其预测性能就大打折扣。在深度学习的实际应用方面取得重大进展的，大多是拥有大数据的互联网公司，比如 Google、Facebook、Microsoft、Baidu 等。

硬件的进步，是深度学习流行起来的另一个因素。GPU 性能的提高，以及超级计算机和云计算技术的迅猛发展，使得深度学习的实现，具有了硬件基础。其中，高性能图形处理器极大地提高了数值和矩阵运算的速度，使机器学习算法的运行时间得到了显著的改善。2011 年，Google 公司的 Brain 团队用 1000 台机器、16 000 个 CPU 实现的深度学习模型，包含 10 亿个连接（1 Billion Connections）。使用来自 YouTube 的大量视频进行训练以后，该模型能够自动识别出猫脸。到了 2016 年，这样的模型可以在少量 GPU 上实现。深度神经网络的训练过程可以并行处理，使用 GPU 能够大幅提高其训练的速度。

深层次的神经网络，如果没有有效的训练方法，训练过程是很慢的，无法得到实用。深度学习能够流行起来的另一个重要原因，是人们找到了提高深度神经网络模型训练效率的方法。2006 年，Toronto 大学的 Hinton 教授在 Science 杂志上发表了深度学习的重要论文，它通过“逐层预训练”（Layer-wise Pre-training）的办法，将深度学习模型的训练效率提升了一大截。

除了训练性能提高之外，深度神经网络还可以自动识别样本的特征。这个特点，使深度学习在一些不知如何设计有效特征的应用场合，比如图像识别和语音识别等，获得了很好的性能。在神经网络中，浅层的神经元学习到初级的特征（Primitive Feature），馈入下一层神经网络。深层的神经元在前一层神经元识别到的特征的基础上，学习到更加复杂的特征（Complex

Features）。这个过程在相邻的神经网络层间迭代，各个神经网络层学习到不同抽象级别的特征。越是靠后的神经网络层，学习到更加抽象的特征，最后完成预定的识别任务。

图 5.21 所示为一个深度神经网络实例及其各个隐藏层对图像的不同抽象级别的特征的识别能力。第一个隐藏层学习到（识别出）边缘，第二个隐藏层学习到（识别出）边缘的组合（各种形状），第三个隐藏层学习到（识别出）人脸，也就是各个隐藏层依次学习到（识别出）越来越复杂的人脸特征。

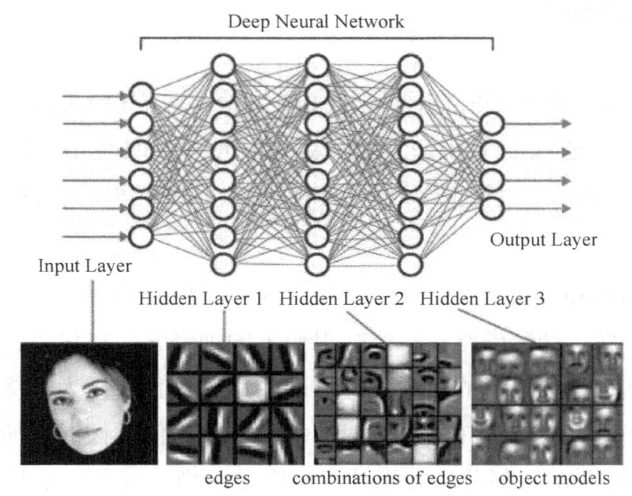

图 5.21　深度神经网络的隐藏层及其特征抽象能力

隐藏层是神经网络对训练数据进行内部抽象表示（Internal Abstract Representation）的结构，就像人脑对现实世界的对象有一个内部表示一样。在神经网络里增加隐藏层，使后续隐藏层可以在前导隐藏层的内部表示的基础上，建立更高抽象级别的内部表示。

1. 深度学习的应用

深度学习的应用非常广泛，包括图像/视频的识别、语音识别、自然语言处理等。

在图像和视频应用方面，深度学习模型可以识别照片中的物体，对照片进行自动分类和搜索，比如 Google Photo、淘宝拍立淘、百度识图等，都使用了深度学习模型。将深度学习模型应用于自动驾驶系统，可对人员、车辆等路况信息进行识别和追踪，进而做出有效的决策。深度学习模型还可以用于人脸识别，实现刷脸支付，给人们的生活带来方便。

深度学习技术也在改变着机器人领域，帮助机器人更好地感知周围的世界。除此之外，深度学习技术还被应用到了互联网搜索、广告推荐、量化交易、医疗大数据分析等众多的领域。

需要注意的是，深度学习技术并非万能的技术，人们不应对其过分依赖。它学习到的可能是数据中的相关关系，但不一定是因果关系。深度学习依赖于大数据。为了对图像进行分类，机器要学习成千上万张图片后才能总结出来。如果机器能够通过小数据学习，才是更像人类的学习方式。“比如一个小孩，一次他看见一个苹果以后，下次再看见，他就能认识这是个苹果，而不需要看成千上万个苹果”（张亚勤）。

此外，深度学习的功能虽然很强大，但是与我们预期的真正的强人工智能相比，仍然缺乏必要的能力，比如逻辑推理的能力、集成抽象知识的能力。所以深度学习技术，可以看作是实现人工智能的一种途径，而不是终极解决方案。

在工程实践中，把深度学习技术与其他机器学习技术结合起来，比如贝叶斯推理、增强学习（Reinforcement Learning）等，互相取长补短，是一个有前途的策略。

2016 年 3 月，击败李世石的围棋程序 AlphaGo，使用了深度学习、增强学习、蒙特卡洛树搜索（Monte Carlo Tree Search）等方法，验证了深度学习技术与其他机器学习技术结合，能够取得很好的效果。

目前，美国和欧盟以及中国发起的脑科学计划，将会使人们对大脑的神经活动，有更加深入的了解。利用这些知识，改善深度学习模型的建模，是深度学习取得进一步长足发展的契机。深度神经网络有很多的类型，我们这里初步介绍卷积神经网络、循环神经网络和长短期记忆神经网络。

2. 卷积神经网络

卷积神经网络（Convolution Neural Network，CNN）是一种特殊类型的前向反馈神经网络，特别适合于图像识别。卷积神经网络在一个映射面上的神经元共享权值，因而减少了网络自由参数的个数，降低了网络参数选择的复杂度；可以使用图像直接作为网络的输入，避免了传统识别算法中复杂的特征提取过程；在一个映射面共享权值，使图像的特征被检测出来，而不管它的位置（Location）是否发生移动。卷积神经网络是识别二维形状而特殊设计的一个多层网络结构，这种网络结构对平移、比例缩放、倾斜或者其他形式的变形，具有高度的不变性。

为了深入了解卷积神经网络，我们首先了解卷积操作。卷积操作就是一个图像过滤器（Image Filter），它定义为对一个矩形图像区域进行加权求和操作。比如，我们要对图像 A 进行卷积操作，产生图像 B，卷积操作的过滤器为 6×6 的权重矩阵。那么图像 B 的<1,1>位置的像素的值，是图像 A 从<1,1>像素开始的 6×6 大小的矩形区域和 6×6 的权重矩阵的加权和（Weighted Sum），而图像 B 的<1,2>位置上的像素的值，是图像 A<1,2>像素开始的 6×6 大小的矩形区域和 6×6 的权重矩阵的加权和，等等。

为了对卷积操作有更深的认识，这里举一个简单的示例。图 5.22 所示为对一幅 8×8 分辨率的图像使用卷积方法提取特征的过程，在这里使用了 3×3 的卷积核，处理完原图像的每个 3×3 分辨率的区域之后，最终得到 6×6 分辨率的输出图像。

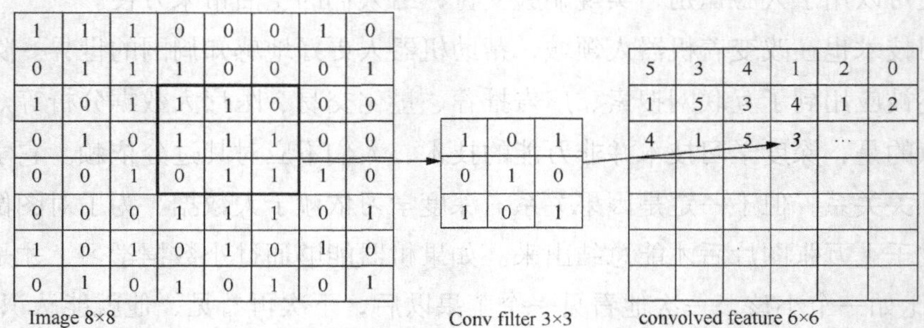

图 5.22　卷积操作过程

卷积神经网络是一个多层的神经网络结构，各层为 C 层（Convolutional，卷积）或者 S 层（Subsampling，子采样）。一般地，C 层为特征提取层，S 层是特征映射层，C 层和 S 层交替组织起来。通常的做法是，交替使用卷积层（Convolutional Layer）和最大值池化层（Max Pooling Layer，即子采样层），并加入单纯的分类层（即输出层）构建整个神经网络。

卷积层一般对输入使用一个或者多个过滤器（Filter）进行转换，把这个过滤器应用到输入上（图像），得到的结果称为特征图（Feature Map）。卷积神经网络使用多个卷积核，形成对输入的多个特征图（Feature Map）。卷积神经网络利用多个过滤器，分别检测数据（图像）中的不同特征集合（Feature Set）。

S 层用于对输入（图像）进行子采样。比如输入是 32×32 像素的图像，如果子采样的区域是 2×2，那么输出将是 16×16 的图像，也就是说每 4 个（2×2）原图像的像素，被合并到输出图像的一个像素。子采样的方法很多，包括最大（Max）池化、平均（Average）池化和随机（Stochastic）池化等。

卷积神经网络的最后一个 C 层或者 S 层，通过全连接方式连接到输出层。输出层输出分类标签或者预测值。

3. **卷积神经网络实例剖析**

用于手写数字（Digit Recognition）识别的 LeNet-5 是一个卷积神经网络（见图 5.23），除了输入层，另外还有 7 层，每层都包含可以训练的连接权重。

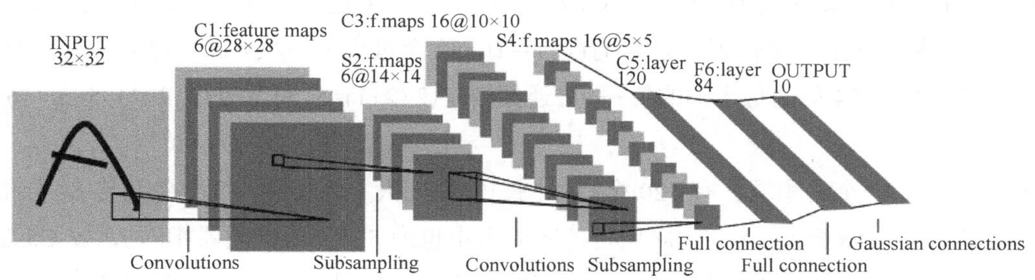

图 5.23　卷积神经网络实例 LeNet-5

（1）输入为 32×32 大小的图像。

（2）C1 层是一个卷积层，使用 6 个滤波器。C1 层由 6 个特征图（Feature Map）构成，特征图中每个神经元与输入中 5×5 的邻域相连，特征图的大小为(32−5+1)×(32−5+1)=28×28。由于相同特征图共享权值，不同特征图之间权值不同。每个滤波器 5×5=25 个 Unit 参数和 1 个 Bias 参数，一共 6 个滤波器，共(5×5+1)×6=156①个可训练参数，共(5×5+1)×6×28×28②=122 304 个连接。

（3）S2 层是一个子采样层，对图像进行子抽样，可以减少数据量。S2 层有 6 个 14×14 的

① 为了生成 6 个特征图，需要 6 个过滤器，过滤器大小为 5×5，加上 1 个偏置量，参数数量为(5×5+1)×6，其他网络层的参数个数使用同样的方法计算。

② 我们从 C1 观察输入，C1 有 6 个特征图，每个 28×28 大小，每个像素和输入的 5×5 的区域连接，同时连接偏置量，连接数量为(5×5+1)×6×28×28，其他网络层的连接数量使用同样的方法计算。

特征图。特征图中的每个单元与 C1 层中相对应特征图的 2×2 邻域相连接。S2 层每个单元的 4 个输入相加，乘以 1 个可训练参数，再加上 1 个可训练偏置，通过 Sigmoid 函数计算结果。S2 层有(1+1)×6(特征图)=12 个可训练参数。对于 S2 层的每个图的每一点，连接数是 2×2+1(偏置)，总共是(2×2+1)×14×14×6=5880 个连接。

可训练系数和偏置控制着 Sigmoid 函数的非线性程度。如果系数比较小，那么运算近似于线性运算，子采样相当于模糊图像。如果系数比较大，根据偏置的大小，子采样可以被看作有噪声的“或”运算，或者有噪声的“与”运算。每个单元的 2×2 感受视野并不重叠，因此 S2 层中每个特征图的大小是 C1 层中特征图大小的 1/4（行、列各为 1/2)。

（4）C3 层也是一个卷积层，它同样通过 5×5 的卷积核去卷积 S2 层，得到的特征图就只有 10×10 个神经元。它有 16 种不同的卷积核，于是存在 16 个特征图。

特别值得注意的是，C3 层中的每个特征图是连接到 S2 层中的所有 6 个或者某几个特征图的，表示本层的特征图是上一层提取到的特征图的不同组合。从 C3 层的角度看，它有 16 个图。C3 层的前 6 个特征图以 S2 层中 3 个相邻的特征图子集为输入，随后的 6 个特征图以 S2 层中 4 个相邻特征图子集为输入，接着的 3 个特征图以不相邻的 4 个特征图子集为输入，最后一个特征图以 S2 层中所有特征图为输入，C3 层共有(5×5×3+1)×6 + (5×5×4+1)×6 + (5×5×4+1)×3+(5×5×6+1)×1=1516 个可训练参数，10×10×1516=151 600 个连接。

（5）S4 层是一个子采样层，由 16 个 5×5 大小的特征图构成。特征图中的每个单元与 C3 层中相应特征图的 2×2 邻域相连接，与 C1 层和 S2 层之间的连接一样。2×2 的小方框，每个小方框有一个参数，加上一个偏置，S4 层有(1+1)×16=32 个可训练参数（每个特征图有一个参数，和一个偏置）。对于 S4 层的每个图的每一点，连接数是(2×2+1)=5，总共是(2×2+1)×5×5× 16=2000 个连接。

（6）C5 层是一个卷积层，有 120 个特征图，特征图大小为 1×1。每个单元与 S4 层的全部 16 个单元的 5×5 邻域相连。由于 S4 层特征图的大小也为 5×5（与滤波器相同），故 C5 层特征图的大小为 1×1，构成了 S4 层和 C5 层之间的全连接。C5 层与 S4 层之间含有(5×5×16+1)×120=48 120 个参数，(5×5×16+1)×120=48 120 个连接。

（7）F6 层有 84 个单元，与 C5 层全相连，有 120×84+84(偏置)=10 164 个可训练参数，10 164 个连接。如同经典的前馈神经网络，F6 层计算输入向量和权重向量之间的点积，再加上一个偏置，然后将其传递给 Sigmoid 函数产生单元 i 的一个状态。

（8）最后，输出层由欧式径向基函数（Radial Basis Function）单元组成，每类有一个单元，每个单元有 84 个输入。

4. 循环神经网络

对于自然语言处理、语音/视频识别等应用，样本出现的时间先后顺序非常重要，使用卷积神经网络进行分析不是很适合。在这样的场合，循环神经网络（Recurrent Neural Network，RNN）是更好的方案。人们使用循环神经网络，来对时间关系进行建模。

与普通的前向反馈（Feed Forward）神经网络相比，RNN 只是在中间隐藏层多了一个循环的圈，如图 5.24 所示。这个圈表示上次隐藏层的输出作为本次隐藏层的输入。换句话说，一个神经元在时间戳 t（时间步）的输出，下一时间戳 t+1 作为输入作用于自身。

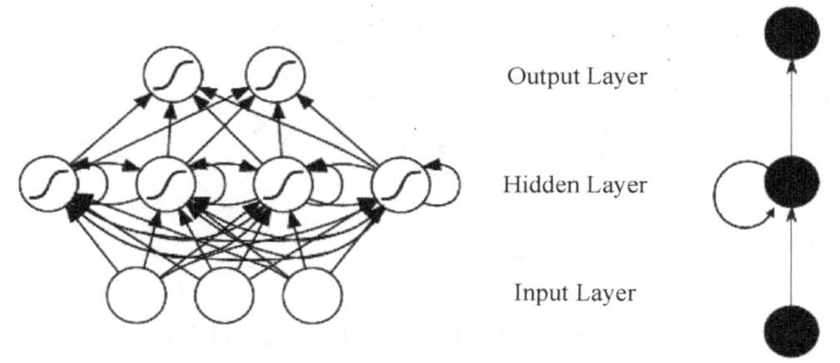

图 5.24　RNN 的结构

这样做的目的，是希望让网络下一时刻的状态与当前时刻相关，也就是我们要创建一个有记忆的神经网络。所以，RNN 是适合处理时序数据的神经网络模型，可以用于分类和回归等预测任务。

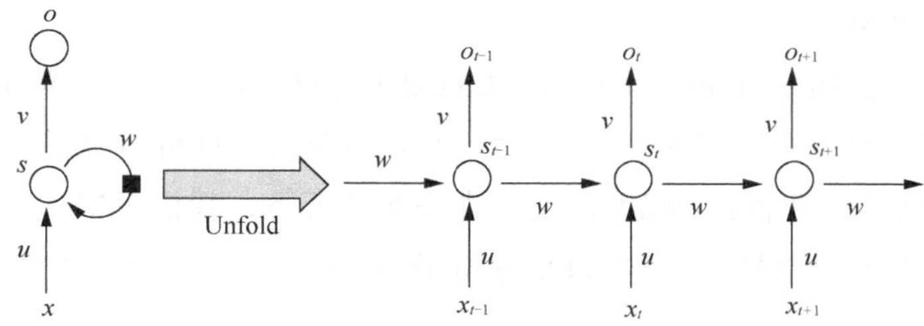

图 5.25　RNN 在时间上进行展开

为了方便分析，我们常常将 RNN 在时间上进行展开，得到图 5.25 所示的结构。(t+1)时刻网络的输出结果 O_{t+1}，是该时刻的输入和“所有历史”共同作用的结果。这种建模方式，使得 RNN 很适合于对时间序列进行建模。我们可以通过图 5.25 加深对循环神经网络的理解。

隐藏层神经元 s_t 的输入包含两个部分，一个是 x_t，另一个是 s_{t-1}。t 时刻 RNN 的 o_t 的计算过程如下。

（1）t 时刻，隐藏层神经元的激活值为 $s_t=f(u*x_t + w*s_{t-1}+b_1)$。注意这里的 s_{t-1} 表示 $t-1$ 时刻隐藏层的输出。

（2）t 时刻，输出层的激活值为 $o_t = f(v*s_t+b_2)$。

循环神经网络是一种深度神经网络。它的深度，不仅仅表现在输入和输出之间，还表现在不同的时间步之间，每个时间步可以被认为是一个层。循环神经网络使用沿着时间的反向传播（Back-propagation Through Time）算法进行端到端的训练。

5. 双向 RNN

RNN 可以参考历史信息，那么，RNN 是否可以参考未来信息呢？可以的，这就是双向 RNN。双向 RNN（Bidirectional Recurrent Neural Network，BRNN）通过参考历史信息，对样本的时间关系进行建模。图 5.26 展示了沿着时间步最简单的一种双向 RNN 网络结构。从图中可以看出，其隐藏层同时使用历史和未来的信息进行预测。

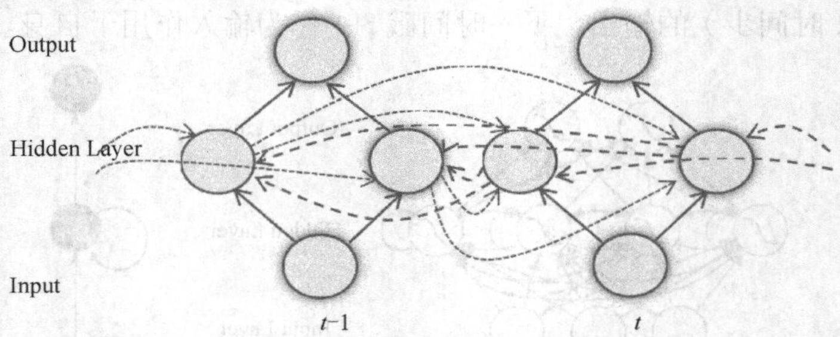

图 5.26　一种沿时间步展开的双向 RNN 结构

双向 RNN 使用沿着时间的反向传播算法进行训练。但是需要在训练样本的开始和结束部分（训练样本具有时间关系）给予特殊处理。在 t=1 步，前向的隐藏层状态输入（Forward State Input）是未知的；在 t=T 步，后向的隐藏层状态输入（Backward State Input）也是未知的，可以设定为某个缺省值。

6. 长短期记忆网络

长短期记忆（Long Short Term Memory，LSTM）网络，本质上是一种 RNN。RNN 在训练的时候，往往会遇到严重的梯度消失问题，也就是误差梯度，即梯度随着事件的时间差增大而快速下降。这是发生在时间轴上的梯度消失。在理想情况下，我们希望“所有历史”都对当前隐藏层的节点产生作用。但是这种影响只是维持了若干时间步。这使得神经网络难以学习时间上较远距离的信息。

1997 年，Sepp Hochreiter 和 Jurgen Schmidhuber 提出的长短期记忆模型，很好地解决了梯度消失问题。LSTM 通过门（Gate）开关，实现时间上的记忆功能，并防止梯度消失。使用 LSTM 模块后，深度神经网络的误差，从输出层反向传播回来的时候，可以用记忆单元记录下来。于是，LSTM 网络可以“记住”较长一段时间内的信息，学习到前后事件之间更长时间范围的依赖关系。

LSTM 网络适用于对时间序列数据进行预测，特别是在数据中存在较长时间范围内的依赖关系的时候。在这样的场合下，LSTM 网络比其他序列学习（Sequence Learning）方法，比如 RNN、隐马尔可夫模型（Hidden Markov Models，HMM）等，都具有更好的性能。

2009 年，基于 LSTM 的模型获得 ICDAR 手写体识别比赛的冠军。2013 年，Graves 等使用双向 LSTM 网络，在音素识别测试数据集（TIMIT Phoneme Recognition Benchmark）上，错误率（Error）为 17.7%，获得当时的最佳成绩。

LSTM 网络有很多变种，这里介绍最简单的一种形式。一个 Cell 由 3 个门（Input Gate、Forget Gate 和 Output Gate）以及一个 Cell 单元（Cell Unit）组成。门使用 Sigmoid 激活函数，而 Input Gate 和 Cell 单元状态通常使用 Tanh 函数来进行转换，如图 5.27 所示。

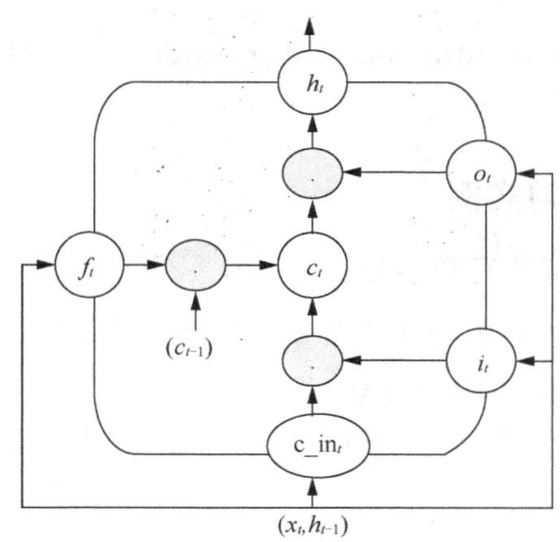

图 5.27　LSTM 的一个 Cell

一个 LSTM Cell，它的内部计算关系，可以用如下公式来表达。

门（Gate）的转换：

$i_t=g(W_{xi}x_t+W_{hi}h_{t-1}+b_i)$

$f_t=g(W_{xf}x_t+W_{hf}h_{t-1}+b_f)$

$o_t=g(W_{xo}x_t+W_{ho}h_{t-1}+b_o)$

输入的转换（Input Transform）：

$c\_in_t=\tanh(W_{xc}x_t+W_{hc}h_{t-1}+b_{c\_in})$

状态更新（State Update）：

$c_t=f_t\cdot c_{t-1}+i_t\cdot c\_in_t$（注意，Cell 可以看作是 LSTM 的存储器）

$h_t=o_t\cdot\tanh(c_t)$

可见，由于有了门控机制（Gating Mechanism），Cell 在工作时，可以保存较长一段时间内的信息。并且在训练时，保护 Cell 内部的梯度，不受不利变化的影响，缓解梯度消失问题。

LSTM 网络是包含 LSTM 基本单元（当然也包含常规的人工神经元）的神经网络。LSTM 网络可以使用沿着时间的反向传播算法进行训练，从输出层反向传播回来的误差，被 LSTM 基本单元的存储器捕获（Trapped），于是 LSTM 基本单元能够记住很长时间范围内的一些数据变化情况。LSTM 网络优于 RNN 的地方，在于它解决了长程依赖问题。

7. 双向 LSTM 网络

双向 LSTM 网络的目标与双向 RNN 是一致的，它提供一种参考较长时间段内的历史和未来信息的机制。其网络结构与双向 RNN 类似，区别在于其基本构造单元换成了 LSTM Cell。

8. RNN 和 LSTM 网络的应用

RNN 和 LSTM 网络具有强大的时间关系建模能力，被人们应用到很多场合。具体领域包括时间序列的预测（Time Series）、计算机音乐创作（Computer Composed Music）、语法学习（Grammar Learning）、机器翻译（Machine Translation）、基于字符的 LSTM 语言模型（Character-Level Language Model）、语音识别（Speech Recognition）、自动给图像加描述（Image

Captioning）、手写体识别（Handwriting Recognition）、人体动作识别（Human Action Recognition）等。

5.7.3 神经网络与深度学习实例

1. 利用卷积神经网路进行手写数字分类

下面的实例，使用 CNN 进行手写体（数字）识别，具体的过程如下。

首先，导入必要的 Keras 库的相关对象。

```
from __future__ import print_function
#导入 Keras 库
import keras
from keras.datasets import mnist
from keras.models import Sequential
from keras.layers import Dense, Dropout, Flatten
from keras.layers import Conv2D, MaxPooling2D
from keras import backend as K
```

接着设置训练的 batch size 为 128。为了尽快看到结果，我们把 epochs 参数设置为 1，分类的数量设置为 10。

```
#设置一些参数
batch_size = 128
num_classes = 10
epochs = 1
```

Keras 库内置了 MNIST 数据集，我们采用 MNIST 对象的 load_data 方法装载该数据集，该方法按照缺省比例，把数据集划分成训练集和测试集，而且 x 和 y 是分开的。

```
# 输入图像尺寸
img_rows, img_cols = 28, 28
#装载数据，切分成训练数据集、测试数据集
# load the data, shuffled and split between train and test sets
(x_train, y_train), (x_test, y_test) = mnist.load_data()
```

根据图像数据格式是 channels_first 还是 channels_last，对数据集进行变形，并且设置 input_shape，也就是每个样本的 shape。并且把像素值[0,255]转换到[0,1]之间。

```
if K.image_data_format() == 'channels_first':
    x_train = x_train.reshape(x_train.shape[0], 1, img_rows, img_cols)
    x_test = x_test.reshape(x_test.shape[0], 1, img_rows, img_cols)
    input_shape = (1, img_rows, img_cols)
else:
    x_train = x_train.reshape(x_train.shape[0], img_rows, img_cols, 1)
    x_test = x_test.reshape(x_test.shape[0], img_rows, img_cols, 1)
    input_shape = (img_rows, img_cols, 1)

x_train = x_train.astype('float32')
x_test = x_test.astype('float32')

#把像素值转换成[0,1]之间的浮点数
x_train /= 255
```

```
x_test /= 255
print('x_train shape:', x_train.shape)
print(x_train.shape[0], 'train samples')
print(x_test.shape[0], 'test samples')
```

对 y_train、y_test 进行变换。比如，y_train 原来是[5 3 4…]，经过变换，变为

```
[
[0 0 0 0 0 1 0 0 0 0]
[0 0 0 1 0 0 0 0 0 0]
[0 0 0 0 1 0 0 0 0 0]
…]
```

也就是一个数字类别标签，变成一个 10 维的向量，对应神经网络的 10 个输出层神经元的输出。

```
# convert class vectors to binary class matrices
y_train = keras.utils.to_categorical(y_train, num_classes)
y_test = keras.utils.to_categorical(y_test, num_classes)
```

然后，建立机器学习模型。下面的代码给出了详细的注释。最后一个输出层包含 10 个神经元，对应 10 个类别输出。

```
#建立机器学习模型
model = Sequential()                                  #建立顺序模型，即前向反馈神经网络
model.add(Conv2D(32, kernel_size=(3, 3),
                 activation='relu',
                 input_shape=input_shape))            #二维卷积层

model.add(Conv2D(64, (3, 3), activation='relu'))      #二维卷积层

model.add(MaxPooling2D(pool_size=(2, 2)))             #子采样层
model.add(Dropout(0.25))                              #利用 Dropout 技术，避免过拟合

model.add(Flatten())       #把输入数据压扁，即把多维向量变成一维向量

model.add(Dense(128, activation='relu'))              #普通神经网络层，128 个神经元
model.add(Dropout(0.5))                               #利用 Dropout 技术，避免过拟合

model.add(Dense(num_classes, activation='softmax'))   #输出层，10 个分类
```

编译神经网络模型，loss、optimizer、metrics 等参数请参考 Keras 文档。

```
#编译
model.compile(loss=keras.losses.categorical_crossentropy,
              optimizer=keras.optimizers.Adadelta(),
              metrics=['accuracy'])
```

使用训练数据训练模型。

```
#训练
model.fit(x_train, y_train,
          batch_size=batch_size,
          epochs=epochs,
          verbose=2,
          validation_data=(x_test, y_test))
```

最后，对模型进行评估，获得 score 对象，显示损失（loss）和准确率（accuracy）两个指标。

```
#评估
score = model.evaluate(x_test, y_test, verbose=0)
print('Test loss:', score[0])
print('Test accuracy:', score[1])
```

在 epoch 参数为 1 的情况下，两个指标如下，训练的效果还可以。

```
Test loss: 0.05725904076043516
Test accuracy: 0.9822
```

把测试集的最后一个样本拿出来，显示图片，并且对样本进行变形（Reshape），利用模型进行预测，打印预测结果。

```
#预测
one_sample = x_test[-1]
print (one_sample.shape)
one_sample = one_sample.reshape(1,28,28,1)
print (one_sample.shape)

#显示一个样本
image_sample = one_sample.reshape(28,28)
print (image_sample.shape)
import matplotlib.pyplot as plt
plt.figure(1, figsize=(3, 3))
plt.imshow(image_sample, cmap=plt.cm.gray_r, interpolation='nearest')
plt.show()

#显示预测结果
predicted = model.predict(one_sample)
predicted_class = model.predict_classes(one_sample, verbose=0)
print (predicted)
print (predicted_class)
```

显示的图片如图 5.28 所示。

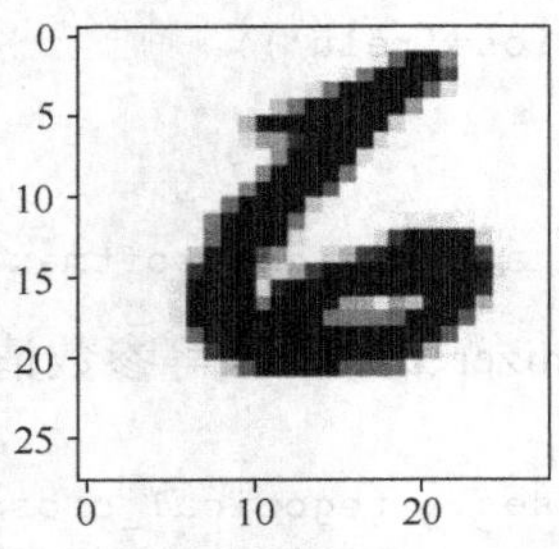

图 5.28　数字 6 对应的图片

注意，predicted 是一个向量，表示图片为数字 0,1,2,…,9 的各个数字的概率。具体为[[2.8573542e-05 3.6511158e-06 8.6049935e-05 1.0219433e-06 1.9935491e-05 8.1625785e-06 **9.9984318e-01** 3.1227188e-07 8.3867972e-06 7.5437350e-07]]。下标为 6 的分量最大，也就是图片对应数字 6 的概率最大。

predicted_class 则直接输出目标类别，也就是数字 0,1,2,…,9 的其中的一个，具体为[6]。

2. 利用 MLP 进行时间序列分析

下面的实例使用多层感知机（Multi-Layer Perception，MLP）对时间序列数据进行预测。以一个国际航班旅客数量预测问题为例，给定一个年份和月份，预测该月份的国际航班旅客数量（单位为千人）。

数据集涵盖 1949 年 1 月到 1960 年 12 月，总共有 144 个观察值。数据集从 DataMarket 网站下载，文件名是 *international-airline-passengers.csv*。

下面给出的是该文件的前几行数据。

```
"Month","International airline passengers: monthly totals in thousands"
"1949-01",112
"1949-02",118
"1949-03",132
"1949-04",129
"1949-05",121
```

首先使用 pandas 的 read_csv()函数，把数据读进来。

我们不关心第一列数据，因为数据是按照一个月的间隔给出的，我们把第一列数据排除（usecols=[1]）。

下载的文件中有一些脚注信息（Footer Information），我们也需要把它排除掉，pandas.read_csv()函数的 skipfooter 参数为 3，表示排除 3 行脚注。

接着我们把数据绘制成一个图并显示。具体代码如下。

```
import pandas
import matplotlib.pyplot as plt

dataset = pandas.read_csv('international-airline-passengers.csv', usecols=[1],
engine='python', skipfooter=3)
plt.plot(dataset)
plt.show()
```

运行代码，得到结果如图 5.29 所示。从图 5.29 中我们可以看到，数据表现出上升趋势以及一些季节性变化，这些变化的原因很有可能与北半球的夏季假期的周期性有关。

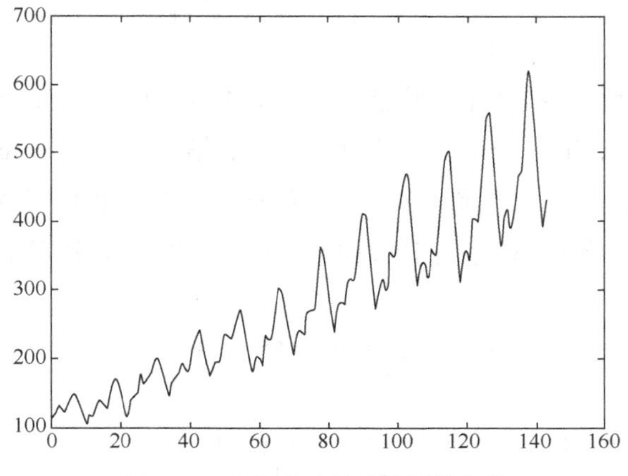

图 5.29　国际航班旅客数量趋势图

一般来讲，时间序列最好进行规范化（Rescale）和平稳化（Stationary）后，再做后续处理。但是我们希望 MLP 神经网络能够自动捕捉时间序列的这些特征，无须我们事先对数据进行烦琐的预处理。

3. 多层感知器回归

因为我们要预测一个值，所以这是一个回归问题。在此处就是给定本月的旅客数量（单位是千人），我们希望预测下一个月的旅客数量。

先写一个函数，把一列的数据集，转换成两列的数据集。第一列包含 month *t* 的旅客数量，第二列包含 month *t*+1 的旅客数量，也就是将要交给模型的 *x* 和 *y*。

首先导入必要的库。

```
import numpy
import matplotlib.pyplot as plt
import pandas
from keras.models import Sequential
from keras.layers import Dense
```

在开始任何工作之前，设定一个随机数的种子。这样使我们的结果可以重复（Reproducible）。

```
# fix random seed for reproducibility
numpy.random.seed(7)
```

接着从.csv 文件装载数据集（pandas Dataframe）。然后从 pandas Dataframe 提取 numpy array 数据集，把整数转换为 float32 类型，这样的数据类型更加适合 MLP 神经网络处理。

```
# load the dataset
dataframe = pandas.read_csv('international-airline-passengers.csv', usecols=[1],
engine = 'python', skipfooter=3)
dataset = dataframe.values
dataset = dataset.astype('float32')
```

时间序列数据是有序的，我们现在把有序数据集，划分成训练集和测试集，分别占 67%和 33%。

```
# split into train and test sets
train_size = int(len(dataset) * 0.67)
test_size = len(dataset) - train_size

train, test = dataset[0:train_size,:], dataset[train_size:len(dataset),:]
print(len(train), len(test))
```

现在我们创建一个函数，按照上文描述的方法，构造训练模型的 X 和 Y。

这个函数有两个参数，第一个是已有的时间序列，第二个参数为 look back 参数，表示我们预测下一个月的旅客数量时，查看前面多少个月的旅客数量，也就是 X 是多少维的。

当 lock back 参数为 1 的时候，我们创建的数据集的 X 和 Y 分别是 month *t* 和 month *t*+1 的旅客数量。

```
# convert an array of values into a dataset matrix
def create_dataset(dataset, look_back=1):
    dataX, dataY = [], []
    for i in range(len(dataset)-look_back-1):
        a = dataset[i:(i+look_back), 0]
```

```
        dataX.append(a)
        dataY.append(dataset[i + look_back, 0])
    return numpy.array(dataX), numpy.array(dataY)
```

现在我们查看一下创建的数据集的前几行，具体如下。

```
X       Y
112     118
118     132
132     129
129     121
121     135
```

我们从数据中看到 X=t 且 Y=t+1 的模式。现在，可以使用该函数准备模型的训练和测试数据集。

```
# reshape into X=t and Y=t+1
look_back = 1
trainX, trainY = create_dataset(train, look_back)
testX, testY = create_dataset(test, look_back)
```

我们创建一个 MLP 网络，包含一个输入层、一个隐藏层（有 8 个神经元）和一个输出层。这个模型以最小化 Mean Squared Error（即均方误差）的方式进行训练。其他参数相应做了设置，接着用 fit 函数进行训练。

```
# create and fit Multilayer Perceptron model
model = Sequential()
model.add(Dense(8, input_dim=look_back, activation='relu'))
model.add(Dense(1))
model.compile(loss='mean_squared_error', optimizer='adam')
model.fit(trainX, trainY, epochs=200, batch_size=2, verbose=2)
```

模型训练完毕之后，就可以考察它在训练集和测试集上的性能（均方误差），也就是预测效果怎么样。

```
# Estimate model performance
trainScore = model.evaluate(trainX, trainY, verbose=0)
print('Train Score: %.2f MSE (%.2f RMSE)' % (trainScore, math.sqrt(trainScore)))

testScore = model.evaluate(testX, testY, verbose=0)
print('Test Score: %.2f MSE (%.2f RMSE)' % (testScore, math.sqrt(testScore)))
```

最后，我们把训练集和测试集交给模型做预测，看看模型在这两个数据集上的预测结果，然后通过图形显示出来。

因为我们在创建 X 和 Y 的时候，是对数据做了位移的。在这里，我们需要把预测结果进行位移，使得它和原始数据集在时间轴上是对应的。

参考 create_dataset 函数定义，对照图 5.30 和如下代码，了解如何对预测值进行位移。

最后，把数据以图形方式绘制出来。原始数据集为蓝色，训练集上的预测值为绿色，测试集上的预测值为红色（见图 5.31，本书为黑白印刷，原始图见本书提供的网络资源）。

```
# generate predictions for training
trainPredict = model.predict(trainX)
testPredict = model.predict(testX)
# shift train predictions for plotting
trainPredictPlot = numpy.empty_like(dataset)
```

Dataset 96+48=144 个数据点	构造 Train 94 个样本 下标[0, 93]*		Train X/ Train Y 的样本下标 0 → 1 1 → 2 … 93→94
		构造 Test 46 个样本 下标[96, 141]*	Text X/ Test Y 的样本下标 96→ 97 97 →98 … 141→142

备注：*将 96 和 48 代入 create_dataset 函数的 len(dataset)-look_back-1 了解 train 和 test 样本集大小

图 5.30 训练数据构造

```
trainPredictPlot[:, :] = numpy.nan
trainPredictPlot[look_back:len(trainPredict)+look_back, :] = trainPredict

# shift test predictions for plotting
testPredictPlot = numpy.empty_like(dataset)
testPredictPlot[:, :] = numpy.nan
testPredictPlot[len(trainPredict)+(look_back*2)+1:len(dataset)-1, :] = testPredict

# plot baseline and predictions
plt.plot(dataset)
plt.plot(trainPredictPlot)
plt.plot(testPredictPlot)
plt.show()
```

从图 5.31 中可以看到，模型的效果还不错。

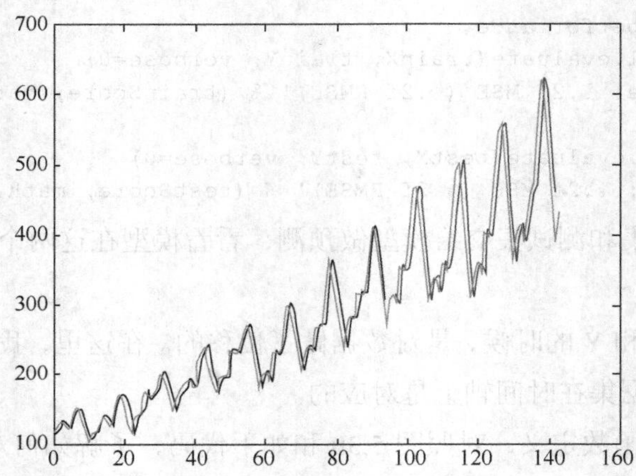

Naive Time Series Predictions With Neural Network
Blue=Whole Dataset，Green=Training，Red=Predictions

图 5.31 旅客数量预测

执行模型训练的时候，输出结果如下。

```
......
0s - loss: 555.4216
```

```
Epoch 197/200
0s - loss: 552.2841
Epoch 198/200
0s - loss: 541.2220
Epoch 199/200
0s - loss: 542.3288
Epoch 200/200
0s - loss: 534.2096
Train Score: 532.59 MSE (23.08 RMSE)
Test Score: 2358.07 MSE (48.56 RMSE)
```

从结果可以看出，训练集上均方误差为 23.08（单位为千人），测试集上的平均误差为 48.56（单位为千人）。

对该实例进行扩展，利用宽度大于 1 的时间窗口内的时间序列数据，预测下一个时间序列的值，读者可以根据上例的源代码自行改造。

5.8　云计算平台与主流大数据平台

5.8.1　云计算平台

1. 云计算的概念和特点

云计算也称为按需计算（On Demand Computing），它是在可配置的、共享的计算资源池基础上，提供按需存取的一种计算模型。这里的资源包括计算、存储、网络等硬件资源。利用云计算，用户可以像使用电力、自来水一样使用这些资源，按需使用，按使用付费，无须自己建立复杂的信息基础设施。

云计算并不是一种全新的计算模型，它是并行计算（Parallel Computing）、分布式计算（Distributed Computing）以及网格计算（Grid Computing）发展的新阶段。

根据目前云计算的实际系统以及研究现状，云计算具有以下几个重要特点。

（1）虚拟化（Virtualization）。云计算依赖于虚拟化技术，把基础设施（Infrastructure）、平台（Platform）、软件（Software）等作为服务，提供出来供用户使用。用户可以通过台式计算机、平板电脑、智能手机等客户端，通过网络来存取云平台提供的服务。

（2）弹性（Elasticity）。云计算的规模可以动态伸缩，满足用户变化的业务需求。大量新兴企业（Startup）在公司初创时期，可以基于云平台建立自己的信息系统，租用较小规模的计算资源。当它们的业务开始扩大时，可以适时地利用云平台的弹性，方便地对系统进行扩展。

（3）成本低廉（Low Cost）。云计算平台一般采用大规模的廉价节点来构建。少数的管理人员，利用自动化的数据中心管理软件，就可以管理超大规模的云计算平台。用户的各项业务可以整合（Consolidate）到云计算平台上运行，提高资源的利用率。云计算平台还可以在邻近电力资源丰富的地区建设，可大幅度降低能源成本。

（4）高度容错性（Fault Tolerance）和高度可靠性（Reliability）。为了实现计算和数据的容错，保证数据不会丢失和业务的持续性，云计算平台使用了数据多副本存放、计算节点同构可互相替代等多种技术手段，使得云计算能够像本地计算机一样可靠。

大数据具有数据规模大（Volume）、数据类型多样（Variety）、数据生成速度快（Velocity）等几个主要的特点。为了处理大数据，人们以前使用向上扩展（Scale Up）的办法来提高系统处理能力，比如扩展 CPU、内存、存储等，扩展性有限。把大数据分布到大量的节点上，通过各个节点的并行处理，实现大数据的快速有效处理，才是更有效率的选择。这是一种横向扩展（Scale Out）的方式。

云计算以其动态扩展能力、高容错性和高可靠性，成为大数据处理的理想平台。

2. 云计算服务的类型

按照服务类型，云计算可以分为 3 类，分别是基础设施作为服务（Infrastructure as a Service，IaaS）、平台作为服务（Platform as a Service，PaaS）和软件作为服务（Software as a Service，SaaS），如图 5.32 所示。

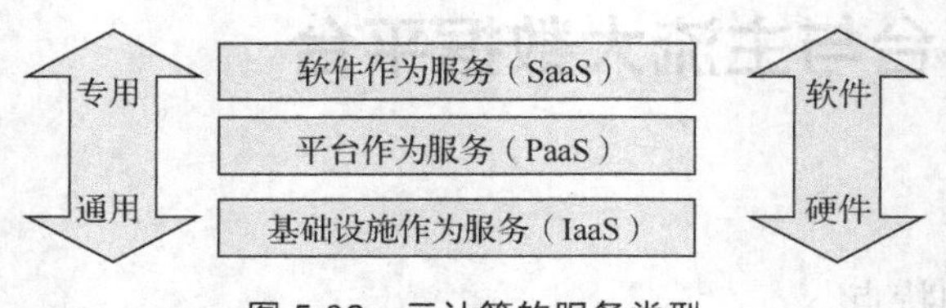

图 5.32 云计算的服务类型

IaaS 把硬件设备（包括计算设备、存储设备、网络设备等）封装起来，以虚拟机的形式提供给用户使用。对于用户来讲，他们使用的就如同是一台台物理机。在这些虚拟机上，用户可以安装不同的操作系统以及开发工具，并且在上面开发和部署应用软件。典型的系统，包括 Amazon 公司提供的弹性计算云 EC2（Amazon Elastic Compute Cloud）和简单存储服务 S3（Amazon Simple Storage Service）等。

PaaS 对资源的抽象上升了一个层次，它可以为用户提供一个应用程序的运行环境。PaaS 可以认为是云计算提供商在虚拟节点（或者是若干虚拟节点构成的虚拟集群）上安装了操作系统，并且安装了应用程序开发环境和运行环境。用户只需按照特定的编程模型编写程序，然后部署到 PaaS 系统上即可运行。PaaS 负责资源的动态扩展和容错保证，用户不需要操心。典型的系统为 Google 的 App Engine，用户可以使用 Java 或者 Python 语言，调用 Google App Engine 软件开发包（Software Develop Kit，SDK）来开发应用程序，就可以部署到 PaaS 云平台上运行，向外提供服务。

SaaS 把特定应用软件封装成服务，提供给用户使用。从用户的角度来看，他们看到云计算提供商已经在虚拟节点（或者虚拟集群）上，安装了操作系统和具有特定应用功能的应用软件，他们只需使用该软件服务即可。典型的系统是 Salesforce 公司提供的客户关系管理系统（Customer Relationship Management，CRM）服务。SaaS 把专用的应用软件功能提供出来，用户付费使用，无须自己再开发一套专用的系统。

一些大数据处理系统，比如 Hadoop 和 Spark，可以安装在由物理机构成的集群上，为某个企业用户提供大数据处理的支撑平台。这些软件，也可以安装到云计算平台的虚拟节点（若干节点构成虚拟集群）上，以 PaaS 的形式对外提供服务。

在云计算平台的虚拟节点上，安装了 Hadoop 等大数据处理软件，然后以 PaaS 的形式对外提供服务，称为云计算。Hadoop 或者 Spark 软件本身，不能称为云计算。它们是支持大数据处理的分布式软件系统，这些软件如果安装在物理机构成的集群上，就不是云计算了。

云计算的核心技术是虚拟化技术。通过虚拟化技术，可以在硬件上虚拟出计算节点、存储设备和网络设备。虚拟化技术包括服务器虚拟化、存储虚拟化和网络虚拟化等重要内容。其中，服务器虚拟化是指把一台物理服务器虚拟成若干个独立的逻辑服务器，各个逻辑服务器拥有自己的 CPU、内存、I/O 设备。存储虚拟化的目的是想办法把分散的、异构的存储设备映射成一个统一的、连续编址的逻辑存储空间。这个存储空间也称为虚拟存储池，虚拟化软件把设备的差异性屏蔽掉，上层应用程序（运行在计算节点上，节点一般是虚拟机，也可以是物理机）通过分配给它们的逻辑卷进行操作。网络虚拟化，在不改变数据中心网络的物理拓扑和布线的情况下，可以虚拟出各层网络，并且实现互联，形成统一的交换架构。网络虚拟化包括核心层、接入层、虚拟机网络虚拟化等 3 个层次。

5.8.2 Hadoop 大数据处理平台与 MapReduce 计算模型

Apache Hadoop 是存储和处理大数据的开源软件框架。它在普通服务器（Commodity Server）组成的大规模集群上运行，对大数据进行分布式处理。

在扩展性（Scalability）方面，Hadoop 能够在上千台机器组成的集群上运行。为了能够在大规模集群上顺利运行，Hadoop 的所有模块都考虑到硬件的失败状况，即每个节点都没有那么可靠，可能发生节点失败状况，软件框架应该能够自动检测和处理这些失败情况。Hadoop 通过相关软件，在大规模集群上提供高度的可用性（High Availability）。

Hadoop 软件框架使用简单的编程模型（Programming Model）MapReduce。在 Hadoop 1.0 版本中，用户只需以 Map 函数和 Reduce 函数的形式提供数据处理逻辑，就可以在大规模集群上对大数据进行处理。系统的可靠性、扩展性，以及分布式处理过程，都由系统软件层提供。

Hadoop 项目最初由 Doug Cutting 和 Mike Cafarella 于 2005 年创建，其最初的目标是提供 Nutch 搜索引擎的分布式处理能力。

2013 年，Hadoop 已经从 1.0 版演化发展到 2.0 版。本小节首先介绍 Hadoop 1.0 的关键技术，然后对 Hadoop 2.0 的新特性做简单的介绍。Hadoop 软件框架，包含如下主要模块。

（1）Hadoop Common，该模块包含了其他模块需要的库函数和实用函数。

（2）Hadoop Distributed File System（HDFS），这是在由普通服务器组成的集群上运行的分布式文件系统，支持大数据的存储，通过多个节点的并行 I/O，提供更高的数据处理吞吐量。

（3）Hadoop MapReduce，是一种支持大数据处理的编程模型。

（4）Hadoop YARN，这是 Hadoop 2.0 的基础模块，它是一个资源管理和任务调度软件框架。它把集群的计算资源管理起来，为调度和执行用户程序提供资源的支持。

Apache Hadoop 的分布式文件系统 HDFS 和计算模型 MapReduce，受到 Google 分布式文件系统（Google File System，GFS）、Google MapReduce 计算模型的启发，分别是对这两个软件进行模仿实现的开源软件。

1. Hadoop 分布式文件系统

Hadoop 分布式文件系统（Hadoop Distributed File System，HDFS），是一个高度可扩展的分布式文件系统。它使用 Java 语言编写，具有良好的可移植性。一个 HDFS 集群，一般由一个 NameNode 和若干 DataNode 组成（见图 5.33），分别负责元信息的管理和数据块的管理。

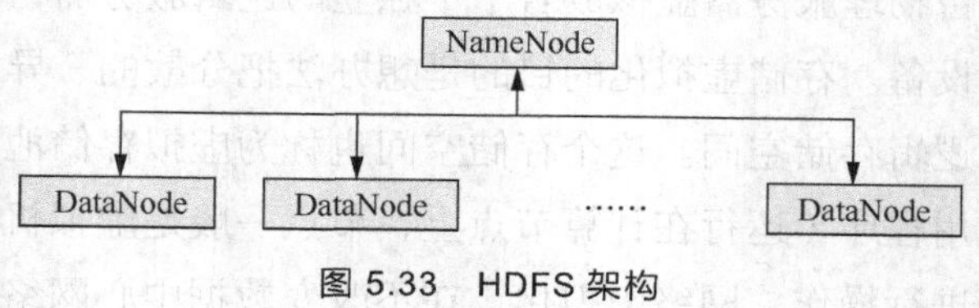

图 5.33 HDFS 架构

HDFS 支持 TB 级甚至 PB 级大小文件的存储，它把文件划分成数据块（Block）。为了保证系统的可靠性，HDFS 把数据块在多个节点上进行复制（Replicate）。如果 HDFS 采用的复制因子（Replicate Factor）为 3，那么每个数据块有 3 个副本，被保存到 3 个节点上，其中的两个节点在同一个机架内的不同节点上，另外一个节点一般在其他机架上。

2. MapReduce 执行引擎

MapReduce 计算模型可以从两个方面来了解，一个方面是 MapReduce 作业（Job）是如何运行的；另一个方面是 MapReduce 编程模型是如何把一个计算任务表达成一个 Map 函数和一个 Reduce 函数的。

MapReduce 执行引擎运行在分布式文件系统 HDFS 之上，它包括 JobTracker 和 TaskTracker 两个主要的组成部分，分别运行在 NameNode 和 DataNode 上。用户提交的数据处理请求，称为一个作业（Job），由 JobTracker 分解为数据处理任务（Task），分发给集群里的相关节点上的 TaskTracker 运行。如图 5.34 所示。

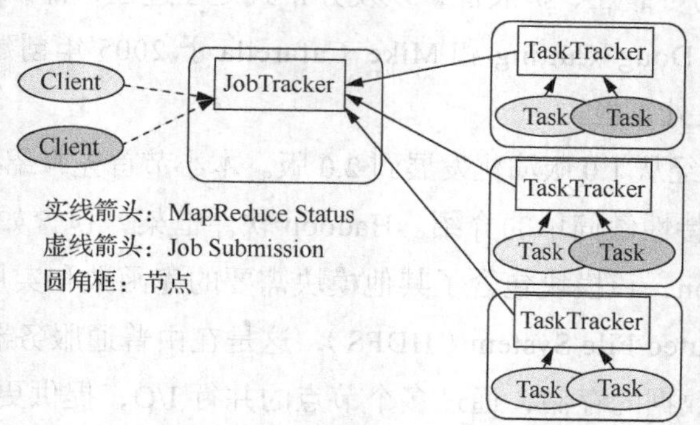

图 5.34 MapReduce 执行引擎

客户端程序把作业提交给 JobTracker 以后，JobTracker 把数据处理任务发送到整个集群各个节点的 TaskTracker。那么，应该把任务发送给哪些节点的 TaskTracker 呢？答案是应该尽量把任务发送到离数据最近的节点上运行，甚至是发送到数据所在的节点上运行。

在 HDFS 中，JobTracker 通过 HDFS NameNode 知道哪些节点包含将要处理的各个数据块，了解数据块的存放位置（Location）。如果任务（Task）不能发送到数据块所在的节点，比如因为该节点目前 Task Slot（任务槽，即每个 TaskTracker 可以运行的 Task 数量）已经用完，那么，系统就会优先把任务推送到同一机架里的其他节点上，该节点保留了数据块的另外一个副本（Replica）。通过这样的任务分发，减少、甚至避免了数据的传输（Data Transfer），从而减少集群核心骨干网络（Backbone Network）上的网络流量，加快数据处理速度。

如果 TaskTracker 失败或者运行超时，它负责的任务被重新调度到其他的 TaskTracker 上。在 TaskTracker 运行过程中，它向 JobTracker 每隔几分钟发送一个心跳信号（Heart Beat），报告它的存活状态。JobTracker 和 TaskTracker 的状态信息，通过内置的一个 HTTP 服务器 Jetty 报告出来，用户可以通过浏览器进行查看。

在 Hadoop 0.20 以前的版本，JobTracker 失败以后，所有的数据处理操作都丢失了。从 0.21 版本开始，Hadoop 增加了作业处理过程中的检查点（Checkpointing）功能。JobTracker 在文件系统里记录当前作业进展到什么程度。当新的 JobTracker 启动以后，它可以根据检查点信息，继续数据处理工作，而不是从头开始，于是改善了作业的调度效率。

图 5.35 把分布式文件系统 HDFS 和 MapReduce 执行引擎的关系，清晰地展示出来。MapReduce 和 HDFS 运行在同一个集群上，它们是同一个集群上运行的不同软件模块（进程），分别提供数据存储和数据处理功能。

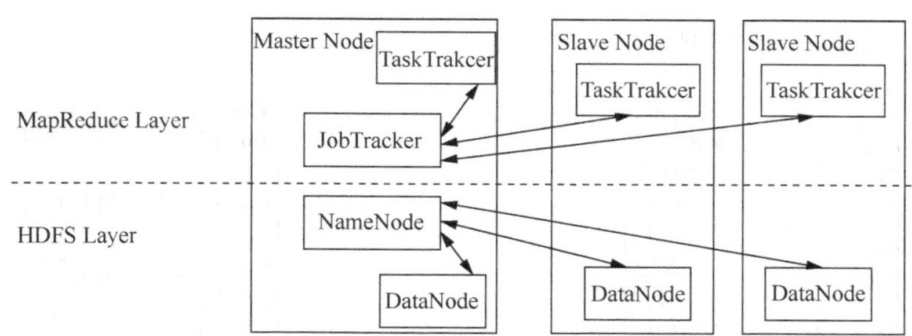

图 5.35　HDFS 与 MapReduce 的关系

3. MapReduce 计算模型

在 MapReduce 计算模型中，数据以键值对（<Key,Value>）进行建模。几乎所有的数据都可以使用该数据模型进行建模，Key 和 Value 部分可以根据需要保存不同的数据类型，包括字符串、整数或者二进制等复杂的类型。

MapReduce 计算模型把计算过程分解为两个主要阶段，即 Map 阶段和 Reduce 阶段。MapReduce 程序的具体执行过程如图 5.36 所示。首先，保存在 HDFS 里的文件（即数据源），已经进行分块。这些数据块交给多个 Map 任务去执行，Map 任务执行 Map 函数，根据特定规则对数据进行处理，写入本地硬盘。Map 阶段完成后，进入 Reduce 阶段。Reduce 任务执行 Reduce 函数，它把具有同样 Key 值的中间结果从多个 Map 任务所在的节点收集到一起（Shuffle）进行约减处理，输出结果写入本地硬盘（分布式文件系统）。程序的最终结果，通过合并所有 Reduce

任务的输出得到。需要注意的是，输入数据、中间结果和最终结果都是以<Key, Value>的格式保存到分布式文件系统中，即 HDFS 中。

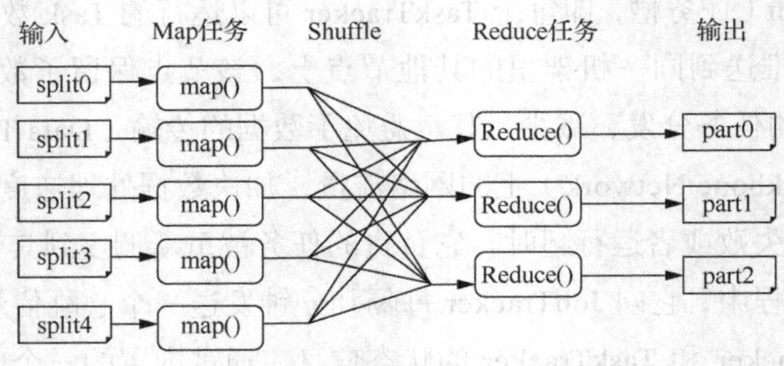

图 5.36 MapReduce 计算过程

MapReduce 计算模型，可以形式化地表达成 Map: <k1, v1> -> list<k2,v2>，Reduce: <k2, list(v2)> ->list<k3, v3>。这个处理过程，可以通过如下实例更深刻地理解。

Word Count 程序用于对整个文件里出现的不同单词进行计数。我们通过这个实例，来了解 Map 函数和 Reduce 函数如何对数据进行操作，以及 MapReduce 程序如何对整个数据文件进行处理。

Word Count 的 Map 函数，其功能是对文件块出现的每个单词输出<单词,1>的键值对，如图 5.37 所示。Word Count 的 Reduce 函数，则把各个 Map 函数输出的结果，按照单词进行分类，统计其出现的次数，如图 5.38 所示。

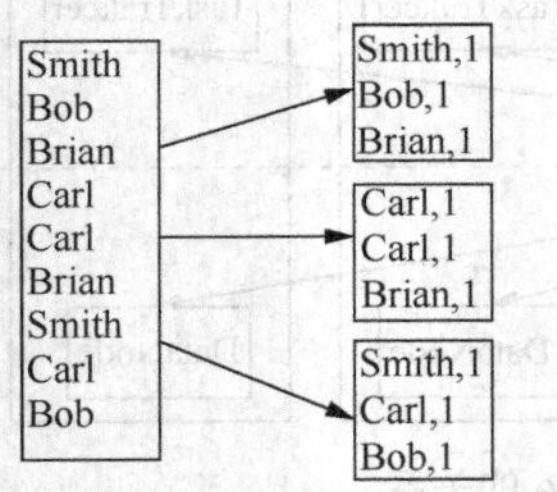

图 5.37 Word Count 的 Map 函数功能

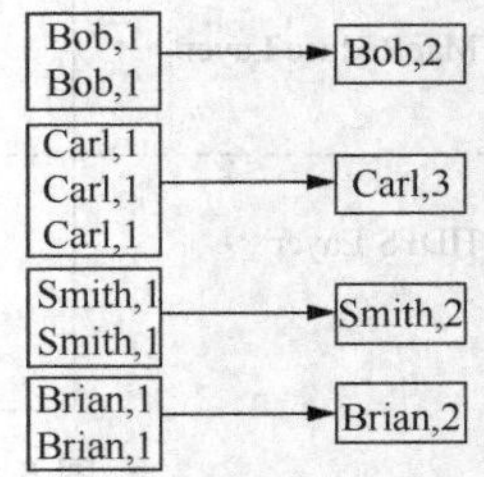

图 5.38 Word Count 的 Reduce 函数功能

MapReduce 执行引擎在执行 Word Count 程序的时候，JobTracker 接收了 Word Count 程序以后，根据文件的数据块所在的节点，在这些节点上启动 TaskTracker 运行 Map 函数，Map 函数执行完毕，将结果存放在各个节点的本地文件里。

接着 JobTracker 在各个节点上启动 TaskTracker 运行 Reduce 函数，这些任务从各个 Map 任务执行的各个节点上，把具有相同 Key 值（即相同单词）的中间结果，收集到一起，汇总出各个单词的计数。整个过程如图 5.39 所示。

4. Hadoop 生态系统

在分布式文件系统 HDFS 和 MapReduce 计算模型之上，若干工具一起构成了整个 Hadoop 生态系统（见图 5.40）。下面对整个生态系统的各个工具进行介绍。

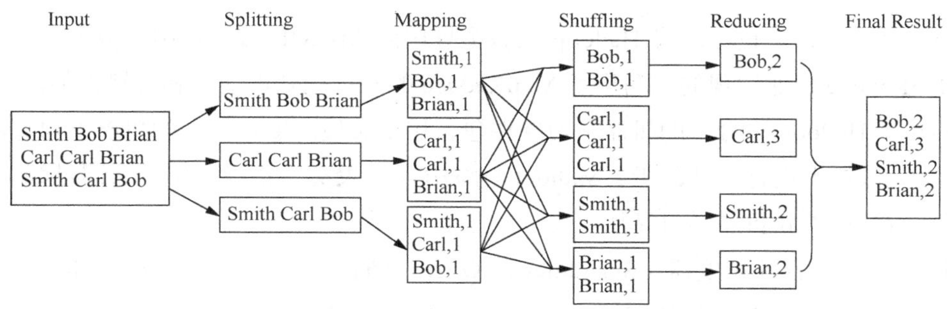

图 5.39 Word Count 的执行过程

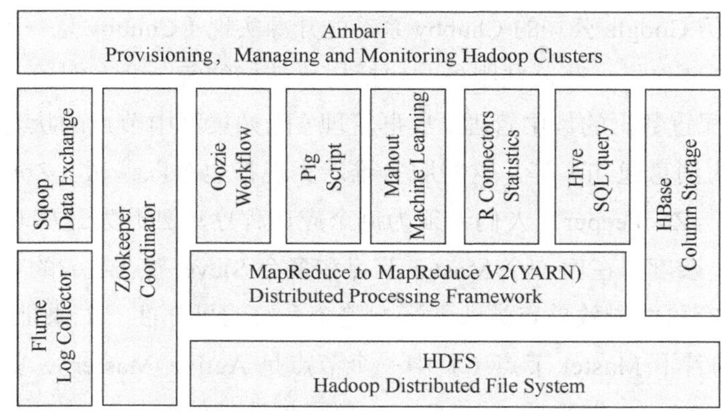

图 5.40 Apache Hadoop 生态系统

Hive 是 Hadoop 平台上的数据仓库，用于对数据进行离线分析。它提供了一种类似于 SQL 的查询语言 HQL（Hive Query Language）。Hive 将 HQL 查询转化为 MapReduce 作业（Job），在 Hadoop 上执行。

HBase 是一个针对结构化数据处理的、面向列分组（Column Family）的、可伸缩的、高度可靠的、高性能的分布式数据库。它是 Google Big Table 在 Hadoop 平台上的开源实现，一般用于数据服务（Data Serving）应用场合。

Pig 实现了数据查询脚本语言 Pig Latin。用 Pig Latin 脚本语言编写的应用程序，可翻译为 MapReduce 作业，在 Hadoop 上运行。按照 MapReduce 计算模型来编写某些数据处理任务，比如表格之间的连接操作，非常烦琐。Pig Latin 提供了连接操作的原语，以及其他数据操作原语，方便开发人员编写数据操作算法。像 Hive 一样，Pig 一般用于离线分析。它们之间的主要区别在于，Hive 使用声明性（Declarative）的语言 HQL，而 Pig 使用过程性（Procedure）的语言 Pig Latin。

Flume 是一个高度可扩展的、高度可靠的、高可用的分布式海量日志收集系统，用于把众多服务器上的大量日志，聚合到某个数据中心，进行集中处理。Flume 提供对日志数据进行简单处理的能力，包括过滤、格式转换等。

Sqoop 是 SQL to Hadoop 的缩写，用于在关系数据库或者其他结构化数据源到 Hadoop 之间的数据交换。比如，Sqoop 可以把 MySQL 等数据库数据导入到 Hadoop 里，包括 HDFS、HBase

以及 Hive。反过来，它也可以将 Hadoop 的数据导出到 MySQL 数据库中。数据的导入和导出是通过 MapReduce 作业实现的，利用了 MapReduce 的并行化处理能力和容错性能。

Mahout 是 Hadoop 平台上的机器学习软件包，用于实现高度可扩展的机器学习算法，帮助开发人员在大数据上进行复杂分析。Mahout 包含分类、聚类、推荐引擎（协同过滤）、频繁集挖掘等经典数据挖掘和机器学习算法。

Oozie 是一个工作流调度器（Scheduler）。Oozie 运行的作业，属于一次性非循环的作业，比如 MapReduce 作业、Pig 脚本、Hive 查询、Sqoop 数据导入/导出作业等。Oozie 基于时间和数据可用性等条件，进行作业调度，并且根据作业间的依赖关系，协调作业的运行。

Zookeeper 是模仿 Google 公司的 Chubby 系统的开源实现（Chubby 是一个分布式的锁服务）。分布式应用一般都需要这样一些公共服务，包括树状结构的统一命名服务、状态同步服务（通过分布式共享锁）、配置数据的集中管理、集群管理（比如集群中节点的状态管理及状态变更通知，节点数据变更的消息通知）等。这些服务难以实现，也难以调试。Zookeeper 就是对这些功能的实现。借助于 Zookeeper，人们无须为每个应用程序单独开发这些功能，可以降低分布式软件框架实现的复杂度。在由一个 Master 节点和多个 Slave 节点组成的分布式软件框架中，单一的 Master 节点有可能导致单点失败，影响整个系统的可靠性。如果把 Master 节点替换成用 Zookeeper 管理的若干 Master 节点（其中一个节点是 Active Master），就不必担心单点失败问题了。如果 Active Master 失败了，Zookeeper 负责挑选其他 Master 来顶替它。

此外，Scribe 是开源的分布式日志搜集系统。Scribe 架构简单，日志格式灵活，支持异步发送消息和队列，非常适合用于收集日志数据、分析用户行为的应用场合。

Hadoop 及其生态系统具有“单一平台多种应用”的能力。传统的关系数据库管理系统，擅长处理关系型数据，支持单一的应用，所以是“单一平台单一应用”。而各类 NoSQL 数据库软件使用不同的数据模型和存储格式，针对不同的应用场景，属于“多平台多应用”。Hadoop 生态系统，在底层利用 HDFS 分布式文件系统实现各种数据的统一存储，在上层由多种组件/工具实现各种数据管理和分析功能，满足各种应用场景的要求。

5. Hadoop 2.0

Hadoop 最初是为大数据的批处理设计的，它的主要目标是以尽量高的吞吐量处理这些数据。但是，人们希望 Hadoop 还能够支持交互式查询、数据的迭代式处理、流数据处理、图数据处理等。其中，迭代式处理是机器学习算法所需要的，因为机器学习算法一般需要对数据进行多次扫描和处理。

新的需求推动 Hadoop 2.0 的诞生。Hadoop 2.0 的主要改变，是在整个软件架构里划分出了资源管理框架 YARN（Yet Another Resource Negotiator），YARN 是 Hadoop 2.0 的主要组成部分，我们在下文中有时候把 YARN 和 Hadoop 2.0 互换使用。

YARN 把资源管理（Resource Management）和作业调度/监控（Job Scheduling/Monitoring）模块分开。而在 Hadoop 1.0 中，这两个功能都由 JobTracker 来负责。

Hadoop 1.0 仅仅支持一种计算模型即 MapReduce。Hadoop 2.0 可以支持更多的计算模型，包括流数据处理、图数据处理、批处理、交互式处理等。二者的区别如图 5.41 所示。

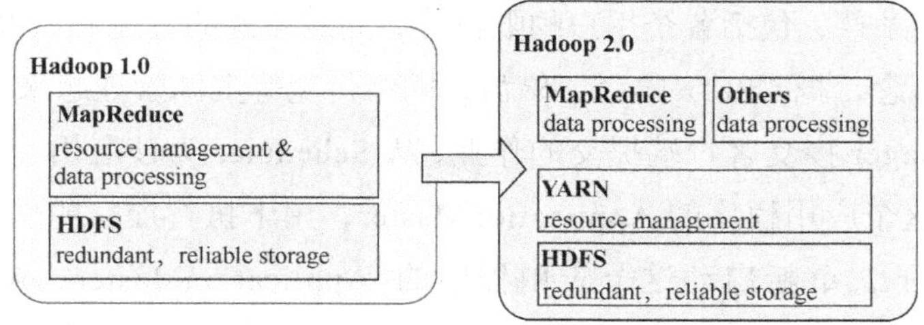

图 5.41　Hadoop 1.0 与 Hadoop 2.0 的区别

在 Hadoop 2.0 中，应用程序可以是传统的 MapReduce 作业（Job），或者由一系列任务构成的一个有向无环图（Directed Acyclic Graph，DAG）表达的作业，DAG 能够表达复杂的数据处理流程。

图 5.42 展示了 Hadoop 2.0 的主要组件及其关系，图 5.43 展示了作业的调度过程。Hadoop 2.0 包含 ResourceManager 和 NodeManager 两个重要的组件。ResourceManager 运行在 Master 节点上，NodeManager 运行在 Slave 节点上，一起负责分布式应用程序的调度和运行。在 Hadoop 2.0 平台上，应用程序包括 MapReduce 作业、Hive 查询、Pig 脚本、Giraph 查询等。

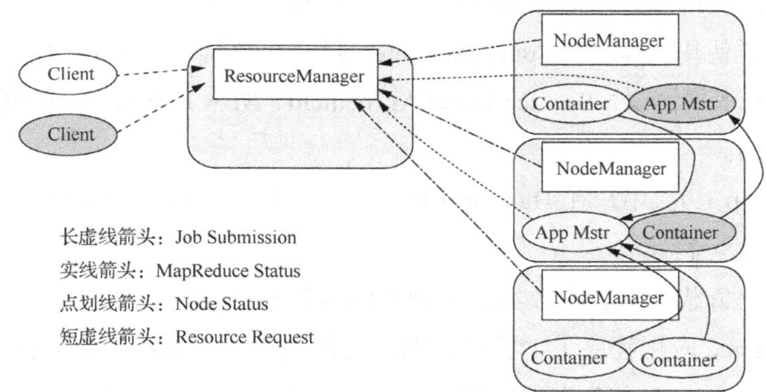

图 5.42　Hadoop 2.0 组件及其关系

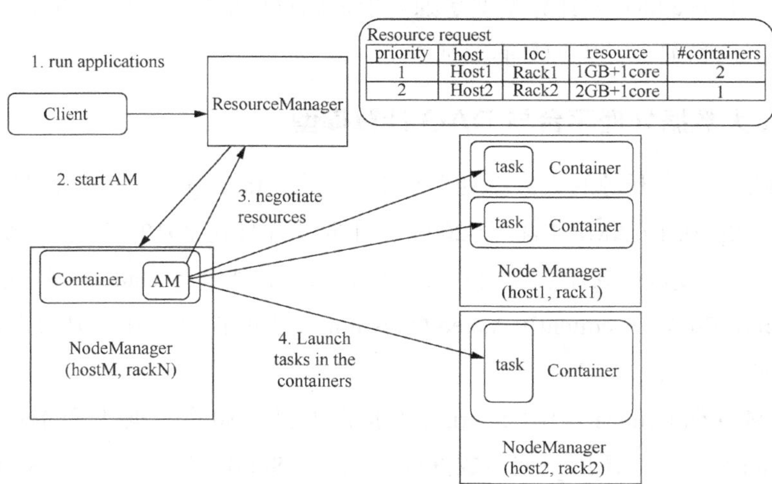

priority	host	loc	resource	#containers
1	Host1	Rack1	1GB+1core	2
2	Host2	Rack2	2GB+1core	1

图 5.43　Hadoop 2.0 的作业调度

ResourceManager 负责为应用程序分配资源。ResourceManager 包含两个组件，分别是 Scheduler 和 ApplicationManager。Scheduler 负责为应用程序分配资源，它根据应用程序的资源需求，以及一些限制条件，包括各个用户的限额等，完成资源的分配和调度。Scheduler 使用容器（Container）的概念，把 CPU、内存、磁盘、网络带宽等资源管理起来。

ApplicationManager 接受客户端提交的作业，从 Scheduler 为该应用程序申请第一个容器，利用这个容器运行这个应用程序的 ApplicationMaster，用于执行提交的作业（应用程序），并且在发生失败情况下，重新启动这个应用程序的 ApplicationMaster。ApplicationMaster 向 Scheduler 为应用程序申请资源，和 NodeManager 一起在分布式环境下执行应用程序，监控作业的进展情况。

NodeManager 运行在 Slave 节点上，它为应用程序启动容器，执行应用程序的任务，并且监控其资源使用情况（包括 CPU、内存、磁盘、网络带宽的使用情况），把这些信息报告给 ResourceManager，如图 5.43 所示。

与 Hadoop 1.0 相比，Hadoop 2.0（YARN）具有如下的主要优势。

（1）扩展性。在 Hadoop 2.0 中，ResourceManager 的主要功能是资源的调度工作。于是它能够管理更加大型的集群系统，能够适应数据量增长提出的要求。

（2）更高的集群使用效率。ResourceManager 是一个单纯的资源管理器，它根据资源预留要求、公平性、服务水平协议（Service Level Agreement，SLA）等标准，调度整个集群的资源，使之得到更好的利用。

（3）兼容 Hadoop 1.0。用户在 Hadoop 1.0 平台上开发的 MapReduce 应用程序，无须修改，可以直接在 YARN 上运行。

（4）支持更多的负载类型。当数据存储到 HDFS 以后，用户希望对数据以不同的方式进行处理。除了 MapReduce 应用程序（主要对数据进行批处理），Hadoop 2.0 支持更多的编程模型，包括图数据的处理、迭代式计算模型、实时流数据处理、交互式查询等。

（5）灵活性。MapReduce 等计算模型是独立于资源管理层的，所以它可以单独演化和改进。系统各个部件的演进和配合，更加具有灵活性。

5.8.3 Spark 大数据处理平台与 DAG 计算模型

Apache Spark 是一个开源的大数据处理框架，它与 Hadoop 并驾齐驱，是当前主流的大数据处理框架之一。Spark 由 AMP Lab 于 2009 年开发，并且在 2010 年开源，成为一个 Apache 项目。Spark 是一个速度快、易用、通用的集群计算系统，能够与 Hadoop 生态系统和数据源完美兼容。根据 Spark FAQ（Frequently Asked Questions）上的信息，到目前为止，实际部署的最大的集群达到 8000 个节点。

除了简单的 Map 和 Reduce 操作，Spark 本身提供了超过 80 个数据处理的操作原语（Operator Primitive，即基本操作），方便用户编写数据处理程序。Spark 提供了 Java、Scala、Python 等编程语言的应用程序编程接口（API）。用户可以使用这些操作，完成 SQL 查询、流数据处理、机器学习、图数据处理，甚至可以在一个数据处理的工作流（Data Processing Workflow）中，把这些功能整合起来。

1. Spark 的优势

相较于 Hadoop 系统，Spark 的主要优势如下。

（1）数据类型与计算的表达能力强。Spark 可以管理各种类型的数据集，包括文本数据、图数据等。在计算模型方面，它是一个通用的平台，支持以 DAG（有向无环图）形式表达的复杂的计算。Spark 生态系统支持批处理、流数据处理、图数据处理、机器学习等众多应用场景。

（2）数据处理速度快。当数据完全驻留于内存时，Spark 的数据处理速度达到 Hadoop 系统的几十、甚至上百倍。当数据保存在磁盘上时，则需要从磁盘装载数据以后才能进行处理，Spark 的处理速度，能够达到 Hadoop 系统的 10 倍左右。

2014 年，Spark 击败 Hadoop，在十分之一的节点数量上，以比 Hadoop 快三倍的速度，完成 100TB 数据的排序（Daytona Gray Sort 比赛）。同时，它也是目前为止在 PB 级数据排序方面最快的开源引擎，具体情况介绍如下。

2014 年，Spark 赢得了 Daytona Gray Sort 比赛。Databricks 公司（对 Spark 进行商业化的公司）的研究人员，在 206 台 EC2 虚拟机上，用 23 分钟，完成了 100TB 数据的排序。之前，Hadoop/MapReduce 创造的 100TB 数据的排序记录，使用了 2100 台机器，并且耗费了 72 分钟完成此项排序。排序是在磁盘数据上进行的（HDFS），没有使用内存。赢得这个比赛，成为 Spark 发展历史的重要里程碑。

后来，Databricks 公司还进行了 PB 级数据的排序实验，在 190 台机器上，耗费了 4 个小时完成排序。这个时间，比之前 Hadoop/MapReduce 的结果（在 3800 台机器上，耗费 16 个小时完成排序）减少了 75%。表 5.5 列出了排序实验的参数设置，以及性能指标，并且与 Hadoop/MapReduce 的结果进行了比较。

表 5.5 Hadoop 和 Spark 100TB 数据排序结果的比较（数据来源 Databricks）

	Hadoop MR Record	Spark Record	Spark 1 PB
Data Size	102.5 TB	100 TB	1000 TB
Elapsed Time	72 mins	23 mins	234 mins
#Nodes	2100	206	190
#Cores	50 400 physical nodes	6592 virtualized nodes	6080 virtualized nodes
Cluster disk throughput	3150 GB/s（est.）	618 GB/s	570 GB/s
Sort Benchmark Daytona Rules	Yes	Yes	No
Network	dedicated data center, 10Gbit/s	virtualized（EC2）10Gbit/s network	virtualized（EC2）10Gbit/s network
Sort rate	1.42 TB/min	4.27 TB/min	4.27 TB/min
Sort rate/node	0.67 GB/min	20.7 GB/min	22.5 GB/min

Spark 开源社区和 Databricks 公司的研发人员，从各个方面对 Spark 进行了改进，包括扩展性、可靠性等。现在，如果整个数据集不能完全放到内存里，Spark 的操作符可以对磁盘上的数据进行操作。排序结果显示，Spark 已经能够超越整个集群所有内存的限制，对更大规模的数据集进行处理。

当然，随着 Hadoop 新版本的推出（YARN）、新的查询处理引擎（比如 Tez）的设计和实现，Hadoop 和 Spark 的差距在缩小。

2. Spark 生态系统

整个 Spark 软件系统，包含核心模块（Spark Core），以及若干数据处理分析模块，一起构成整个 Spark 大数据处理的生态环境（Ecosystem）（见图 5.44）。

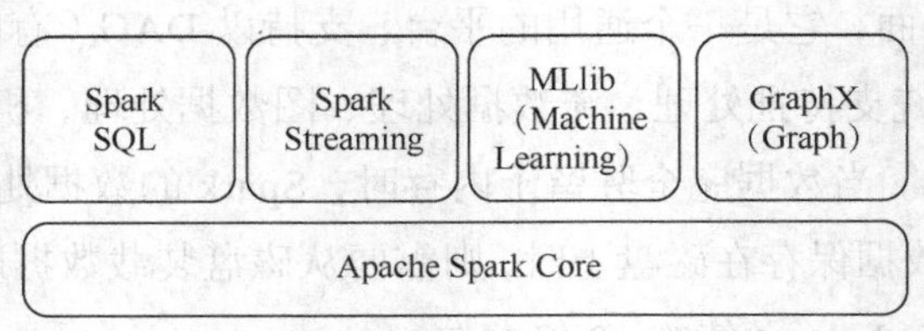

图 5.44 Spark 生态系统

（1）Spark 核心模块（Spark Core）

Spark 核心模块，是整个系统进行大规模并行和分布式数据处理的基础。它的主要功能包括内存管理和容错保证、集群环境下的作业调度和监控，以及与存储系统的接口和交互等。

（2）流数据处理模块（Spark Streaming）

该模块用于处理实时流数据，比如 Web 服务器的日志文件（Log File）、社交媒体数据（如 Twitter 数据）、各种消息队列等。它采用小批量（Micro Batch）数据处理方式，即把接收的数据流，分解成一系列的小的 RDD（下文将进行介绍），交给 Spark 引擎进行处理，实现流数据处理，处理的结果也是以批量的方式生成的（In Batch）。其处理过程如图 5.45 所示。

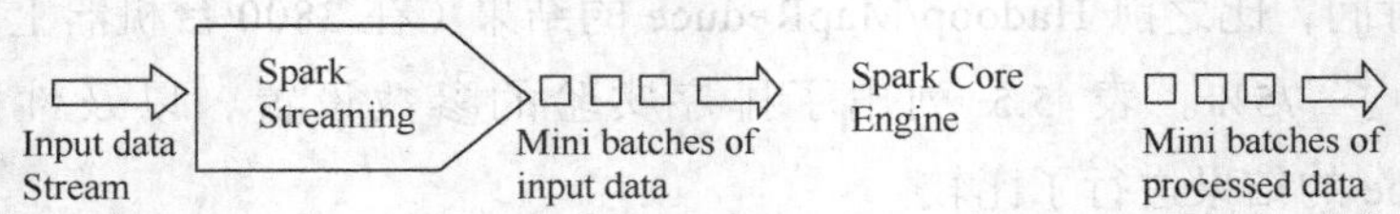

图 5.45 Spark Streaming

（3）结构化数据处理和 SQL 查询（Spark SQL）

Spark SQL 试图把 Apache Hive 移植到 Spark 平台上，目前它已经是 Spark 生态系统的主要模块之一。该模块让客户程序可以在上面运行 SQL 查询。传统的商务智能（Business Intelligence，BI）和可视化工具可以连接到该数据集，利用 JDBC 进行数据查询、汇总和可视化等。Spark SQL 模块支持不同外部数据源（比如 JSON、Parquet 列存储、关系数据库等）的导入、转换和装载，并且支持即席（Ad-Hoc）查询。

（4）机器学习模块 MLlib

MLlib 是 Spark 生态系统里的分布式机器学习模块。目前，它已经实现了大量的算法，包括分类、聚类、回归、协同过滤、降维等。

（5）图数据处理模块 GraphX

GraphX 模块支持图数据的并行处理。利用该模块，用户可以对图数据进行探索式分析以及迭代式计算（Iterative Computation）。

GraphX 对 RDD 进行了扩展，称为 RDPG（Resilient Distributed Property Graph）。RDPG 是一个把属性赋予各个节点和各条边的有向图（Multi Graph）。为了支持图数据的处理，GraphX 提供了一系列基础操作供用户使用，包括子图（Sub Graph）、顶点连接（Join Vertices）、消息聚集（Aggregate Message）等，还提供了 Pregel（Google 公司的图数据处理软件）API 的变种。在基础操作之上，GraphX 提供了一系列经典的图处理算法，包括 PageRank 等，方便用户开发更加复杂的图数据分析软件。

3. RDD 及其处理

弹性分布式数据集（Resilient Distributed Dataset，RDD）是 Spark 软件系统的核心概念。它是一个容错的、不可更新的（Immutable）分布式数据集，支持并行处理。

简单地说，RDD 可以看作数据库里的一张表，可以存放任何类型的数据。Spark 把一个 RDD 划分成不同的分区（Partition）。分区是 RDD 的下级概念。对 RDD 进行分区，分布到集群环境，有利于对数据进行并行处理。

RDD 采用基于血统（Lineage）的容错机制。它记住每个 RDD 是如何从其他 RDD 转换（Transformation）而来的。当某个 RDD 损坏的时候，Spark 系统从上游 RDD 重新计算和创建本 RDD 的数据。

RDD 是不可更新的（Immutable）。我们可以对一个 RDD 进行转换（Transformation），这个转换返回一个新的 RDD，而原来的 RDD 保持不变。

RDD 支持两种操作，分别是转换（Transformation）和动作（Action）。对一个 RDD 施加转换操作，将返回一个新的 RDD。典型的转换操作包括 map、filter、flatMap、groupByKey、reduceByKey、aggregateByKey、pipe、coalesce 等操作。将动作操作施加于 RDD，经过对 RDD 的计算，返回一个新的值（New Value），即最终结果。典型的动作包括 reduce、collect、count、first、take、countByKey、foreach 等操作。

转换操作是延迟（Lazy）执行的，也就是这个操作不会马上执行。当某个动作（Action）操作被一个客户端程序调用的时候（即调用 DAG 的动作操作（Action）），动作操作的一系列前导（Proceeding）转换操作，才会被连锁反应式地执行。

4. DAG

RDD、转换操作、动作操作等一起构成一个 DAG，用以表达复杂的计算。一般来讲，对 DAG 中的每个 RDD，当需要在上面执行某个转换/动作的时候，将重新从上游 RDD 进行计算。

我们也可以对 RDD 进行缓存或者持久化，在这种情况下，Spark 会保留这个 RDD。如果后面我们再次存取它，可以快速存取，获得更高的查询速度。缓存是指把数据缓存在内存中。

一个典型的 DAG，如图 5.46 所示。这个 DAG 表达一个数据处理工作流，在这里是做两张表的连接操作。首先，这个工作流把两个 HDFS 文件里的数据分别装载到两个 RDD 中，然后对 RDD（包括中间生成的各个 RDD）施加一系列的转换（map、flatMap、filter、groupByKey、join 等）操作。对一个 RDD 施加转换操作后，生成一个新的 RDD。后续的转换操作继续对新生成的 RDD 进行操作。最后，一个动作操作（count、collect、save、take 等）施加于最后的 RDD，生成最终结果，并且写入外存，一般是分布式文件系统。

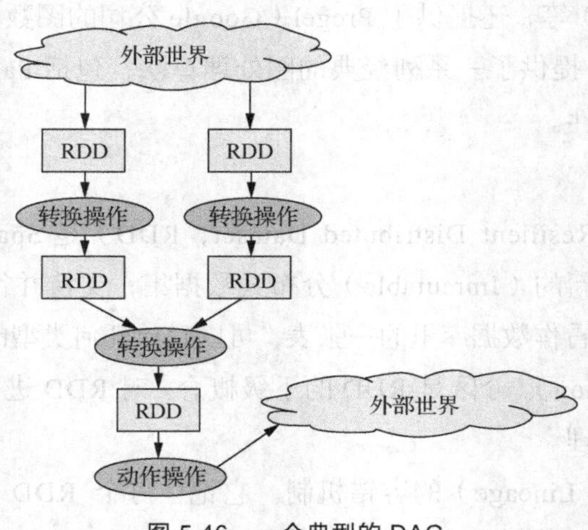

图 5.46　一个典型的 DAG

在 DAG 里，父子 RDD 的各个分区（Partition）之间，有两种依赖关系，分别是宽依赖和窄依赖（见图 5.47）。宽依赖是指多个子 RDD 的分区依赖于同一个父 RDD 的分区的情形，groupByKey、reduceByKey、sortByKey 等操作，需要用到宽依赖，以便获得正确的结果。而窄依赖是指每个父 RDD 的分区，最多被一个子 RDD 的分区使用到（父 RDD 的某个分区的数据经过转换操作，产生子 RDD 的分区）。

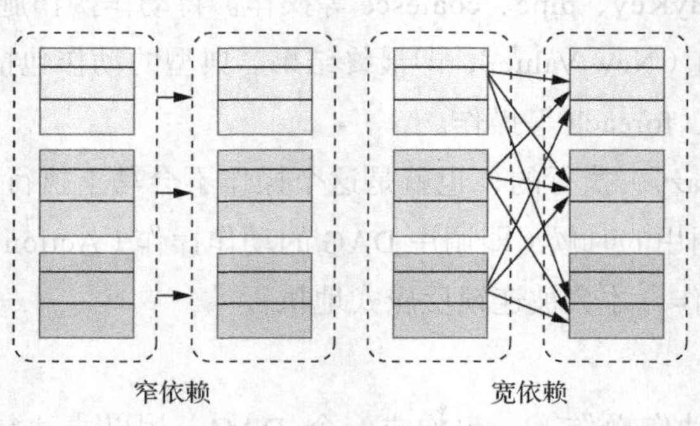

图 5.47　窄依赖与宽依赖

窄依赖的处理比较简单，只需从父 RDD 的一个分区，生成一个子 RDD 分区，可以在一台机器上完成，无须在网络上进行数据的传输（Data Shuffling）。但是，宽依赖一般都涉及数据的网络传输（Shuffle），也就是在各个节点之间交换数据。

5. DAG 作业调度原理

DAGScheduler 是面向阶段（Stage-Oriented）的 DAG 执行调度器。DAGScheduler 使用作

业（Job）和阶段（Stage）等基本概念，进行作业调度。一个作业是一个提交到 DAGScheduler 的顶层的工作项目（Work Item）。一个作业表达成一个 DAG，并且以一个 RDD 结束。

阶段是一组并行任务，每个任务对应 RDD 的一个分区。每个阶段是 Spark 作业的一部分，负责计算部分结果，它是数据处理的基本单元。DAGScheduler 检查依赖的类型，它把一系列窄依赖 RDD 组织成一个阶段；对于宽依赖，则需要跨越前后两个阶段。

图 5.48 所示为一个作业及其对应的 3 个阶段。这个作业所表达的计算是把两个表连接起来，然后进行聚集操作。

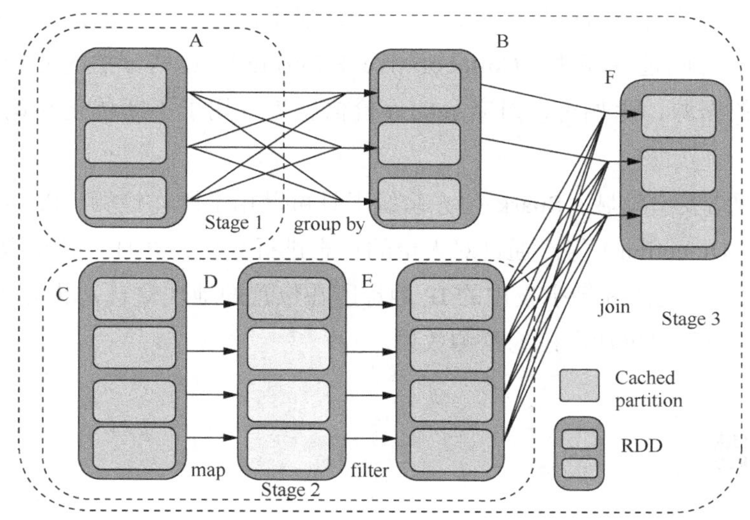

图 5.48　一个 Spark 作业（Job）和对应的各个阶段（Stage）

Stage 1：对 RDD A 进行 group by 处理，生成 RDD B。RDD A 是一张表，整个是一个 RDD，划分成一系列分区，分布在各个节点上。RDD A 和 RDD B 之间的依赖关系是宽依赖。

Stage 2：对 RDD C 进行 map、filter 等操作，依次生成 RDD D、RDD E 等中间结果。RDD C 是另外一张表，整个是一个 RDD，划分成一系列分区，分布在各个节点上。RDD C 与 RDD D 之间以及 RDD D 与 RDD E 之间的依赖关系是窄依赖。

Stage 3：对 RDD B 和 RDD E 做 join 操作。RDD B 和 RDD F 之间的依赖关系是窄依赖，而 RDD E 和 RDD F 之间的依赖关系是宽依赖。

通过这 3 个阶段的处理，我们就可以实现表 A 和表 B 之间的连接操作。

DAGScheduler 在上述分析基础上，为作业产生一系列的阶段，以及它们的依赖关系。并且确定需要对哪些 RDD 和哪些阶段的输出进行持久化，找到一个运行这个作业的最小代价的调度方案，然后把这些阶段提交给 TaskScheduler 来执行。DAGScheduler 同时根据当前的缓存信息（Cache Status），确定运行每个任务的优选位置，把这些信息一并提交给 TaskScheduler。

DAGScheduler 也负责对 Shuffle 输出文件（Shuffle Output File）丢失的情况进行处理，有时候需要把一些已经执行过的阶段（Stage）重新执行，以便重建丢失的数据。

阶段内的失败情况（非 Shuffle 输出文件丢失情况，各个节点可以单独处理），则由 TaskScheduler 本身进行处理，它尝试执行该任务一定的次数。如果任务还是失败，则取消整个阶段（Stage）。

6. Spark 的应用

Spark 已经应用到了不同业务领域。

在游戏行业，如果能够对游戏中的大量实时（Real Time）事件进行分析，并且发现一些模式，就可以快速做出响应，比如进行精准的广告投放（Targeted Advertising）、对想要离开的玩家进行挽留（Retention）、自动调整游戏的复杂度等。这些分析是非常有实用价值的。

在电商领域，实时的交易信息可以作为一个数据流，在数据流上运行一些聚类算法，比如 K-Means 算法、协同过滤算法（Collaborative Filtering）。这些算法的分析结果，可以结合其他的非结构化数据源，比如客户对商品的评价信息等，用于不断优化和调整展示给用户的推荐信息。

在金融以及网络安全领域，Spark 生态系统工具可以用于欺诈检测（Fraud Detection）、入侵检测（Intrusion Detection）等。通过对大量的日志进行分析，并且与外部数据源（包括关于数据泄露、受损账户、连接和请求发出的 IP 地址所在位置的地理信息，以及时间等信息）进行集成分析，我们有望获得更加准确的预测效果。

5.9 思考题

1. 简述机器学习的概念及其分类。
2. 简述主要的分类算法：决策树、支持向量机、朴素贝叶斯方法、KNN 方法、逻辑回归。
3. 简述主要的聚类算法：K-Means、DBSCAN。
4. 简述多元线性回归的基本概念。
5. 简述基于用户、项目的协同过滤推荐的基本概念。
6. 简述神经网络、前向传播、反向传播、深度神经网络的基本概念。
7. 简述云平台的特点，以及计算虚拟化、存储虚拟化、网络虚拟化、CNN、LSTM、RNN 的基本概念。
8. 简述 Hadoop HDFS、MapReduce 计算模型、MapReduce 实例、Hadoop 的生态系统。
9. 简述 Hadoop 2.0 的特点。
10. 简述 Spark 生态系统、RDD、DAG、宽依赖、窄依赖等基本概念。

06 第6章　文本分析

6.1　文本分析的背景和意义

文本是人类知识的重要载体，也是最广泛存在和最容易获取的数据类型。例如，在一个商业公司内部，其邮件信息、聊天记录以及搜集到的调查结果、对客户关系管理系统中的评价等均以文本的方式存储；在互联网上，大量的网页、社会媒体、论坛以及感兴趣的话题和评论等形成了海量的文本数据。据相关统计，超过 80%的商业相关信息都是以非结构化格式（主要是文本数据）存在的。随着互联网的普及和计算机存储与计算能力的大幅提升，文本数据体量的增长更为迅猛，截至 2018 年 3 月，被谷歌和必应等主流搜索引擎索引的网页数量已经达到 45 亿之多。据 IDC（互联网数据中心）报告，当下数据以每年 50%左右的速度快速增长，截至 2020 年全球数据规模将达 44ZB，其中文本等非结构化数据占比高达 75%～85%。因此，对文本等非结构数据的分析显得尤为迫切和重要。

在日常的产品运营工作中，经常接触的数据分析绝大部分是基于数字（值）的描述性分析，如销量情况、用户增长情况、留存情况和转化情况等，这些分析方法的共同特点是基于对结构化数据（即存储在数据表中可以用二维表结构来逻辑表达实现的数据）的分析。但是结构化数据分析的方法都是基于二维表结构进行设计实现的，不能直接应用于大规模文本数据，因此如何把从文本中抽取出的特征词进行量化来表示文本信息，并从中抽取未知的、可理解的、可用的知识，最终体现文本数据的价值，是文本数据分析中的一个基本问题。本章主要介绍文本分析模型，包括文本表达模型、文本分类模型，以及文本分析的应用，包括文本匹配、生成和基于文本的情感分析。

6.2 文本表达

将自然语言的问题转化为计算机可以处理的问题，第一步就是要找到一种方法将这些符号数字化，文本表达的结果直接影响了整个机器学习系统的性能。单词作为语言的基本单元，其表示学习也一直是文本处理领域的核心问题。

6.2.1 单词的局域性表示和分布式表示

一种经典的单词表示方法为局域性表示（Local Representation）。在使用这一方法将单词表示为向量时，对于某一个单词只使用向量中互不相交的维度。当仅使用一个维度时，便称为独热表示（One-hot Representation）。显然，独热表示忽视了单词间的语义关联，如不能比较出“数据科学”“大数据”和“中国人民大学”3 个词中哪两者更为接近；此外，独热表示需要使用一个 N 维的向量来表示 N 个单词，这带来了参数爆炸和数据稀疏等问题。但这一方法无需学习过程、简单高效，而且，由于保持了单词间良好的正交性能，具备良好的判别能力，因此在文本分类、词性标注等问题的处理上具有良好的结果。例如，在传统的文本分类任务中，使用 TF-IDF 权重的词袋模型依然是一个很强的基准模型。

与局域性表示不同的是分布式表示（Distributed Representation），这一方法可以简单理解为将单词映射至特征空间中，通过刻画其多个特征来高效地表示单词，在形式上使用稠密实数向量（向量多于一个维度，非 0，通常为低维向量）来表示单词。分布式表示可以编码不同单词之间的语义关联，如令“数据科学”和“大数据”在大多数维度上相近，而只有少数维度来表达各自的特征，便可使“数据科学”和“大数据”之间的距离，远远小于其与“中国人民大学”之间的距离；分布式表示还具有更强的泛化能力，例如已知“数据科学”是一个科学术语，“数据科学”和“大数据”很接近，便可自动泛化到“大数据”也是一个科学术语；此外，分布式表示具有更强的表示能力，即使只使用二值表示（每一维取值只能为 0 或 1），长度为 n 的独热表示只能表达 n 个不同概念，而分布式表示则可表达 2^n 个概念。

1. 独热表示

独热表示将单词表示为一个长向量，向量的维数就是词表大小，其中大多数维度为 0，仅有一个维度值为 1，如：

“数据科学”表示为：[0,0,⋯,0,1,0,0,0,⋯,0,0]。

“大数据”表示为：[0,0,⋯,0,0,1,0,0,⋯,0,0]。

“中国人民大学”表示为：[0,0,⋯,0,0,0,1,0,⋯,0,0]。

这一表达方式如果使用稀疏的方式存储，也就是给每一个单词分配一个数字 ID，将会非常简洁。

独热表示假设所有单词都是相互独立的，在其向量空间中所有的词向量都是正交的，因此其具有很强的判别能力。配合最大熵（Maximum Entropy）、支持向量机（Support Vector Machine）、条件随机场（Conditional Random Field）等学习算法，独热表示在文本分类、文本聚类、词性标注等众多问题上都取得了良好的结果。此外，对于 ad-hoc 检索这种关键词匹配占主导作用的应用场景，基于独热表示的词袋模型目前依然是主流选择。

同样，由于其词向量间的正交性，无论使用余弦相似度还是欧氏距离，度量出的单词间语义相似度均为零，也就是说其丢失了单词之间的语义相关信息。这也正是独热表示，以及以其为基础的词袋模型（Bag of Words，BoW）容易受数据稀疏问题影响的根本原因。此外，独热表示在实际应用时经常会遇到维度灾难问题。以概率语言模型（Probabilistic Language Modeling）为例，假设单词的集合为 V，那么，即使是简单的三元语言模型，其参数空间大小则为|V|的 3 次方。假设词表中有 10 万个单词，则其参数空间为 10^{15}，已远远超出普通计算机的计算能力，同时也发现大部分的三元组（Trigram）的参数取值都是 0（表明该三元组没有出现过），这意味着严重的数据稀疏问题，为了解决这一问题，必须借助复杂的数据平滑策略。

2. 分布式表示

当前采用分布式表示的方法都基于分布语义假设（Distributional Hypothesis），这一假设认为单词的语义来自其上下文（Context），因此所有的模型都在利用某种上下文的统计信息来学习单词表达，使用不同的上下文使得模型建模了单词间的不同关系，可分为共现（Syntagmatic）关系和聚合（Paradigmatic）关系。

如图 6.1 所示，共现关系指两个单词同时出现在一段文本区域中，强调其可以进行组合，在句子中往往起到不同的语法作用，图中“爱因斯坦”和“物理学家”即存在横向共现关系。对横向共现关系建模的模型通常使用文档作为上下文，其隐含的假设是，如果两个单词经常同时出现在一个文档中，则这两个单词语义相似。隐性语义索引（LSI）和隐含狄利克雷分布（LDA）等通常使用在信息检索场景下的模型都是对这类关系进行建模。

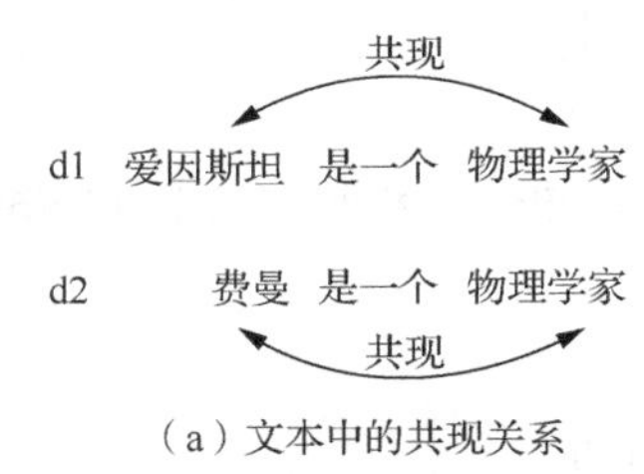

（a）文本中的共现关系

单词–文档共现矩阵

	d1	d2
爱因斯坦	1	0
费曼	0	1
物理学家	1	1

（b）基于共现关系构建的单词-文档共现矩阵

图 6.1　共现关系及其表达

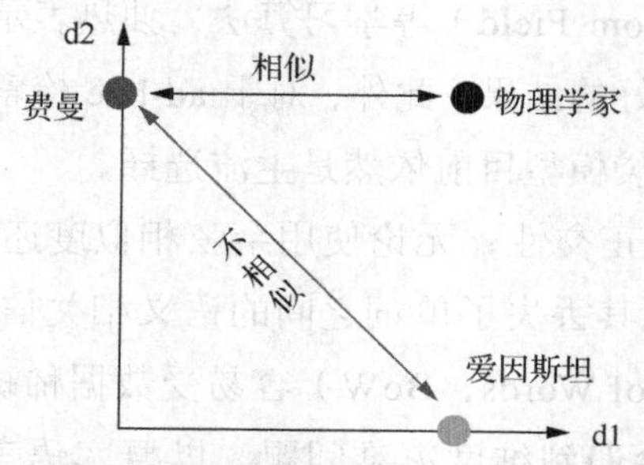

（c）基于单词-文档共现矩阵的文本表达以及它们在空间中的位置

图 6.1　共现关系及其表达（续）

聚合关系指的是纵向的可替换的关系，如图 6.2 中的“爱因斯坦”和“费曼”。如果两个词在一句话中互换后，不影响句子的语法正确性和语义合理性，则可认为这两个词间存在纵向聚合关系。聚合关系通常使用单词周边的单词作为上下文，其隐含的假设是，如果两个单词周围的单词相似，则这两个单词语义相似，即使这两个单词可能从未同时出现在同一段文本区域中。神经概率语言模型（NPLM）、C&W 和连续词袋模型（CBOW）等都是建模的这类关系。

d1　爱因斯坦 是一个 物理学家

聚合 ↕

d2　费曼 是一个 物理学家

（a）文本中的聚合关系

单词–单词共现矩阵

	爱因斯坦	费曼	物理学家
爱因斯坦	0	0	1
费曼	0	0	1
物理学家	1	1	0

（b）基于聚合关系构建的单词-单词共现矩阵

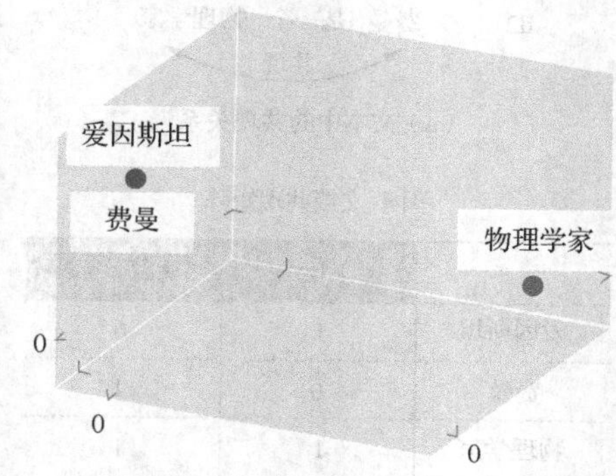

（c）基于单词-单词共现矩阵的文本表达以及它们在空间中的位置
（注意：词“爱因斯坦”和“费曼”的表达完全一样，在空间中的点重合）

图 6.2　聚合关系及其表达

6.2.2 基于话题模型的文本表示

隐性语义索引（Latent Semantic Indexing，LSI）也称为隐形语义分析（Latent Semantic Analysis，LSA），是一种常用的对横向共现关系建模的模型。为了进行建模，LSI 对数据集（文档集）构建了词项-文档矩阵，得到一个由 M 个词项和 N 篇文档组成 $M\times N$ 的权重矩阵 $\boldsymbol{C}$，矩阵的每行代表一个词项，每列代表一篇文档。一般情况下，矩阵中的元素 $\boldsymbol{C}_{ij}$ 表示第 i 个单词在第 j 篇文档中出现的次数，即该单词的 TF-IDF 值。经过上文的分析我们可以知道，矩阵 $\boldsymbol{C}$ 存在过大且过于稀疏的问题，为了解决这一问题，LSI 将奇异值分解（Singular Value Decomposition，SVD）应用于矩阵 $\boldsymbol{C}$，并只保留最大的 k 个奇异值，得到一个低维的近似矩阵 $\boldsymbol{C}'$，如图 6.3 所示。

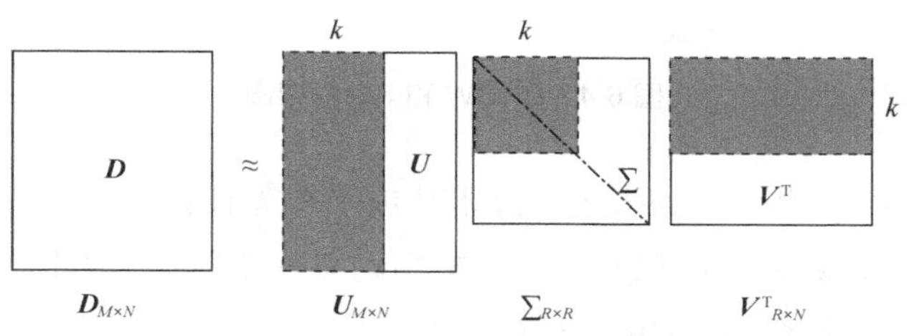

图 6.3 隐性语义索引文档矩阵

具体而言，LSI 是通过对词项-文档矩阵 $\boldsymbol{C}$ 进行 SVD 分解来找到 $\boldsymbol{C}$ 的某个低秩逼近的过程，在这个低秩逼近下，我们可以对词项和文档产生一个新的表示。给定 $M\times N$ 的词项-文档矩阵 $\boldsymbol{C}$ 和正整数 k，对 $\boldsymbol{C}$ 进行 LSI 的过程如下。

（1）将矩阵 $\boldsymbol{C}$ 分解为 $\boldsymbol{C}=U\Sigma V^{\mathrm{T}}$。

（2）保持Σ对角线上前 k 个大奇异值不变，其余元素置为 0，得到Σ_k。

（3）计算 $\boldsymbol{C}=U\Sigma V^{\mathrm{T}}$ 作为 $\boldsymbol{C}$ 的低秩逼近，其中矩阵的行表示词项经过 LSI 后的向量，列表示文档经过 LSI 后的向量。一般而言，不同于非负整数构成的较为稀疏的矩阵 $\boldsymbol{C}$，$\boldsymbol{C}_k$ 是一个实数构成的稠密矩阵。

LSI 仅保留了矩阵 $\boldsymbol{C}$ 中最大的 $\boldsymbol{k}$ 个奇异值，相当于将原有的词项-文档矩阵从 r 维降至 k 维，每个奇异值可以理解为对应于一个“主题”维度，其值的大小表示与这一“主题”的相关程度，因此 LSI 也称为主题模型（Topic Model）。将较小的奇异值置为 0 可以保留文档集中较为重要的信息，并且忽视不重要的“细节”（这些“细节”可能来自噪声数据，也可能会造成相似对象更大的差异使之表现为不相似），从而解决一义多词（Synonymy，即同义词）和语义关联的问题。

6.2.3 基于词嵌入的文本表示

词嵌入模型 Word2Vec 是一种常用的对纵向聚合关系建模的模型。已有的工作表明，利用单词前后的上下文，在更大规模的数据上可以得到更好的单词表达。据此 Mikolov 等人提出了

Word2Vec，并进一步描述了其两个简单的神经网络模型——CBOW（Continuous Bag of Word）和 SG（Skip Gram）。其框架如图 6.4 所示。

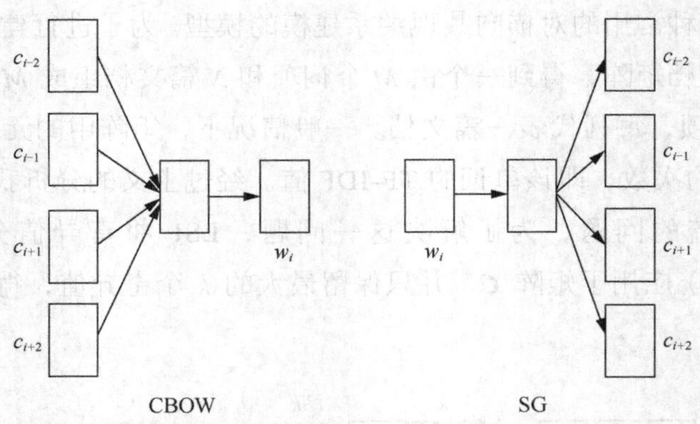

图 6.4　CBOW 和 SG 框架图

CBOW 模型将单词 w_i 上下文的表示经过求和或平均等计算后，用得到的结果 h_i 直接预测单词 w_i，而 SG 模型则使用单词 w_i 预测其上下文中的每一个单词。去掉隐藏层之后，我们将神经网络模型转化为对数线性模型，CBOW 预测概率为：

$$P(w_i \mid c) = \frac{\exp(w_i \cdot h_i)}{\sum_{w'} \exp(w' \cdot h_i)}$$

而 SG 的预测概率为：

$$P(w_i \mid c) = \prod_{c_j} \frac{\exp(w_i \cdot c_j)}{\sum_{w'} \exp(w' \cdot c_j)}$$

两个模型都通过在整个语料上对目标函数对数似然最大化求得单词表示。

6.3　文本聚类

聚类分析是通过某种策略将数据点划分成若干个子集合，使得相似的数据点落到相同的子集合内，是一种较为常用的文本分析技术。聚类后的结果捕捉了数据的内在结构。聚类算法的结果可以直接用于解决问题，也可以作为其他算法的数据预处理步骤。聚类分析在各领域发挥着重要的作用，如模式识别、信息检索和数据挖掘等。

在信息检索应用中，万维网上有数以亿计的网页，每一个查询能够获得几千甚至上万个页面。聚类分析可以用于把返回结果进行归类，例如，搜索“电影”时，返回的网页可以被聚类成明星、导演、题材等类别。聚类分析还可以用来辅助其他任务。比如在进行主成分分析时，其算法复杂度较高，不能被应用到大数据集。而采用聚类分析，对经过聚类后所产生的有代表性的点进行分析，既可以获得与使用全部数据进行分析类似的结果，又能极大地降低运算复杂度。

6.3.1 聚类分析问题描述

聚类算法并没有一致认可的定义，下面给出一个较为常见的描述。聚类算法就是将数据分成若干簇，使同一簇内的数据具有相似的模式，不同簇之间的数据模式尽可能不同。聚类算法发展至今种类繁多，分别适用于不同的场景。

划分聚类时，应尝试将数据集 X 分割成 k 个簇 $\boldsymbol{C}=\{C_1,C_2,\cdots,C_k\}$，使其满足以下条件：

（1）$C_i \neq \varnothing$，$i=1,\cdots,k$。

（2）$\bigcup_1^k C_i = X$。

（3）$C_i \cap C_j = \varnothing$，$i,j=1,\cdots,k$ 且 $i \neq j$。

聚类分析可以分成以下 4 个步骤。

（1）特征选择（或者特征抽取）。特征选择就是选出具有区分性的特征集合，而抽取则是将特征进行组合变换构成新的特征。

（2）聚类算法的设计和选择。主要涉及距离度量函数的选择，聚类算法需要根据实际需求选择合适的度量函数去度量任何两个样本点之间的距离，然后选择合适的聚类准则去指导聚类过程。

（3）聚类验证。给定一个数据集合，无论结构是否存在，每个聚类算法都可以产生一种划分。然而，不同方法产生不同的划分，即使是相同算法，不同的参数也会导致不同的结果，所以有效的验证准则十分重要。常用的验证准则包括 3 种：外部评价，即用标注的聚类结果和聚类算法给出的结果去评价聚类性能；内部评价，即直接使用原始数据去检查聚类结果；关系评价，其侧重于比较不同的簇之间的关系。聚类结果验证不能对聚类算法有任何偏置，以保证其可以作为公平的准则去评价聚类的结果。

（4）聚类的解释。聚类的终极目标是提供给用户有意义的视角去观察原始数据，需要相关人员去阐述聚类结果的含义。

聚类是分析数据的重要手段和工具，然而，将聚类技术应用于大数据有诸多困难和挑战。由于大数据规模庞大、异构且复杂，导致直接应用传统聚类算法面临很高的计算复杂度。如何将聚类技术应用于大数据，在合理的时间内获得结果，需要有针对性地修改现有算法以适应大数据场景。

首先，大数据不仅仅是数据总量很大，且单条数据的维度也非常高，单机的聚类算法很难解决以上困难。因此，分布式的计算框架和优化的算法，以及数据压缩技术随之兴起。分布式的计算框架可以让我们解决 TB、PB 级别数据量的聚类，而数据压缩技术可以优化聚类中距离度量的时间。其次，大数据带来的挑战还有数据的形式，比如电商平台的用户数据，其不仅数据量大，而且还会源源不断地产生新的数据。聚类算法要对各类的数据进行聚类分析，实现对用户的合理分组，分析后的结果可以更好地用于商品推荐。这种处理大量在线数据给算法提出新的挑战，算法的输入形式发生改变，传统算法不但要扩展到能够处理大数据，并且要解决新的流式输入问题。

6.3.2 常用聚类算法

聚类算法可以分为划分聚类、密度聚类和层次聚类。下面介绍每种聚类算法中具有代表性且应用较为广泛的方法。

1. 划分聚类

划分聚类中的一种代表性方法就是 K-Means 聚类。给定样本集合 $X=\{x_1,\cdots,x_n\}$，K-Means 聚类算法的目标是最小化聚类后所得的簇的均方误差，均方误差（Mean Square Error，MSE）可以表示为：

$$\mathrm{MSE}=\sum_{i}^{K}\sum_{x\in C_i}\|x-u_i\|_2^2$$

其中，u_i 代表聚类出的簇 C_i 中所有点的均值，可以看出减小该均方误差损失使得簇内向量更加紧密，从而得到较好的分类结果。

K-Means 方法在文本和图像领域都有广泛的应用。在具体应用过程中，我们不能直接最小化得到所有点，这是一个 NP 难题，因此实际应用的算法采用贪心策略进行求解。下边介绍 K-Means 算法的一种朴素实现。

（1）从 n 个数据对象任意选择 K 个对象作为初始聚类中心。

（2）根据每个聚类对象的均值（中心对象），计算每个对象与这些中心对象的距离；并根据最小距离重新对相应对象进行划分。

（3）重新计算每个（有变化）聚类的均值（中心对象）。

循环步骤（2）和步骤（3），直到聚类结果不再发生变化为止。

2. 密度聚类

DBSCAN（Density-based Spatial Clustering of Applications with Noise）是 Martin Ester 等人于 1996 年提出的一种基于样本密度的数据聚类方法，是一种常用的聚类方法。该方法将具有足够密度的区域作为聚类中心，不断生长该区域。该方法要求聚类空间中的一定区域内所包含对象的数目不小于某一给定阈值。该方法能在具有噪声的空间数据库中发现任意形状的簇，可将密度足够大的相邻区域连接，能有效地处理异常数据，主要用于对空间数据的聚类。

基于密度的聚类有以下一些基本定义。

（1）给定 $x_i\in X$、半径 ε 内的区域为该点的 ε-邻域。

（2）如果 $x_i\in X$ 的 ε-邻域至少包含最小数目 MinPts 个对象，则称 x_i 为核心对象。

（3）给定数据集合 X，如果 p 是在 q 的 ε-邻域内，而且 q 是一个核心对象，则称对象 p 从对象 q 出发是直接密度可达的。

（4）如果存在一个链 $p_1,p_2,\cdots,p_n$，$p_1=q$，$p_n=p$，且 p_{i+1} 是从 p_i 密度可达的，则数据点 p 是从数据点 q 密度可达的。

（5）如果对象集合 X 中存在一个对象 x_i，使得对象 x_j 和 x_k 是从 x_i 密度可达的，那么对象 x_j 和 x_k 是密度相连的。

DBSCAN 检查数据集中每个点的ε-邻域来寻找聚类初始簇。如果一个点 p 的ε-邻域包含多于 MinPts 个点，则创建一个以 p 作为核心对象的新簇。然后反复地寻找从这些核心对象直接密度可达的对象，当没有新的点可以被添加到任何簇时，该过程结束。不包含在任何簇中的对象就会被视作“噪声”。朴素的 DBSCAN 实现计算复杂度是 $O(n^2)$。如果采用空间索引，则 DBSCAN 的计算复杂度是 $O(n\log_2 n)$，这里的 n 是数据集中对象数目。

DBSCAN 聚类算法具有以下几个优点。

（1）聚类速度快，且能够有效处理噪声点和发现任意形状的空间聚类。

（2）与 K-Means 相比，不需要输入要划分的聚类个数。

（3）可以通过调节超参数过滤数据中的噪声。

其存在的缺点如下。

（1）当数据量增大时，要求较大的内存支持，且 I/O 消耗也很大。

（2）当空间聚类的密度不均匀、聚类间距相差很大时，聚类质量较差，因为这种情况下参数 MinPts 和ε选取困难。

（3）算法聚类效果依赖于距离公式选取，实际应用中常用欧式距离，对于高维数据，存在“维数灾难”。密度聚类算法基于空间中样本密度进行聚类，样本密度大的区域聚成一个簇。

3. 层次聚类

层次聚类是对数据集合进行多层次的划分。例如，一个国家的国土可以分为各个省，还可以分成各个市。不同的划分层次，得到的聚类结果不同。划分可以采用自底向上的聚合策略，代表算法有 AGNES（Agglomerative Nesting），也可以采用自顶向下的拆分策略，代表算法有 DIANA（Divisive Analysis）。两种算法的过程是互逆的，所以我们仅介绍自底向上的合成聚类（Agglomerative Hierarchical Clustering，AHC）算法。

算法的工作原理是计算任意两个簇之间的距离，聚合距离最近的两个簇（见图 6.5）。两个簇之间距离的计算有多种方法，列举如下。

（1）最小距离：$D_{min}(C_i,C_j)=\min_{x\in C_i,y\in C_j} distance(x,y)$。

（2）最大距离：$D_{max}(C_i,C_j)=\max_{x\in C_i,y\in C_j} distance(x,y)$。

（3）平均距离：$D_{avg}(C_i,C_j)=\frac{1}{|C_i||C_j|}\sum_{x\in C_i}\sum_{y\in C_j} distance(x,y)$。

（4）矩心距离：$D_{cent}(C_i,C_j)=distance(center(C_i),center(C_j))$。

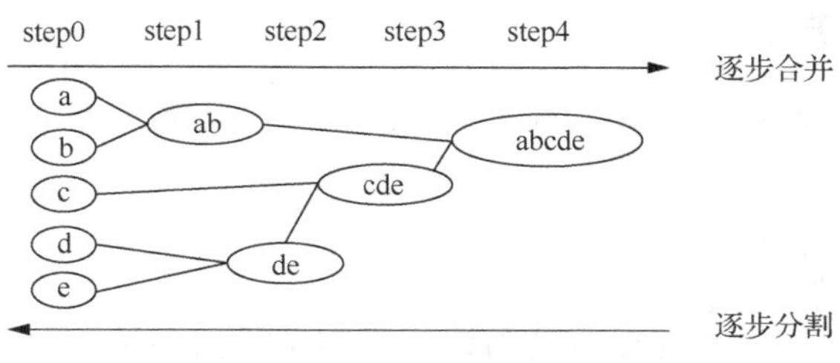

图 6.5　算法的工作原理

执行算法的步骤如下。

给定数据集 $X=\{x_1,\cdots,x_n\}$：

（1）初始化，每个样本形成一个簇。

（2）计算任意两个簇之间的距离。

（3）合并距离最近的两个簇，形成新的簇，返回步骤（2）。

（4）如果整个数据集已经在一个簇内，算法停止。

AGNES 算法不需要先验知识去指定聚类簇数量，且用户可以根据需要获取不同层次的聚类结果，也就是可以获得多种簇数量的聚类结果，算法的时间复杂度为 $O(n^2\log_2 n)$。

6.4 文本分类

6.4.1 分类问题定义

在监督学习中，我们可以把分类问题（或者分类任务）定义为：从一个数据集中学习一个目标函数 f，使其可以把符合条件的输入映射到一个特定的标签上。其中的数据集是元组的集合，每个元组由属性和标签组成。学习的目标函数也称为分类模型。

分类算法通常利用数据的特征对其分类，可以应用于许多领域。例如，在判断邮件是否属于垃圾邮件时，可根据邮件正文所包含的单词是否经常出现在垃圾邮件中，从而作出判断；在字符识别中，根据提取的字符特征向量来判断字符；在医学肿瘤细胞的判别中，常常根据细胞的半径、质地、周长、面积、光滑度、对称性、凹凸性等特征来判断其是否为肿瘤细胞；也可应用于文学著作统计，对《红楼梦》前八十回和后四十回进行统计，运用分类模型判断是否皆为曹雪芹所著。

分类算法的执行具体可以分成以下 3 个步骤。

（1）特征选择或特征抽取：选择或抽取最具代表性的特征集合，并将其输入到分类算法进行分析。

（2）分类算法的设计和选择：根据应用场景的不同，设计和选择合适的分类算法进行实验。

（3）验证与应用：选择合适的评价指标对实验结果进行验证，判断算法的有效性，并用其解决实际问题。

6.4.2 主要文本分类方法

主要的文本分类方法有朴素贝叶斯分类器、决策树、逻辑斯蒂回归、支持向量机等，下面将对它们分别进行介绍。

1. 朴素贝叶斯分类器

在机器学习中，朴素贝叶斯分类器是为数不多的基于概率论的分类算法。朴素贝叶斯原理简单，也很容易实现，多用于文本分类。

贝叶斯公式如下：

$$P(B \mid A) = \frac{P(A \mid B)P(B)}{P(A)}$$

其中，$P(B)$为先验概率，$P(A|B)$为类条件概率，$P(B|A)$为后验概率。当将其运用于分类时，换一种表达形式会更加明晰：

$$P(c \mid X) = \frac{P(X \mid c)P(c)}{P(X)}$$

其中，c 表示类别，X 代表特征。

在朴素贝叶斯分类器中，假设所有属性相互独立。对于 $X=(x_1,\cdots,x_n)$，n 为数据维度，根据属性相互独立的假设，类条件概率可表示为：

$$P(X \mid c) = P(x_1,\cdots,x_n \mid c) = \prod_{i=1}^{n} P(x_i \mid c)$$

因此，朴素贝叶斯公式可重写为：

$$P(c \mid X) = \frac{P(X \mid c)P(c)}{P(X)} = \frac{P(c)}{P(X)} \prod_{i=1}^{n} P(x_i \mid c)$$

对于两个不同的类别 c_1 和 c_2，如果 $P(c_1|X)>P(c_2|X)$，则说明判定为类别 c_1 的概率更大。优先选择后验概率更大的类别，这又被称为极大后验概率估计（Maximum A Posteriori，MAP）。

朴素贝叶斯分类器的决策公式为：

$$\begin{aligned} h_{NB} &= \arg\max_{c \in C} P(c \mid X) = \arg\max_{c \in C} \frac{P(X \mid c)P(c)}{P(X)} = \arg\max_{c \in C} P(X \mid c)P(c) \\ &= \arg\max_{c \in C} P(c) \prod_{i=1}^{n} P(x_i \mid c) \end{aligned}$$

2. 决策树

决策树是一种简单、高效并且具有较强解释性的模型，广泛应用于数据分析领域。其本质是一棵由多个判断节点组成的树，其中，非叶节点对应于数据属性，叶节点对应于数据类别。决策树是基于树结构来进行决策的。

一棵树的训练过程为：根据一个指标，将训练集分为几个子集。这个过程不断地在产生的子集里重复递归进行，即递归分割。当一个训练子集的类标都相同时递归停止。这种决策树的自顶向下归纳是贪心算法的一种，也是目前最为常用的一种训练方法（但不是唯一的方法）。

一般用“信息熵”来度量样本集合纯度。假定当前数据集 D 中第 i 类样本所占的比例为 $P_i(i=1,2,\cdots,m)$，则数据集 D 的信息熵为：

$$Ent(D) = -\sum_{i=1}^{m} P_i \log_2 P_i$$

当用属性 a 分类数据集 D 后，假设 $value(a)$表示 a 的所有属性值构成的集合，根据 a 的属性值 v 所确定的数据子集为 D_v，则数据集 D 的期望熵变为：

$$Ent(D,a) = \sum_{v \in \mathrm{value}(a)} \frac{|D_v|}{|D|} Ent(D_v)$$

属性 a 的信息增益为：

$$Gain(D,a)=Ent(D)-Ent(D,a)$$

通过寻找信息增益最大的属性来对数据集进行划分，构造一棵树，并对树的子节点重复寻找信息增益最大的属性来继续划分。

3. **逻辑斯蒂回归**

逻辑斯蒂回归是统计学习中经典的分类方法。通过特征权重向量对特征向量的不同维度上的取值进行加权，并用逻辑函数将其压缩到 0～1 的范围，作为该样本为正样本的概率。

给定 M 个训练样本 $(X_1, y_1),(X_2,y_2),\cdots,(X_m,y_m)$，其中 $X_i=\{x_{ji}|i=1,2,\cdots,N\}$ 为 N 维实数向量，y_i 取值为+1 或-1，用于表示正样本和负样本，在逻辑斯蒂回归模型中，第 j 个样本为正样本的概率为：

$$P(y_j=1|W,X_j)=\frac{1}{1+e^{-W^{\mathrm{T}}X_j}}$$

其中，W 是 N 维的特征权重向量，即逻辑斯蒂回归模型中要求解的模型参数。

求解逻辑斯蒂回归问题，就是寻找一个合适的特征权重向量 W，使对于训练集的正样本，$P(y_j=1|W,X_j)$ 最大；对于训练集的负样本，$P(y_j=-1|W,X_j)$ 最大。

用联合概率表示为：

$$\max_W p(W)=\prod_{j=1}^{M}\frac{1}{1+e^{-y_jW^{\mathrm{T}}X_j}}$$

对上式求对数并取负号，则等价于：

$$\min_W f(W)=\log_2(1+e^{-y_jW^{\mathrm{T}}X_j})$$

寻找合适的 W 令目标函数 $f(W)$ 最小，是一个无约束最优化问题，解决这个问题的通用做法是随机给定一个初始的 W_0，通过迭代，在每次迭代中计算目标函数的下降方向并更新 W，直到目标函数稳定在最小的点。

梯度下降法直接采用目标函数在当前 W 的梯度的反方向作为下降方向：

$$D_t=-G_t=-\nabla_W f(W_t)$$

其中，$G_t=\nabla_W f(W_t)$ 为目标函数的梯度，计算方法为：

$$G_t=\nabla_W f(W_t)=\sum_{j=1}^{M}\left[\sigma\left(y_jW_t^{\mathrm{T}}X_j\right)-1\right]y_jX_j=\sum_{j=1}^{M}\left[\frac{1}{1+e^{y_jW_t^{\mathrm{T}}X_j}}-1\right]y_jX_j$$

4. **支持向量机**

支持向量机（Support Vector Machine，SVM）是 Corinna Cortes 和 Vapnik 等人于 1995 年提出的。支持向量机是用于分类的一类模型，使用它能够构造一个超平面，使其与特征点之间的间隔最大。

（1）间隔与支持向量

考虑一个二分类问题，在样本空间中，有图 6.6 所示的超平面将正例和负例划分为两部分。

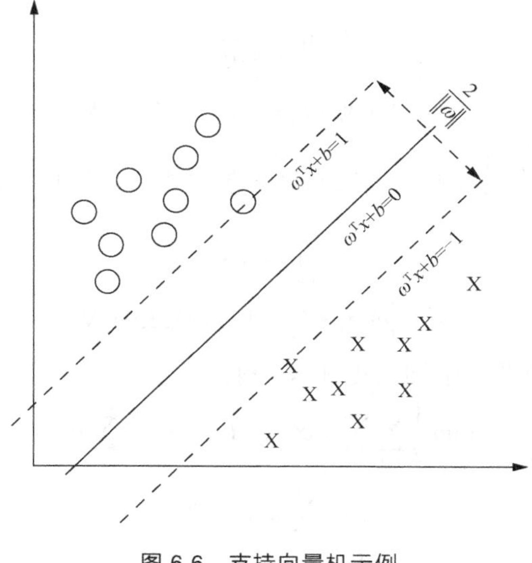

图 6.6　支持向量机示例

那么，这个超平面就可以用如下的方程来描述：

$$\omega^{\mathrm{T}}x+b=0$$

其中，ω 为超平面法向量，表达了超平面的方向，b 为超平面的截距，即位移项，表达其与原点之间的距离，因此 ω 和 b 就决定了一个平面，这里将平面记作（ω,b）。很容易得到样本空间中的样本点 x 到超平面（ω,b）的距离为：

$$\gamma_i=\frac{\left|\omega^{\mathrm{T}}x_i+b\right|}{\|\omega\|}$$

定义超平面(ω,b)关于样本点 x_i 的几何间隔为所有样本点到超平面距离的最小值：

$$\gamma=\min_{i=1,\cdots,N}\gamma_i$$

在线性可分的情况下，支持向量的定义为：训练数据集中样本点中与超平面距离最近的所有样本点。在图 6.6 中，在虚线上的两个点就是支持向量，支持向量可以用如下的方程来描述：

$$\left|\omega^{\mathrm{T}}x_i+b\right|=1$$

若超平面能正确地分开样本点，那么就有如下方程：

对于正例点：

$$\omega^{\mathrm{T}}x_i+b\geqslant+1$$

对于负例点：

$$\omega^{\mathrm{T}}x_i+b\leqslant-1$$

方程 $\omega^{\mathrm{T}}x_i+b=+1$ 和方程 $\omega^{\mathrm{T}}x_i+b=-1$ 形成了两个边界，如图 6.6 中的虚线所示，称为间隔边界。两个间隔边界之间的距离称为间隔。

（2）对偶算法

求解这个超平面就是将间隔最大化，这是一个带约束条件的最优化问题，即求：

$$\max_{\omega,b}\frac{1}{\|\omega\|}$$

$$\text{s.t.}\ \left|\omega^{\mathrm{T}}x_i+b\right|\geqslant 1，\ i=1,2,\cdots,N$$

因为最大化 $\frac{1}{\|\omega\|}$ 和最小化 $\frac{1}{2}\|\omega\|^2$ 在优化问题中是等价的，因此得到如下优化问题：

$$\min_{\omega,b}\frac{1}{2}\|\omega\|^2$$

$$\text{s.t.}\ \left|\omega^{\mathrm{T}}x_i+b\right|\geqslant 1，\ i=1,2,\cdots,N$$

引入这个对偶问题，使得这个问题更加容易求解。

$$\min_{\alpha}\frac{1}{2}\sum_{i=1}^{N}\sum_{j=1}^{N}\alpha_i\alpha_j y_i y_j(x_i-x_j)-\sum_{i=1}^{N}\alpha_i$$

$$\text{s.t.}\sum_{i=1}^{N}\alpha_i y_j=0$$

$$\alpha_i\geqslant 0,\ i=1,2,\cdots,N$$

对于这个新的优化问题，首先构建拉格朗日函数：

$$\mathrm{L}(\omega,b,a)=\frac{1}{2}\|\omega\|^2-\sum_{i=1}^{N}a_i y_i(\omega\cdot x_i+b)+\sum_{i=1}^{N}a_i$$

使用拉格朗日乘子法，即可求解该函数。

以上是最基础的支持向量机的思路。在线性可分情况下，可以使用这种硬间隔最大化的思路，但是在实际应用中，绝大多数情况下样本点是线性不可分的，这时我们就需要引入软间隔最大化，通过引入新的特性来实现线性支持向量机。

（3）线性支持向量机

对于给定的线性不可分训练样本集，通过求解软间隔最大化问题，从而得到分离超平面 $\omega^*\cdot x+b^*=0$ 以及相应的决策函数 $f(x)=\mathrm{sign}(\omega^*\cdot x+b^*)$，称为支持向量机。

因为训练集线性不可分，因此需要修改优化的目标函数：

$$\min_{\omega,b,\theta}\frac{1}{2}\|\omega\|^2+C\sum_{i=1}^{N}\theta_i$$

其中，θ_i 表示对第 i 个样本点 x_i，需要满足 $\left|\omega^{\mathrm{T}}x_i+b\right|\geqslant 1-\theta_i$ 的约束条件，在放宽优化条件的同时，在目标函数中引入了对放宽约束条件的惩罚：$C\sum_{i=1}^{N}\theta_i$，其中，C 为惩罚系数，用于调节对误分类点的容忍程度。

由此可以将线性支持向量机的学习问题描述为如下条件最优化问题：

$$\min_{\omega,b,\theta}\frac{1}{2}\|\omega\|^2+C\sum_{i=1}^{N}\theta_i$$

$$\text{s.t.}\ y_i(\omega^{\mathrm{T}}x_i+b)\geqslant 1-\theta_i，\ i=1,2,\cdots,N$$

$$\theta_i\geqslant 0，\ i=1,2,\cdots,N$$

这个最优化问题同样有相应的对偶问题：

$$\min_{\alpha}\frac{1}{2}\sum_{i=1}^{N}\sum_{j=1}^{N}\alpha_i\alpha_j y_i y_j(x_i\cdot x_j)-\sum_{i=1}^{N}\alpha_i$$

$$\text{s.t.} \sum_{i=1}^{N} \alpha_i y_i = 0$$

$$0 \leqslant \alpha_i \leqslant C \text{，} i=1,2,\cdots,N$$

可通过如下拉格朗日函数求解这一问题：

$$L(\omega,b,\theta,\alpha,\mu)=\frac{1}{2}\|\omega\|^2+C\sum_{i=1}^{N}\theta_i-\sum_{j=1}^{N}\alpha_i(y_i(\omega_i\cdot x_i+b)-1+\theta_i)-\sum_{i=1}^{N}\mu_i\theta_i$$

在线性不可分的情况下，支持向量 x_i 在间隔边界上、间隔边界和超平面中间，或者处在误分情况下。

6.5 思考题

1. 文本分布式表达模型中共现关系和聚合关系的区别是什么？

2. 举例说明有哪些分布式表达模型建模是共现关系、哪些模型建模是聚合关系。

3. 请叙述朴素贝叶斯模型中的“属性相互独立”这一假设在文本分类任务中是如何体现的。

4. 用朴素贝叶斯模型进行文本分类的公式为：

$$P(c\mid X)=\frac{P(X\mid c)P(c)}{P(X)}$$

简述先验概率 $P(c)$和类条件概率 $P(X|c)$分别有什么实际意义。

5. 决策树中一般用“信息熵”来度量样本集合纯度，请思考是否还存在其他的指标对集合纯度进行度量。与“信息熵”相比，其优势和劣势分别是什么？

6. 推导逻辑斯蒂回归模型的梯度表达公式。

7. 请定性描述支持向量机的惩罚系数 C 的取值对边距的影响。

07 第7章　数据存储与管理

本章从文件管理，到层次和网状数据库，再到关系数据库管理系统，介绍现代数据库技术的由来。接着对关系数据库管理系统的数据模型、数据操作和事务处理、并发控制和恢复技术进行介绍，并且给出一个 SQL 语言的入门教程。

NoSQL 是一类分布式数据库技术的总称，它们的目的是解决传统关系数据库管理系统的扩展性问题。这部分主要介绍 4 类 NoSQL 数据库，包括 Key Value 数据库、Column Family 数据库、Document 数据库以及 Graph 数据库。NoSQL 数据库的扩展性很好，但是缺乏传统关系数据库管理系统提供的事务 ACID 特性保证。

为了应对大数据管理的挑战，需要解决系统扩展性问题，也就是利用大量节点构造系统，利用分布式系统来处理大量数据。人们基于传统关系数据库管理系统，研究了各类 NewSQL 系统，最典型的是 VoltDB，本章最后介绍 VoltDB 的特点和若干技术细节。

7.1　数据管理的初级阶段——文件管理

在计算机发展的早期，人们需要记录各项数据和信息，于是在计算机中（存储设备）创建文件来保存这些信息，由此诞生了典型的文件管理系统。文件管理系统是计算机操作系统的一个重要子系统。由于数据保存在不同的文件中，因此人们需要编写专门的应用程序来处理这些数据。

采用文件管理系统保存数据存在若干弊端，具体如下。

（1）数据冗余、不一致。相同的数据有不同的副本，各个副本重复存储，一方面导致存储的开销变大，另一方面可能造成数据的不一致，因为有可能不同的人用不同的程序操作了不同副本，改变了其中的数据的值。

（2）数据的访问困难。程序的设计者可能没有设计出数据使用者需要的一些功能，从而无法对数据做一些操作。比如，把学生信息放在文件里，程序开发者并没有专门设计一个功能，比如，从学生信息中挑选出平均分为 70 分以上的学生名单，这样使用者就无法获得这个结果，需要等待程序开发者开发相应的程序。文件管理系统没有一个统一的、高效的数据存取方式，方便使用者对数据进行访问。

（3）数据的完整性保证变得困难。比如，保证数据文件中两条记录是不一样的，很难做到。或者保证工资属性必须大于 0，也不容易做到。

（4）事务处理的能力弱。事务是数据库的一个概念，它把对数据的一系列操作组合起来，构成一个完整的整体，要么全部做完，要么什么都不做（All or Nothing），从而保证数据库的数据是一致的、正确的。比如，把钱从一个账户转到另外一个账户。我们希望结果只有两种情况，要么转账成功，钱从一个账户转到了另一个账户；要么转账不成功，转出账户的钱还在。不能出现这样的状况，钱已经从一个账户出来，但是没有到达另外一个账户。在不加以管控（事务处理）的情况下，这种情况是很有可能出现的，比如转账过程中出现机器死机等。

7.2　层次数据库和网状数据库

为了解决上述问题，人们研究了各种数据库技术，研发了相应的数据库管理系统对数据进行管理，通过数据的集中管理和共享，以及提供统一的存取接口和事务处理的能力，保证数据的一致性。

相较于文件管理，数据库管理系统具有如下优势。

（1）减少数据冗余，实现数据共享。人们维护一个权威的数据副本，不同用户共享这份数据。

（2）具有较高的数据和程序的独立性。所谓数据和程序的独立性，指的是通过一定的映射机制，使得数据库的数据结构可以适当修改，只要应用程序通过数据库的存取接口看到的数据结构保持不变，那么应用程序就没有必要修改。

（3）实现了事务处理。事务处理通过并发控制、恢复机制、完整性约束等实现。这些内容在后面介绍关系数据库管理系统的时候进一步说明。

（4）数据安全性高。集中的数据管理，有利于安全措施的实施，可以提高数据的安全性。

早期的数据库管理系统常采用层次数据模型和网状数据模型。

1. 层次数据模型

层次数据模型按照树状的数据结构来管理数据（记录）。层次数据模型具有树状结构，由处于不同层次的各个节点（记录类型）组成。除根节点外，其余各节点有且仅有一个上一层节点作为其“双亲”，而位于其下的较低一层的若干个节点作为其“子女”。在层次数据模型中，节点代表数据记录，节点间的连线描述位于不同节点的数据间的从属关系（一对多的关系）。

层次数据模型反映了现实世界中实体间的层次关系。比如，为了管理学校的学生信息，我们可以建立学校、学院、学生等节点，并且形成“学校→学院→学生”的层次结构，如图 7.1 所示。当我们要寻找信息学院的学生的时候，就需要从学校节点出发，到达学院节点层次，找出信息学院记录。并且在这个树状结构中，导航到学生节点层次，找到信息学院的各个学生记录。最后，若这个记录符合查询条件，则将记录提取出来。

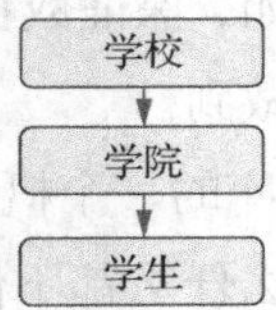

图 7.1 层次数据模型

层次数据模型存在以下问题。

（1）由于层次数据模型的严格限制，使得人们对低层次节点的访问效率很低，数据更新、插入和删除操作复杂。

（2）层次数据模型的操作具有过程式的性质，它要求用户了解数据的物理结构，并在数据操纵命令中，显式地给出存取途径。

（3）如果我们要模拟实体间多对多的联系，就会导致物理存储上的冗余。

（4）应用软件需要根据数据结构编写，层次数据模型与数据结构紧密联系，数据独立性差。

2. 网状数据模型

网状数据模型也是以记录类型为节点的数据结构，但是它是一种网状结构。网状数据模型是具有多对多联系类型的数据组织方式，网状模型将数据组织成有向图结构。在网状结构中，节点代表数据记录，节点间的连线描述不同节点的数据间的关系。它反映了现实世界中实体间的复杂联系。一个节点可以有一个或多个下级节点，也可以有一个或多个上级节点，两个节点之间甚至可以有多种联系。比如，“教师”与“课程”两个记录类型，可以有“任课”和“辅导”两种联系，如图 7.2 所示。两个记录类型之间可以是多对多的联系，比如，一门课程被多个学生选修，一个学生选修多门课程。网状模型的优点，是可以描述现实世界中常见的多对多的关系。有向图结构比层次结构具有更大的灵活性和更强的数据建模能力。而且，网状数据模型的数据存储效率也高于层次模型。

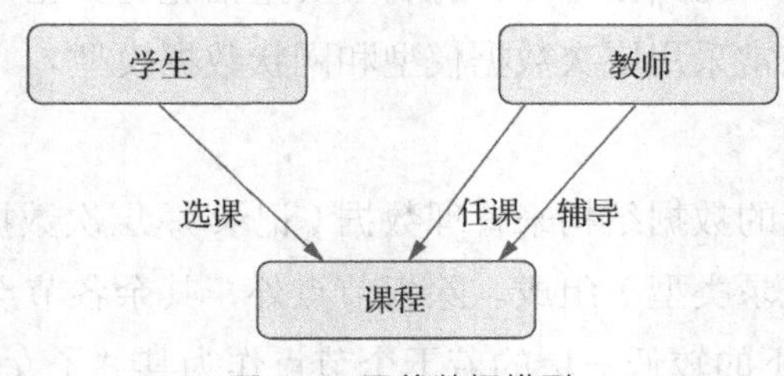

图 7.2 网状数据模型

网状数据模型也存在自己的问题，它的主要缺点与层次数据模型是类似的，即网状数据模型的操作命令具有过程式的性质。它要求用户熟悉数据的逻辑结构，知道目前所处的位置，以及接下来可以导航的其他节点类型等。网状数据模型的复杂性，增大了用户查询和定位相关数据的困难。

基于层次数据模型的层次数据库，有 IBM 公司的 IMS（Information Management System）数据库等；基于网状数据模型的网状数据库有 IDS 数据库等。我们看到，层次数据库和网状数据库，都采用导航式（Navigational）的数据结构。若要存取特定的数据单元，必须在软件里按照一定的存取路径去提取数据。当数据模式发生改变时，已经编写好的软件，就需要做相应的修改。

7.3 关系数据库管理系统

7.3.1 关系数据模型

20 世纪 70 年代初，IBM 公司的工程师 Codd 发表了著名的论文“*A Relational Model of Data for Large Shared Data Banks*”，开启了数据管理技术的新纪元，即关系数据库时代。基于这篇论文，人们掀起了关系数据库管理系统（Relational Database Management System，RDBMS）的理论研究和系统开发热潮。

关系数据模型的主要概念包括表格（关系）、行、列、属性等。比如，我们要保存一个学校的所有学生的基本信息，那么可以建立一张学生表，该表为一张二维表。每个学生信息对应这张表的一行，也称为一个记录，或者一个元组（Tuple）。每行数据由若干列组成，每一列表达了一个学生的一个属性，比如学号、姓名、性别、出生年月等（属性列也称为字段）。

这样的二维表，不仅可以记录关于现实世界中的各类实体（Entity）的信息，也可以记录实体间的关系（Relationship）。比如，我们可以建立一张表格，这个表格具有学号、课程号、选课时间、最终成绩等属性列，表格的每一行记录了某个学生对某门课程的选择及最终成绩。

在关系模型上，可以施加若干完整性约束条件，以保证数据的正确性、一致性。完整性约束包括实体完整性、参照完整性，以及用户自定义的完整性等。

（1）实体完整性。实体完整性是指数据库表的每一条记录，都是与其他记录不同的唯一记录，比如一个学生和另外一个学生，他们的信息在学生表中是两条不同的记录。一般通过唯一标识一行记录的主键（Primary Key，唯一标识一行记录的若干属性，比如学生表的学号）来保证实体完整性。比如，在学生表中，虽然有两个同学都叫王勇，但是他们具有不同的学号，通过学号就可以在数据库中唯一地标识他们。

（2）参照完整性。参照完整性是指如果某一个数据库表的记录，有一个字段参考了另外一个数据库表的某一条记录，那么另外那个数据库表的记录必须真实存在。比如，学生表里包含一个属性列，该属性列为他所在的院系，该属性保存院系编号，参照了院系表。那么，学生表的记录中出现的院系编号，必须是院系表里存在的一条记录，即某一个院系的编号。

（3）用户自定义的完整性。用户自定义的完整性是指用户对数据赋予的一些完整性规则，比如性别必须为男性或者女性，工资的数值必须大于 0 等。

7.3.2 数据操作

对关系模型的操作包括选择、投影、连接等。选择就是把一张表格中符合条件的记录挑选出来，比如，把 1998 年 10 月以后出生的学生记录选择出来。投影是在表格中把各个记录的部分属性列提取出来，比如，我们在学生表格上进行投影操作，只显示学生的学号、姓名和性别信息。而连接操作是对两张数据库表或者多张数据库表按照一定条件，把它们的各一行记录连接起来，生成结果集的一条记录。比如，我们对学生表、课程表、选课表进行连接查询，显示学生的学号、姓名、课程号、课程名等属性列，表示不同学生对不同课程的选课信息；又如，我们对学生表和院系表进行连接查询，显示每个学生的学号、姓名，以及该学生所在院系的名称等。

下面是实现学生表和院系表的连接操作的 SQL 查询（这里采用通过实例学习 SQL 的方式，更多的 SQL 实例请参考后文）。基于该实例，我们解释为什么需要进行表格之间的连接操作，以及如何实现连接操作。

```
select s.sno, s.sname, d.dname              #显示学号、姓名、院系名称
from student s, department d                #s是student表的别名，d是department表的别名
where s.did = d.did                         #连接条件
```

该查询需要显示学生的学号、姓名，这些信息在学生表里面。此外，该查询还需要显示学生所在院系的名称，这些信息存储在院系表中，所以需要对学生表和院系表进行连接。

那么，我们是否可以把学生所在院系名称保存在学生表的某个字段里，这样一来，在进行上述查询的时候，就不需要两个表格之间的连接了？这是可以的，但是这会带来严重的问题，具体如下：如果在学生表的每个学生的院系字段里保存了院系名称，一方面，院系名称比院系 id 占用的空间大得多，当学生数量很大的时候，会浪费很大的空间；另一方面，当院系改名的时候，我们需要对隶属该院系的所有学生的院系字段进行修改，代价很大。对关系数据库的表格进行设计的时候，特别是面向在线事务处理（Online Transaction Processing，OLTP）类应用的数据库，我们应该尽量把不同的实体放在不同的表格中。不同表格中的实体通过主外键建立关系，这个设计过程称为规范化（Normalization）。

比如，学生表中的每个学生记录通过学号唯一标识，学号是学生表的主键。院系表的每个院系通过院系 id 唯一标识，院系 id 是院系表的主键。学生表的院系 id 字段是一个外键，建立了学生表和院系表之间的联系，如图 7.3 所示。

用于实现连接操作的算法有 3 个，分别是嵌套循环连接（Nest Loop Join）、排序合并连接（Sort Merge Join）和哈希连接（Hash Join）。

院系表	
院系id	院系名称
001	计算机学院
002	统计学院

学生表			
学号	姓名	…	院系id
S001	王勇		001
S002	张丽		001
S003	张峰		002
S003	王涛		002

图 7.3　学生表和院系表的连接

（1）嵌套循环连接

以学生表和院系表的连接为例，我们从院系表里提取一个院系记录，然后扫描整张学生表，把隶属该院系的学生记录和该院系记录连接起来输出，然后再提取下一个院系，接着针对该院系，扫描整张学生表……如此循环，直到院系表的所有记录处理完毕，连接操作完成。

（2）排序合并连接

先对院系表基于院系 id 字段（就是 SQL 查询语句的连接字段）进行排序；然后再对学生表基于院系 id 字段进行排序。此时，院系表和学生表在院系 id 字段上的排序是一致的，只不过一个院系对应若干学生，如图 7.3 所示。接着我们用两个光标（Cursor）顺序扫描两个表，当遇到院系表的一个记录时，就在学生表里面，把可以与它连接的记录都连接起来。再将院系表的光标移动到下一个院系记录，学生表的光标移动到隶属于该院系的第一个学生记录……直到两个表的光标都达到表格的末尾，连接操作完成。

（3）哈希连接

使用一个 Hash 函数（该函数的功能是把数据映射到一个地址，在这里把院系 id 映射为一个桶（Bucket）号）扫描院系表的院系记录和学生表的学生记录，针对院系 id 进行 Hash 操作，把院系记录和学生记录分配到不同的桶（桶是一种内存数据结构）。由于使用同一个 Hash 函数，因此某个院系记录及其所属学生记录被分配到同一个桶。比如，计算机学院的院系记录和计算机学院的学生记录被分配到同一个桶，统计学院的院系记录和统计学院的学生记录被分配到另一个桶。我们就可以在一个桶内对匹配的院系记录和学生记录进行连接操作。

7.3.3　事务处理、并发控制和恢复技术

数据库中的事务是指一组数据库操作，这些操作在逻辑上是一个整体，目的是完成一定的业务目标。比如转账事务，其目的是把一个账户的一定金额，转入另外一个账户，它包含两个数据操作，分别是减少一个账户的余额，以及增加另外一个账户的余额。为了保证数据的一致性，事务处理器必须保证事务的 4 个主要特性——ACID，即事务的原子性（Atomicity）、一致性（Consistency）、隔离性（Isolation）和持久性（Durability）。

事务的原子性，指的是事务的所有操作，要么全部执行，要么都没有执行（All or Nothing）。比如，执行一个转账事务，要么已经完成转账，要么未完成转账，不允许出现已经从一个账户扣钱，而钱没有到达另外一个账户的状况。事务的一致性，保证数据是对的，具体是指事务把

数据库状态从一个正确（一致）状态转化成为另一个新的正确状态。在事务失败情况下，必须把所有数据恢复到事务开始之前的状态。在一个并发的事务处理系统中，多个事务的各个操作步骤可以交替执行，但是必须保证某个未提交的（Uncommitted）事务与其他事务是相互隔离的，目的是保证某个事务未提交的数据，别的事务是不能看到的。事务的持久性，指的是提交的（Committed）数据必须保存起来，当系统失败或者重启，数据能够恢复到最近的正确状态。

事务的 ACID 特性，以及整个数据库系统的可靠性，依靠并发控制技术和恢复技术来实现。数据库的并发技术主要分为两类，包括基于加锁的并发控制技术以及多版本并发控制技术。以最简单的加锁技术为例，当事务对数据进行读取的时候，需要对数据加读锁，当事务将要写入数据的时候需要对数据加写锁。在同一数据上，不同事务的读锁可以并存，但是同一时间只能有一个事务拥有写锁。而且，当一个事务已经拥有数据的写锁，其他事务的读锁请求需要等待，以此保证事务的正确协调。

数据库恢复技术可保证数据库系统在失败后能够恢复到最近的一致状态。为此，数据库的所有操作都必须有所记载，这就是数据库日志。日志记录的基本原则是“先写日志”（Write ahead Logging）原则，即对数据进行操作之前，把必要的日志信息记录下来。这些信息一般记录数据改变之前是什么值（称为前像，Before Image），改变之后将是什么值等（称为后像，After Image）。

数据库的操作一般很频繁，会导致日志数据量急剧增加，占用大量磁盘空间，也导致恢复数据库的时候，需要扫描、处理的日志信息过多。一般地，可以使用检查点技术把数据库最近的完整状态整体保存起来。日志文件里面仅仅需要记录检查点以后的事务对数据的改变就可以了，这样可以大大减少日志数据量，加快恢复过程。在数据库恢复过程中，首先把检查点装载进来，把提交了的事务再执行一遍（Redo），把未提交事务对数据的改变撤销掉（Undo），就可以把数据库恢复到最近的一致状态。为了应对存储介质损坏而把数据库数据保存到另外可靠的存储器中的操作，称为对数据库的备份。如果对数据库的所有数据进行完整备份，就称为全量备份；如果对数据库上次备份以来修改过的数据进行备份，就称为增量备份。

7.3.4 SQL 入门

关系模型被提出后，研究人员掀起了关系数据库管理系统开发热潮。1974 年，IBM 公司的工程师为 System R 数据库开发了交互式查询语言（Structured English Query Language，SEQUEL），这就是 SQL 的前身。

现在，SQL 已经成为国际标准，各个数据库厂家的产品都支持 SQL。SQL 集成了数据定义语言、查询语言和控制语言。通过标准化的 SQL，用户可以进行表结构（模式）和索引的定义与删除，对数据库表的数据进行增加、删除、修改以及查询等操作。使用 SQL 可以表达复杂的查询操作，可以对一张数据库表进行查询，也可以对多张表进行连接查询，还可以进行嵌套查询。比如，我们可以把符合某个条件的院系查找出来，然后根据查询结果，把隶属于这些院系的所有学生查找出来。在查询出来的数据之上，还可以对数据进行分组、聚集操作，比如，按照院系统计学生的人数，求出各个职称序列的老师的平均工资，等等。

SQL 的功能很强大，非常容易理解，普通用户可以很容易地学习和掌握。SQL 是一种声明性的语言（Declarative Language）。使用 SQL 时，用户只需要告诉系统，查询目的是什么（需要查询什么数据），即“What”，并不需要告诉系统怎么样去做，即“How”，包括数据在磁盘上是怎么存储的、可以使用什么索引结构来加快数据访问，以及使用什么算法对数据进行处理等，都无须用户关心。

下面，我们通过一些实例，来学习 SQL 查询语言，读者可以通过如下语句，熟悉 SQL 的语法。读者可以在 MySQL 等数据库上，执行下面的 SQL 语句。至于 MySQL 数据库如何安装和使用，请参考相关资料。

1. **单表查询和两表连接查询**

student 表存放学生信息，主要的字段有学号（主键）、姓名、性别、出生年月等。department 表存放院系信息，主要的字段有院系编号（主键）、院系名称、院系介绍等。

因为要与院系表建立关系，所以学生表还有一个外键字段（这个字段是院系表的主键），即院系 id，如图 7.4 所示。

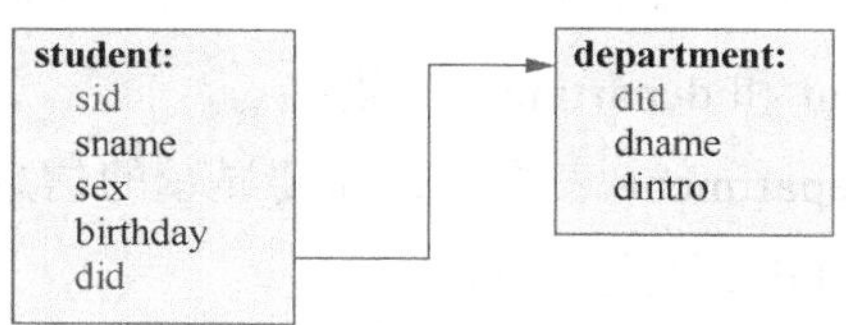

图 7.4　student 表和 department 表的模式

建表语句如下：

```
create  table student      #建立学生表
( sid char(16),            #学号，字符型，长度为 16 个字符，主键
sname char(32),            #姓名，字符型，长度为 32 个字符
sex char(1),               #性别，字符型，长度为 1 个字符
birthday char(8),          #出生年月日，字符型，长度为 8 个字符，“20180102”表示 2018 年 1 月 2 日
did char(16);              #院系编号，字符型，长度为 16 个字符，外键
);

create  table department #建立 department 表
( did char(16),            #院系编号，字符型，长度为 16 个字符，主键
 dname char(64),           #院系名称，字符型，长度为 64 个字符
 dintro char(256)          #院系简介，字符型，长度为 256 个字符
);
```

备注：MySQL 数据库有“日期时间”数据类型，在 student 表格的建立中，我们没有用到，而是用字符串表示日期时间，比如用“20180606”表示 2018 年 6 月 6 日。

插入一些种子数据。

```
insert into department values('d001', 'information', 'the information department
founded in 1978');
insert into department values('d002', 'economics', 'the economics department founded
```

```
in 1980');
    insert into student values('s001', 'li gang', 'M', '20000101', 'd001');
    insert into student values('s002', 'wang tao', 'M', '20000201', 'd001');
    insert into student values('s003', 'yang li', 'F', '20000301', 'd002');
    insert into student values('s004', 'zhang li', 'F', '20000401', 'd002');
```

查询 2000 年 4 月 1 日以后出生的学生。

```
select *
from student s
where s.birthday >='20000401'; #查询条件
```

这是一个单表查询，由于出生日期字段是字符串，具有天然的字典序，因此我们可以用 s.birthday >='20000401'表示 2000 年 4 月 1 日以后出生的语义。*表示显示所有字段，也就是查询和显示学生的所有字段。

基于这个实例，请读者思考如何编写 SQL 语句，查询'20000301'之前出生的学生信息。

查询信息系的学生：

```
select s.sid, s.sname
from student s, department d
where s.did = d.did and d.dname = 'information'; #查询条件
```

备注：s 和 d 分别是 student 和 department 的别名。

因为我们的查询条件在 department 表格上，而要显示的信息（sid、sname）在学生表上，所以需要连接两张表，s.did = d.did 是连接条件。

基于这个实例，请读者思考如何编写 SQL 语句，查询'economics'系的学生信息。

按照院系汇总学生人数：

```
select d.did,d.dname, count(*) as counter
from student s, department d
where s.did = d.did
group by d.did,d.dname;  #按 did、dname 进行分组，也就是按照院系进行分组
```

学生信息在学生表，院系信息在院系表，为了统计各个院系的学生人数，需要连接两张表，连接条件是 s.did = d.did。

这是一个分组统计，分组的条件是 d.did、d.dname，也就是按照 did 和 dname 对各个院系所属的学生进行分组，统计一下学生数量（count(*)）。

2. 多表连接查询

为了展示多表查询，我们增加两个表，分别是课程表和选课表。

课程表保存一系列的课程，包括课程号、课程名、课程介绍等字段。

选课表保存了学生的选课记录。选课表是一个特殊的表，它表达了学生对课程的选修这样的关系。一个学生可以选修多门课程，一个课程可以被多个学生选修。选课表包含学号、课程号、成绩等字段。

student_course 表的 sid 和 cid 字段分别指向 student 表和 course 表，它们是外键，但是它们两者结合在一起（见表 7.5），构成了 student_course 表的主键，也就是两者唯一标识了学生对课程的选修。

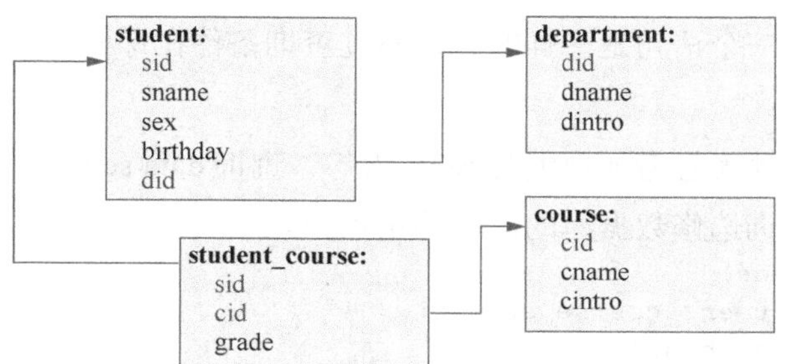

图 7.5　student_course 与 course 表的模式

student 表和 department 表的建表语句，已经在上文介绍了。这里给出 course 表和 student_course 表的建表 SQL 语句。

```
create  table course           #建立 course 表
( cid char(16),                #课程编号，字符型，长度为 16 个字符，主键
cname char(32),                #课程名，字符型，长度为 32 个字符
cintro char(128)               #课程介绍，字符型，长度为 128 个字符
);

create  table student_course #建立 student_course 表
(sid char(16),   #学号，字符型，长度为 16 个字符，sid 和 cid 一起为主键，sid 为外键
cid char(16),    #课程编号，字符型，长度为 16 个字符，sid 和 cid 一起为主键，cid 为外键
grade decimal(16,2)            #最终成绩，数字型
);
```

插入一些种子数据，具体的 SQL 语句如下。

```
insert into course values('c001', 'data science', 'data science is a new course');
insert into course values('c002', 'database', 'this is the database course');

insert into student_course values('s001', 'c001', 88.50);
insert into student_course values('s002', 'c001', 95.50);
insert into student_course values('s003', 'c002', 78.50);
insert into student_course values('s004', 'c002', 87.00);
```

从学生表入手，查询 wang tao 选修的课程及其成绩。

```
select c.cname, sc.grade
from student s, course c, student_course sc
where s.sname='wang tao'
and s.sid = sc.sid and c.cid=sc.cid;
```

因为要显示的课程名在课程表，查询条件 wang tao 又在学生表，要显示的成绩在选课表，所以需要三表连接，连接条件是 s.sid = sc.sid and c.cid=sc.cid。

基于这个实例，请读者思考如何编写 SQL 语句，查询'yang li'选修的课程及其成绩。

从课程表入手，查询数据库课程有哪些同学选修。

```
select s.sid, s.sname
from student s, course c, student_course sc
where c.cname='database'
and s.sid = sc.sid and c.cid=sc.cid;
```

因为要显示的学生信息在学生表，课程名在课程表，学生选课信息在选课表，所以需要三表连接，连接条件与上一个语句是一样的，只不过查询条件在课程表上，而要显示的信息在学生表上。

基于这个实例，请读者思考如何编写 SQL 语句，查询'data science'课程有哪些同学选修。

从课程表入手，查询选修数据库的同学的平均分。

```
select avg(sc.grade)
from course c, student_course sc
where c.cname ='database'
and c.cid = sc.cid
```

这是一个聚集查询，用于求某个课程的平均分。由于课程信息在课程表里，选课信息在选课表里，所以需要两表连接。

首先把选数据库这门课的选课记录拿出来，然后对其 grade 字段求平均分。此外，如何查询选修数据库的同学的最高分呢？其实，把 avg 改成 max 即可。

基于这个实例，请读者思考如何编写 SQL 语句，查询 wang tao 选修的课程的平均分（提示：student 表和 student_course 表的连接查询）。

从课程表入手，查询选修人数最多的课程。

```
select c.cid, c.cname, count(*) as counter
from course c, student_course sc
where c.cid = sc.cid
group by c.cid, c.cname
order by counter desc
```

上述语句是分组汇总语句，把 course 表和 student_course 表连接起来，对每门课的选课记录按照 cid 和 cname 聚拢在一起，然后进行计数（count(*)），别名是 counter。

接着按照 counter 进行降序排列（desc），排在最开始的那条记录就是被最多的同学选修的课程。

基于这个实例，请读者思考如何编写 SQL 语句，查询选修最多门课程的同学。按照这个实例，把 course 表和 student_course 表的连接操作，改成 student 表和 student_course 表的连接操作。其他部分适当改造，定位选课记录，并按照 sid、sname 进行聚拢，然后进行计数（count(*)），并按照计数降序排列即可。

7.4 NoSQL 数据库

7.4.1 CAP 理论与 NoSQL 数据库

根据 Brewer 提出的 CAP 理论，在大型分布式系统中，一致性（Consistency）、系统可用性（Availability）和网络分区容忍性（Network Partition Tolerance）这 3 个目标中，追求两个目标将损害另外一个目标，3 个目标不可兼得，如图 7.6 所示。

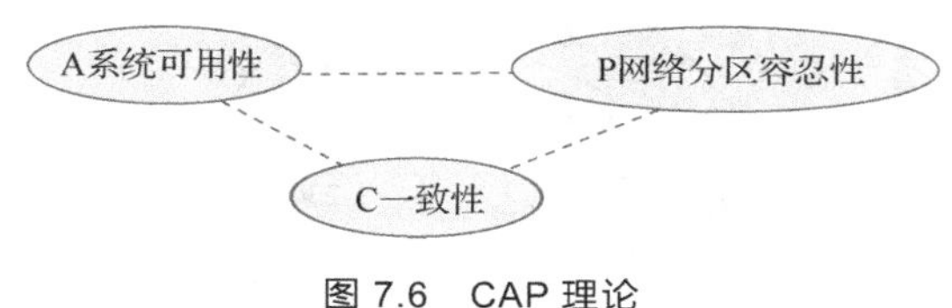

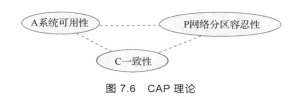

图 7.6　CAP 理论

根据 CAP 理论，如果追求高度的一致性和系统可用性，网络分区容忍性则不能满足。关系数据库一般通过 ACID 原则保证数据的一致性，并且通过分布式的事务执行协议，比如两阶段提交协议（Two Phase Commit，2PC）等，保证事务在分布式系统上的正确执行，追求系统的可用性，于是丧失了网络分区的容忍性。

在大量节点组成的集群系统中，由于节点失败是一个普遍现象，有可能造成数据库查询不能正确完成，不断重启，永远无法结束。ACID 实施了强一致性（Strong Consistency）约束，使关系数据库系统很难部署到大规模的集群上（几千个节点规模），其扩展性有限。

近年来，各类 NoSQL 技术蓬勃发展。NoSQL 数据库并不是某个具体的数据库系统，而是一类数据库系统的统称，其主要特点是采用与关系模型不同的数据模型。在系统设计的时候，面对大数据处理的新挑战，人们利用大型的计算机集群实现大数据的有效处理。NoSQL 数据库通过放松一致性的约束，突破了关系数据库管理系统的扩展性局限，把数据和处理任务分布到大量的节点上运行。它追求系统可用性和网络分区容忍性，但是牺牲了一致性。

NoSQL 数据库一般分为 Key Value 数据库、Column Family 数据库、Document 数据库、Graph 数据库 4 类。下面分别予以介绍。

7.4.2　Key Value 数据库

下面以 Dynamo 数据库为代表讲解 Key Value 数据库。Dynamo 数据库是 Amazon 公司开发的 Key Value（键/值对）数据库。Key Value 数据库中每个记录包含两个部分，分别是主键 key 和值 value，在 value 部分可以存放任意数据。Key Value 数据库的数据模型虽然简单，但是 value 可以存储任意值，相当灵活，它可以方便地支持各类上层应用。

Dynamo 数据库采用了一系列技术，实现了高性能的、可扩展的和高可用的 Key Value 数据库，其 99.9%的读/写访问，可以在 300ms 内完成。Dynamo 数据库是第一个具有极大影响力的 NoSQL 数据库系统，因此也成为其他 NoSQL 数据库模仿的对象。

Dynamo 数据库使用一致性 Hash（Consistent Hash）技术，实现数据的划分和分布。这个技术的基本原理是，使用一个 Hash 函数 H，把 key 值均匀地映射到一系列整数中，比如 H(key) mod L 运算就能把 key 值映射到[0, $L-1$]上。把 0 和 $L-1$ 首尾相连，形成一个环。在图 7.7 中，服务器 A 负责所有 Hash 值落在[7，233]的 key 值的管理，依次类推，服务器 E 则负责 Hash 值落在[875，6]的 key 值的管理。

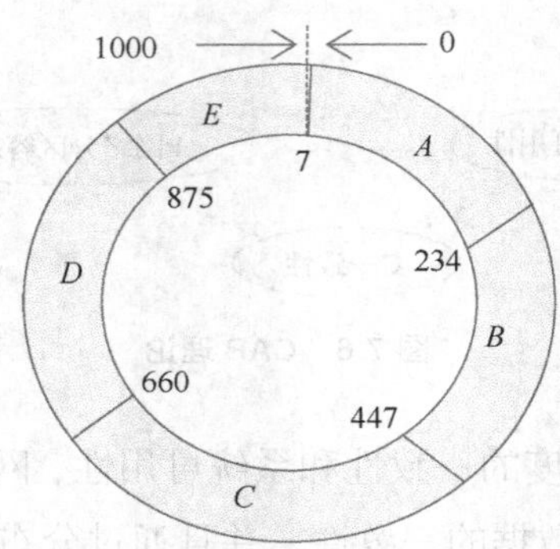

图 7.7　一致性 Hash 技术示意图

为了支持系统的容错，需要对数据进行复制，Dynamo 数据库把数据保存到负责邻近 key 范围的节点上。比如，当复制因子为 3（Replication Factor=3）时，所有映射到[7，233]的 key 和对应的数据都被保存到 *A*、*B*、*C* 这 3 个服务器上。当某个节点负载过重的时候，可以向集群里增加节点（即往虚拟环中增加节点）。一致性 Hash 的映射关系，能够保证只需要迁移少量的数据，就可完成在环上和新增节点相邻的节点的部分数据的迁移。

Dynamo 数据库使用 Quorum 机制（也称为 NRW 方法）实现数据的容错备份，保证数据的一致性和系统的可用性。*N* 为副本（也称备份）的个数，*R* 为读数据的最小节点数，*W* 为写成功的最小节点数。通过这 3 个参数的配合，可以灵活地调整 Dynamo 数据库的可用性与数据一致性。我们通过实例来看它的运行机制。比如，*N*=3&*R*=1&*W*=1，表示最少只需要从一个节点读取数据即可，读到数据就可以返回，而进行写入的时候，只要在 *N* 个副本里，写入其中一个即可返回。这时候系统可用性很高，但是并不能保证数据的一致性，也就是读取的数据可能不是刚刚写入的数据。当 *N*=3&*R*=3&*W*=3 的时候，每次执行写操作时，都需要保证所有的副本都写成功；每次执行读操作时，也需要从所有的副本读取数据，才算读成功。这样读取出来的数据可以保证正确性，但是由于读/写过程中，需要涉及 3 个副本，性能大受影响。因此，数据的一致性得到保证，但是系统可用性和性能降低了。采用 *N*=3&*R*=2&*W*=2 的读写模式，是对上述两种情况的折中，既保证了数据的一致性，又保证了一定的系统可用性和性能。这种模式要求 *R*+*W*>*N*，它能够保证读取到的数据肯定是刚刚已经写入的数据，因为读取的份数比总的副本数减去确保写成功的副本数的差值还要大。因此，每次读取，都至少读取到一个最新的版本，从而保证我们能够“读自己所写”。

Dynamo 数据库使用向量时钟（Vector Clock）技术实现版本冲突处理。它用一个向量表示数据的不同版本，在版本冲突的情况下想办法解决冲突，以保证系统的最终一致性。每个节点都记录自己管理的数据的版本信息，也就是每份数据都包含所有的版本信息。读取操作返回多个版本，由客户端的业务层来解决这个冲突，选择合适的版本。

我们通过实例，把 Quorum 机制和向量时钟技术结合起来，了解 Dynamo 数据库是如何实现版本冲突处理的。假设整个集群有 *A*、*B*、*C* 3 个节点，系统使用的复制（Replicate）因子为 3，即每个数据有 3 个副本。

当采用 $W=1$ 的时候，为了保证 $W+R>N$，有 $R=3$。那么有如下场景。

（1）A 收到某个数据 X 的数值是 4000 的写请求，于是对于该数据，其数据和版本信息为 4000[A/1]。

（2）数据被复制到 B、C 前，该数值被调整，变成 4500，那么 A 上有 4500[A/2]，覆盖了 4000[A/1]。

（3）这个数据被复制到 B、C 两个节点，B、C 上有 4500[A/2]。

（4）这时候，对节点 B 有个更新请求，X 被改成 5000，那么 B 上就有 5000[A/2, B/1]。

（5）在 B 的数据被复制到 A、C 之前，对节点 C 有一个更新请求，重新改成 3000，于是 C 上有 3000[A/2，C/1]。

于是 A、B、C 3 个节点的数据 X 的版本标记为 4500[A/2]、5000[A/2, B/1]、3000[A/2, C/1]。

当客户端读取的时候，从 3 个节点读取到的数据不一致。由于我们设置 R 为 3，所以 A 的版本最低，被舍弃；B 和 C 的数据 5000[A/2, B/1]、3000[A/2, C/1]，需要进一步判断哪个是最新的。可以通过时间戳来比较，比如 B 上的数据，其时间戳是最新的，则 X 的取值是 5000。确定了最新数据后，合并向量时钟（Vector Clock），通知节点 A 把数据改成 5000[A/3, B/1, C/1]。后续的读取操作，都从 3 个节点读取，比较 3 个数据版本，这时 A 上的 X 数据版本最高，为最新数据。

当采用 $W=2\&R=2$ 读写配置的时候，有如下的场景。

（1）A 收到对 X 的写请求 4000，这个数据必须到达 B，才算写成功。于是 A 上有 4000[A/1]，B 上有 4000[A/1]；

（2）在数据 X 被复制到 C 之前，有一个对 X 的更改，X 变成 4500，同上，A 上有 4500 [A/2]，B 上有 4500 [A/2]。

（3）数据被复制到 C，C 上有 4500 [A/2]。

（4）这时对 B 有一个对 X 的修改请求，变成 5000，那么 B 上有 5000[A/2，B/1]，复制第二份到 C，于是 C 上有 5000[A/2, B/1]。

（5）对 C 有一个对数据 X 的修改请求，变成 3000，那么 C 上有 3000[A/2, B/1, C/1]，数据复制第二份到 A，A 上的 4500[A/2]相对于 3000[A/2, B/1, C/1]更陈旧，被新的数据覆盖，变成 3000[A/2, B/1, C/1]。

这时，A 上有 3000[A/2, B/1, C/1]，B 上有 5000[A/2, B/1]，C 上有 3000[A/2, B/1, C/1]。由于 $R=2$，无论我们读哪几个数据，最后都得到 5000[A/2，B/1]和 3000[A/2, B/1, C/1]。版本[A/2, B/1, C/1]要比[A/2, B/1]更新，于是在 $W=2\&R=2\&N=3$ 的情况下，无须协调即可解决版本冲突。

需要指出的是，通过提高 W 可以降低冲突，提高一致性，但是写入多份数据要比写入一份数据要慢，写成功的概率也降低了，降低了系统的可用性，这也印证了 CAP 理论。

此外，Dynamo 数据库通过 Hinted Handoff 机制保证了 Dynamo 数据库系统的健壮性。即在一个节点出现临时性故障时，把写操作自动引导到节点列表的下一个节点进行，并标记为

Handoff 数据，在收到通知需要对原节点进行恢复的消息时，重新把数据推回去。这个机制使得系统的写入成功率大大提升。

最后，Dynamo 数据库使用 Gossip 协议实现成员资格和错误检测。使用该协议，整个网络省略了中心节点，使网络可以去中心化，提高了系统的可用性。

除了 Dynamo 数据库之外，主流的 Key Value 数据库还有 Redis、Riak KV 等。

7.4.3 Column Family 数据库

Google 公司开发的 Big Table 数据库是典型的 Column Family 数据库，它是基于 GFS（Google File System）分布式文件系统、CLS（Chubby Lock Service）分布式加锁服务的大型分布式 NoSQL 数据库系统。Big Table 数据库运行于廉价集群，易于扩展，支持动态伸缩，支持 PB 级海量数据的处理。Big Table 数据库支持大量并发的读操作，同时支持数据更新。与 Dynamo 数据库一样，Big Table 数据库的设计思路极大地影响了后续各个 NoSQL 数据库系统的研发。

Big Table 数据库系统的存储结构是典型的 Column Family 存储。它通过 Key Value 基础数据模型对数据进行建模，但是 Value 具有了更精巧的结构，即一个 Value 包含多个列，这些列还可以分组（Column Family），呈现出嵌套映射（Map）的数据结构特点。由于每列数据是带有时间戳（Timestamp）的，可以在 Column Family 的每个 Column 里维护多个 Value 版本。在需要对历史数据的变动情况进行分析的场合（比如网页的多个版本），这样的建模方法能够提供有力的支持。

图 7.8 给出一个 Big Table 表格的实例。反转的 URL（com.baidu.www 是对 www.baidu.com 的反转）作为表格的 Key，这个表格有两个 Column Family，分别是 Contents 和 Anchor。Contents 保留了页面的内容，每个时间戳对应一个页面的内容，可以保留该页面的不同历史版本。Anchor 则保存了指向这个页面（即引用该页面）的其他页面的锚点（即其他页面的超链接，指向本页面）的文本信息。在这个实例中，百度的主页，被 Sports Illustrated（baidusi.com）和 My Look（my.look.ca）两个页面指向，所以每行记录有两列 anchor:baidusi.com 和 anchor: my.look.ca，它们隶属于同一个 Column Family，即 Anchor。

	Contents	Anchor:baidusi.com	Anchor:my.look.ca
com.baidu.www	t3 <html>...... t5 <html>...... t6 <html>......	t9 "BAIDU"	t8 "BAIDU.com"
com.abc.www			

图 7.8　Big Table 数据库的表格实例

Big Table 系统采用 Master/Slave 的主从系统架构，包括 Master 节点和 Tablet Server 节点。Master 节点负责保存元信息，并且实时监控每个数据块（称为 Tablet）的大小、负载情况、服务器的可用性等，对用户的查询进行路由选择，选择合适的 Tablet Server 进行服务。Tablet Server 负责数据块的管理，数据是按照 Key 进行排序的，每个 Tablet 服务器负责某个 Key 范围的数据的管理。

Big Table 数据库为 Google 公司的搜索、地图、财经、打印、社交网络、视频共享（YouTube）以及博客等业务，提供了数据存储和操作的支持。Hadoop 平台上的 HBase 数据库，是对 Big Table 数据库进行模仿而实现的开源数据库，它被应用于日志数据管理和分析、互联网点击流管理和分析、广告数据管理和分析、物联网数据管理和分析等众多的领域。

7.4.4 Document 数据库

Document 数据库以 Key Value 存储模型作为基础模型，其中的每个文档都是一个 Key Value 的列表，每个 Value 还可以是一个 Key Value 列表，构成循环嵌套的结构。文档格式一般采用 JSON（JavaScript Object Notation）格式，或者类似于 JSON 的格式。

JSON 格式是一种轻量级的、基于文本的，且独立于语言的数据交换格式，它比 XML 更轻巧，是 XML 数据交换的一个替代方案。假设有一个 employee 对象，它有姓、名、员工编号、头衔等信息，使用 JSON 格式表示的具体形式如下。

```
{
    employee:
    {
        firstName: "John",
        lastName: "Wang",
        employeeNumber: 20010078,
        title: "Accountant"
    }
}
```

使用 Document 数据库对数据进行建模时具有极大的灵活性。对于某些特定的应用来说，Document 数据库的存储效率更高。由于数据的循环嵌套结构特点，应用程序也变得更加复杂，有时候难以理解和维护，对数据进行操作的编程负担，就落在了程序员身上。

Document 数据库的典型代表是 MongoDB 和 Couchbase。其中，MongoDB 是一款典型的分布式文档数据库。它为大数据量、高并发访问、弱一致性要求的应用而设计。MongoDB 具有高度的扩展性能，在高负载的情况下，可以通过添加更多的节点，保证系统的查询性能和吞吐能力。

MongoDB 是模式自由的（Schema Free），也就是存储在 MongoDB 数据库中的文件，无须定义它的结构模式。如果需要的话，可以把不同结构、不同类型的文档保存到 MongoDB 数据库中。

文档被划分成组，存储在数据库中。一个文档分组称为一个集合（Collection）。每个集合在数据库中有一个唯一的标识，它可以包含无限数目的文档。集合的概念可以对应到关系数据库表格（Table），而文档则对应到关系数据库的一条记录（Record）。但是在这里，无须为集合定义任何模式（Schema）。

存储在集合中的文档，被存储成键/值对的形式，键用于唯一标识一个文档，为字符串类型，而值则可以是任何格式的文件类型，包括二进制 JSON 形式 BSON（Binary JSON）。通过二进制数据存储，可以管理大型的音频、视频等多媒体数据对象。

MongoDB 支持增加、删除、修改、简单查询等主要的数据操作以及动态查询，并且可以在不同属性上建立索引，当查询包含该属性的条件时，可以利用索引获得更高的查询性能。MongoDB 提供 Ruby、Python、Java、C++、PHP 等多种语言的编程接口，方便用户使用不同语言编写客户端程序连接到数据库进行数据操作。为了支持业务的持续性，MongoDB 通过复制技术实现节点的故障恢复。

MongoDB 功能强大，但是它并不能代替关系数据库，因为它缺乏联机事务处理（On-Line Transaction Processing，OLTP）的能力（需要保证 ACID 事务特性）和性能，它主要被应用到大规模、低价值的数据存储和管理场合。比如，欧洲原子能研究中心使用 MongoDB 来存储大型强子对撞机实验的部分数据。

7.4.5 Graph 数据库

社交网络应用的数据管理需要促使人们研发了图数据库。某些图数据的数据量是极其庞大的，比如，Facebook 拥有超过 8 亿的用户，对这些用户的交互关系进行管理、分析是极大的挑战。利用图数据，我们可以进行社区检测、链路预测、影响力分析和最大化等操作。值得指出的是，知识图谱是对现有知识的总结和整理，可以帮助我们建立各种各样的应用系统，比如问答系统等，它最自然的底层存储选择就是图数据库。

图数据库的典型代表是 Neo4j。Neo4j 是一个用 Java 语言实现的、高性能的 NoSQL 图数据库，它的基础数据结构是图（Graph），而不是二维表。在一个图中，包含两种基本的数据对象（实体），分别是节点（Node）和关系（Relationship）。所有节点通过关系连接起来，形成网络结构（Network）。节点和关系，可以包含键值对（Key Value）形式的属性。

Neo4j 是模式自由的，即节点可以表达现实世界不同的对象，关系可以表达现实世界中各种对象之间的联系。Neo4j 使用一套易于学习的查询语言——Cypher，支持图数据的增加、删除、修改、查询等操作。经过精心的数据结构设计和算法优化，它具有在 2.7 秒内完成遍历一百万（1 Million）节点的极高性能，这也使得 Neo4j 成为支持大规模图数据管理和查询的数据库引擎。为了把 Neo4j 的应用扩展到企业应用场景，Neo4j 提供了兼容 ACID 语义要求的事务处理能力，并且通过主从复制、联机备份等技术实现系统的高可用性。

Neo4j 可以作为嵌入式数据库使用，也可以作为单独的服务器使用。在后一种应用场景下，它提供了表述性状态传递（Representation State Transfer，REST）接口，此外用户可以使用 PHP、.NET 和 JavaScript 等语言进行数据操作，方便应用程序的开发。

Neo4j 的典型应用领域包括语义网和 RDF 数据、Linked Open Data、地理信息系统（Geographic Information System，GIS）、基因分析、社交网络、推荐系统等。甚至在传统 RDBMS 的某些应用领域，也有它的用武之地。比如一些适合用图来表达和处理的数据，包括文件夹结构、产品分类、元信息管理等，以及金融领域的欺诈团伙检测、电信领域的通话关系分析等。

7.5 NewSQL 及其代表 VoltDB

NewSQL 是一类新式的关系数据库管理系统的统称。这类系统的负载仍然是 OLTP 类工作负载，需要对 ACID 事务提供支持，并且支持 SQL 查询语言。其借鉴 NoSQL 系统的优势，试图提高系统的扩展能力，使之具有类似 NoSQL 系统的扩展性能。

NewSQL 的典型代表是 VoltDB。VoltDB 是原型系统 H-Store 的商业化版本，它的设计者是数据库界的知名专家 Michael Stonebraker（2014 年图灵奖获得者）。

VoltDB 是一款高性能的 NewSQL 数据库。NoSQL 数据库突破了传统关系数据库的扩展性瓶颈，把数据分布到大量节点上并行处理，但是它损失了数据的一致性。NoSQL 数据库采用了最终一致性模型保证数据的一致性，一般不支持完全的 ACID 事务处理。VoltDB 是一款内存数据库系统，提供了类似于 NoSQL 数据库的扩展性，同时没有放弃传统关系数据库系统支持的 ACID 事务特性。这也是其他的 NewSQL 系统追求的目标。

在一个采用类似 TPC-C[①]负载的性能评测中，VoltDB 在单个节点配置下，获得了超过某个传统数据库系统（测试方没有公开产品名称）40 倍的吞吐量，达到 53 000TPS（Transactions per Second，每秒执行的事务数），而在 12 个节点组成的数据库集群上，获得 560 000TPS 的吞吐量。VoltDB 在保持 ACID 事务支持的情况下，获得了极高的性能和高度的扩展能力。下面介绍 VoltDB 采用的若干技术。

7.5.1 事务的串行执行

通过分析发现，传统关系数据库系统大概花费 10%的 CPU 时间在提取和更新记录上，而把 90%的时间花在缓冲区管理、加锁（Locking，实现事务间的数据操作协调）、闩锁（Latching，协调多线程对数据结构的存取，保护数据结构）以及日志等操作上。

VoltDB 把数据保存在集群内存中，整个 VoltDB 数据库由若干分区（Partition）组成，这些分区分布在各个站点（Site，即服务器）上。每个站点上的数据分区，通过单一的线程（Singled Thread）进行存取，避免了多线程环境下的加锁（Locking）和闩锁（Latching）操作带来的开销。所有的事务请求都被串行执行。

7.5.2 通过存储过程存取数据库

VoltDB 使用 SQL 作为查询语言，对数据库的存取，则通过存储过程（Stored Procedure）来实现。用户不能发起即席查询。

存储过程使用 Java 语言编写的函数，SQL 语句嵌入在存储过程中，这些存储过程编译成可执行代码，由数据库引擎执行，而不是像普通的 SQL 查询语句那样解释执行。相较于通过 JDBC

① TPC-C 是事务处理性能委员会（Transaction Processing Performance Council）定义的面向在线事务处理（OLTP）应用的数据库性能测试基准（Benchmark Specification）。它模拟了客户购买商品、商家对订单进行处理和货物分发的数据模型和商业流程。

接口发起 SQL 查询存取数据库，使用这种方式，每个事务只需要客户机和服务器的一次往返（One Trip）传输，避免了因为多次通过网络调用数据库服务器带来的延迟。

对存储过程的调用是一个事务。如果事务成功执行，就提交，否则进行事务回滚。虽然 SQL 语句需要在设计软件的时候确定，但是可以通过在运行时绑定具体参数，实现灵活的数据存取。

7.5.3 数据分区策略考虑尽量避免跨节点数据通信

对数据进行分区的时候，需要考虑的首要问题是，尽量使事务（数据修改和查询）在一个服务器上完成。对数据分区所使用的 Key 的选择，需要精心考虑，如果某些查询没有用到这个 Key 的话，它就需要存取多个分区（即多个服务器）。比如，我们对“部门”表和“员工”表，都按照“部门编号”进行分区（Partition）。那么，对这两个表进行连接操作的时候，如查询某个部门年龄在一定范围的员工，就可以在一个服务器上完成，无须服务器之间的信息交换，因为某个部门和该部门的员工信息都在同一个服务器上。但是，如果我们对“部门”表按照“部门编号”进行分区（Partition），而对“员工”表按照“员工编号”进行分区，那么执行上述查询时，就需要在服务器之间交换信息。

各个分区并行地各自执行自己的查询，使系统获得更高的吞吐量。某些数据库表，由于其数据量非常小，而且不轻易进行更新，一般可以把它复制到各个服务器上，方便进行数据的连接操作（Join）。比如，数据库里有“部门”表和“员工”表，查询涉及这两个表。当查询某个部门年龄在一定范围的员工，就需要连接“部门”和“员工”两张表。“部门”表只有少数的几条记录，数据量很少，不经常改动，那么就可以把它复制到各个服务器，方便与“员工”表的连接操作，加快查询的速度。

7.5.4 命令日志与恢复技术

VoltDB 通过快照和日志技术，支持事务的持久性和数据库的可恢复性。在它的日志中，并未记录数据改变的情况，而是把对存储过程（具有编号）的调用及其参数，按照调用的串行顺序记录下来，每个节点保留自己的日志信息，这种日志方法称为命令日志（Command Logging）。如果对日志进行同步处理（Synchronous Logging），那么，只有日志已经持久化到硬盘以后，存储过程才能提交。用户还可以指定把若干存储过程调用的日志，成批地记录到磁盘，对事务进行批量提交（Batch Commit），从而提高吞吐量。

快照（Snapshot）是数据库的数据在某个时间点的状态。VoltDB 可以自动地在一定的时间间隔里，创建快照并存盘。当数据库关闭以后（包括异常关闭和正常关闭，正常关闭是为了对数据库进行维护），就可以利用快照和日志信息，把数据库恢复到最近的一致状态。

7.6 思考题

1. 简述使用文件管理数据的弊端。

2. 简述层次数据模型、网状数据模型及其特点。
3. 简述关系数据库的数据模型、数据操作。
4. 简述关系数据库的事务处理、并发控制机制和恢复机制。
5. 简述 CAP 理论。
6. 简述 Dynamo 数据库的一致性 Hash、Quorum 机制、向量时钟技术。
7. 简述 Big Table 的数据模型、系统架构。
8. 简述 JSON 文档模型。
9. 简述图数据库的典型代表 Neo4j 及其关键技术。
10. 简述 NewSQL 的典型代表 VoltDB 及其关键技术。

第8章　数据采集与集成

信息是现代企业乃至整个人类社会的重要资源，是企业科学管理和决策分析的基础。目前，大多数企业花费大量的资金和时间来构建联机事务处理（OLTP）的业务系统和办公自动化系统，用来记录事务处理的各种相关数据。据相关统计，企业数据量每 2～3 年时间就会增长一倍，这些数据蕴含着巨大的商业价值，而企业所关注的通常只占总数据量的 2%～4%。因此，企业仍然没有最大化地利用已存在的数据资源，以至于浪费了更多的时间和资金，也失去制定关键商业策略的最佳契机。于是，企业如何通过各种技术手段，把大量的数据转换为有用的信息、知识，已经成了提高其核心竞争力的关键所在。ETL（Extract-Transform-Load）是主要的一种技术手段，通过 ETL 过程可将数据汇聚到数据仓库中。

ETL 用来描述将业务系统的数据经过抽取、清洗转换之后加载到目的端，从而将企业中的分散、零乱、标准不统一的数据整合到一起，为企业的决策提供分析依据。ETL 的设计分为 3 部分：数据抽取、数据的清洗转换、数据的加载。在设计 ETL 的时候也是从这 3 部分出发的。

本章接下来详细介绍数据采集、数据抽取、数据清洗以及数据集成的相关内容。

8.1　数据采集

数据采集，又叫作数据获取，从广义上来说就是利用一种装置，从系统外部采集数据并输入到系统内部的一个接口。数据采集技术广泛应用在各个领域。在传统的工业领域中，传感器、摄像头、话筒等都是数据采集工具，被采集数据是已被转换为电信号的各种物理量，如温度、水位、风速、压力等；在计算机辅助制图、测图、设计中，对图形或图像数字化过程也可称为数据采集，此时被采集的是几何量数据或物理量数据，如灰度等。

在互联网行业快速发展的今天，数据采集已经被广泛应用于互联网，数据采集领域已经发生了重要的变化。本章介绍的数据采集实例是数据连接器，它将来自各种数据源的数据收集到分布式文件系统或 NoSQL 数据库中，以便批量分析数据，或把数据源连接到流或内存处理框架，从而对数据进行实时的分析。

8.1.1　数据采集的重要因素

首先介绍进行数据采集时需要考虑的因素，这些因素将会决定我们采用什么样的工具或框架来进行数据采集。数据源既可能是批量发布的大批量数据，也可能是小批量发布的数据或流式实时数据。在选择数据连接器时，必须考虑数据源的类型。批量数据源主要有文件、日志、关系型数据库等；实时数据源主要有机器生成的传感器数据、物联网系统发送的实时数据、社交媒体数据、股票市场数据等。数据的速度是指数据的生成速度以及变化的频率。对于具有高速度的数据，如实时数据或流数据，需要采用具有低开销和低等待时间的通信机制。数据获取机制可以是推-拉机制，也可以是发布-订阅机制。数据消费者的需求将会决定使用哪种特定的数据采集工具或框架来获取数据。下面两小节将会详细介绍这两种机制。

8.1.2　推-拉机制

推-拉机制就是数据源首先将数据推送到推-拉消息框架，然后框架将数据推送到数据接收器。图 8.1 描述的是在一个推-拉消息框架中的数据流。生产者（Producer）将数据推送到队列中，消费者（Consumer）从队列中拉取数据，这里要注意的是，一个生产者会把数据推送到多个不同的队列中，而每个消费者只能从一个队列中拉取数据。

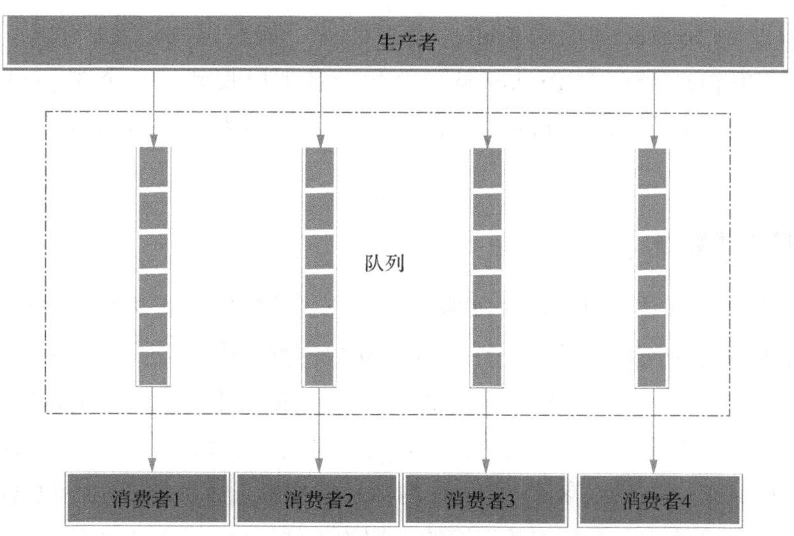

图 8.1　推-拉消息框架中的数据流

在推-拉机制的消息传递中，生产者将数据推送到队列中，消费者从队列中拉取数据。生产者和消费者不需要相互知道对方的情况。消息传递队列对推-拉机制类型的消息传递很有用。消息传递队列允许从消费者中解耦数据的生产者。

8.1.3 发布-订阅机制

如果消费者有能力（或要求）拉取数据，那么就可以使用允许消费者拉取数据的发布-订阅消息机制（如 Apache Kafka）或消息队列。数据的生产者将数据推送到消息传递框架或者一个队列中，然后消费者就可以从中拉取数据。图 8.2 所示为在一个发布-订阅消息系统中的数据流。生产者把消息按照不同的 Topic 分开发布到 Broker 上，消费者则去 Broker 上通过订阅不同的 Topic 来获得所需数据。这里需要注意的是，一个 Topic 可以由多个消费者订阅，但是每个消费者只能订阅一个 Topic。

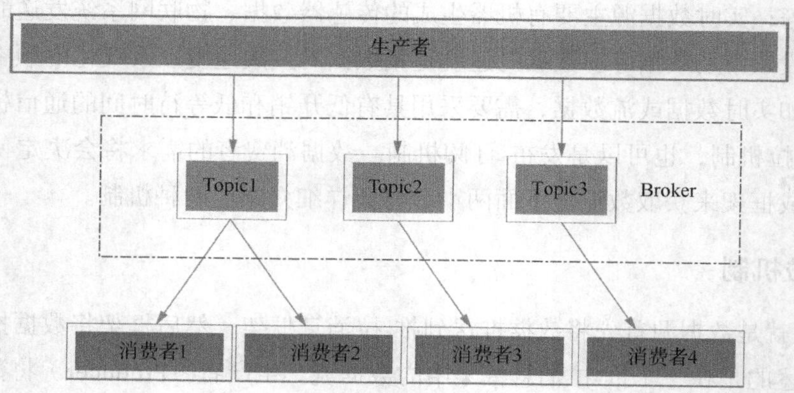

图 8.2 发布-订阅消息框架中的数据流

发布-订阅消息框架是一个包含生产者、Broker 和消费者的通信模型。生产者就是数据源，它把数据发给由 Broker 管理的 Topic。生产者并不能意识到消费者的存在，消费者订阅由 Broker 管理的 Topic。当一个 Broker 从一个生产者那里收到了一个 Topic 的数据之后，它会把数据发送给所有订阅了这个 Topic 的消费者。或者消费者会从 Broker 那里拉取特定 Topic 的数据。

8.1.4 大数据收集系统

大数据收集系统允许从各种来源（如服务器日志、数据库、社交媒体、从物联网设备收集的传感器流数据和其他数据源）收集、汇总和移动数据到集中式数据存储区（如分布式文件系统或 NoSQL 数据库）。本小节主要介绍一个典型的大数据收集系统——Apache Flume。

Apache Flume 是一个分布式、高可靠且高可用的系统，用于收集、聚合以及将大量来自不同数据源的数据转移到集中式数据存储。Flume 的体系结构基于数据流，主要包含源、通道、接收器等组件。源是接收或轮询来自外部数据源的数据的组件。Flume 数据流从一个数据源开始。例如，Flume 源可以接收来自社交媒体网络的数据（使用各种流式 API）；在 Flume 源接收到数据后，将数据传输到通道中。数据流中的每个通道都连接到一个接收数据的接收器。数据流可以由多个通道组成，其中一个源可以将数据写入多个通道；接收器是将数据从通道传输到数据存储器（如分布式文件系统或另一个代理程序）的组件。数据流中的每个接收器都与一个通道相连接，它要么将数据传输到最终目的地，要么将其传输给其他代理；Flume 的代理是源、通道和接收器的集合。代理是一个过程，它承载数据从外部源移动到最终目的地的源、通道和接收器；事件是具有有效载荷和可选属性集的数据流单元。Flume 源的消费事件由外部数据源产生。

8.1.5　自定义连接器

用户可以自行开发用于从数据生成器获取数据的自定义连接器和Web服务，以满足应用需求。本小节简单介绍一种常用的连接器：基于 REST 的连接器。图 8.3 所示为基于 REST 的自定义连接器的体系结构。该连接器公开了一个 REST Web 服务。数据生产者可以通过使用包含数据有效载荷的 HTTP POST 请求将数据发布到连接器。由连接器接收的请求数据存储到接收器（如本地文件系统、分布式文件系统或云存储）。连接器中的数据接收器提供了处理 HTTP 请求和将数据存储到接收器的功能。使用基于 REST 的连接器的好处是任何可以发出 HTTP 请求的客户端都可以将数据发送到连接器。请求在本质上是无状态的，并且每个请求都包含处理这个请求所需的所有信息。由于 HTTP 的头部会被添加到请求开销中，因此这种方法不适用于高吞吐量和实时的应用。

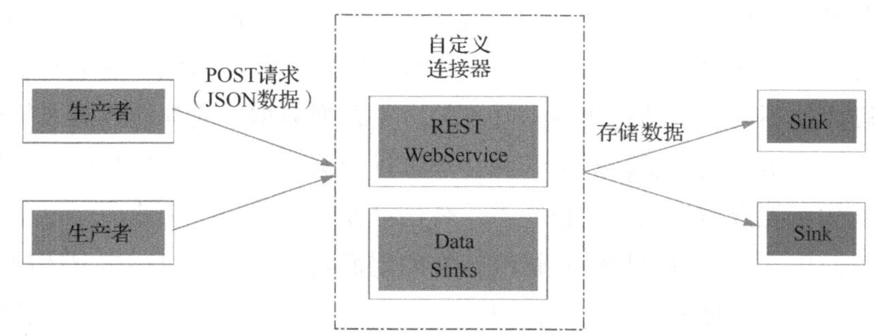

图 8.3　基于 REST 的自定义连接器的体系结构

拥有这种自定义连接器的好处是客户端和服务器彼此独立。Web 服务将客户端与服务器分离。服务器可以添加或更改操作（如将数据发布到队列或将数据存储在数据库中），而客户端无须知道这些更改。客户端可以使用任何工具或编程语言来创建 HTTP POST 请求（注意：尽管我们将其称为基于 REST 的连接器，但它并不完全符合 REST，因为我们只实现了 POST 功能。如果连接器仅允许获取数据，则可能不需要 GET、PUT 和 DELETE）。

8.2　信息抽取

随着互联网应用的迅猛发展，通过网络能够获取的数据量也呈指数级增长，如何从这些海量数据中快速、准确地分析出真正有用的信息显得尤为关键和紧迫。而这正是信息抽取这一研究领域力图解决的问题。

8.2.1 信息抽取概述

信息抽取（Information Extraction，IE）是指从文本中抽取出指定类型的实体、关系、事件等事实信息，并形成结构化数据输出的文本处理技术。这些文本可以是结构化、半结构化或非结构化的数据。信息抽取技术并不试图全面理解整篇文档，只是对文档中包含相关信息的部分进行分析。至于哪些信息是相关的，将视系统设计时划定的领域范围而定。

信息检索和信息抽取是两个比较容易混淆的概念。信息检索（Information Retrieval，IR）的主要目的是根据用户的查询请求从文档库中找出相关的文档。而信息抽取（Information Extraction，IE）则是从文档中抽取出相关信息点。这两种技术是互补的。

信息检索和信息抽取在目的和发展史上的不同，使得它们使用的技术路线也不同。多数信息抽取的研究是从以规则为基础的计算机语言学和自然语言处理技术发源的。而信息检索则更多地受到信息理论、概率理论和统计学的影响。自动信息检索已成为一个成熟的学科，其历史与文档数据库的历史一样长。但自动信息抽取技术则是近十年来才发展起来的。

8.2.2 半结构化数据和非结构化数据

1. 半结构化数据

半结构化数据是一种介于自由文本和结构化文本之间的数据，也是结构化数据的一种形式，但是其结构变化很大。被组合在一起的同一类实体可以有不同的属性，这里的不同的属性指的是属性个数和顺序的不同。半结构化数据并不符合关系型数据库或其他数据表的形式，但包含相关标记，用来分隔语义元素以及对记录和字段进行分层，因此，它也被称为自描述的结构。

以一个半结构化的数据为例，在招聘季，公司需要收集很多学生简历，每个学生简历都大不相同，有的很简单，比如只包括教育情况；有的则很复杂，比如包括实习情况、发表论文情况、出入境情况、户口迁移情况、党籍情况、技术技能等；还有可能包含一些我们没有预料的信息。这类数据就属于半结构化的数据。图 8.4 所示为两份简历。

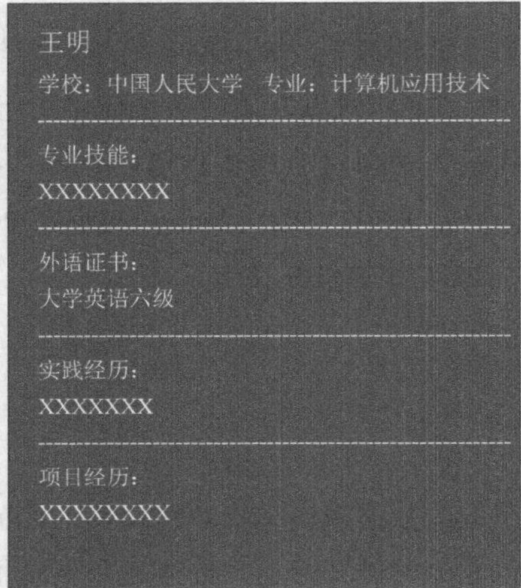

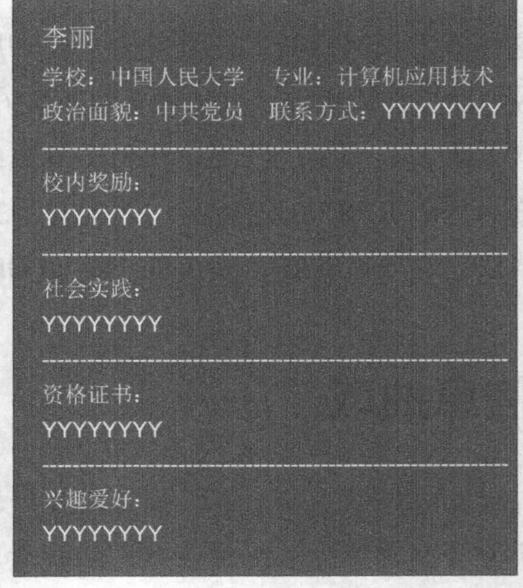

图 8.4　学生简历

那么，如何处理这类的半结构化数据呢？主要有以下两种方法。

一种方法是将半结构化数据化解为结构化数据。这种方法通常是对现有的简历中的信息进行粗略的统计、整理，在总结出简历中信息所有的类别的同时，考虑系统真正关心的信息。对每一类别建立一个子表，并在主表中加入一个备注字段，将系统不关心的其他信息和一开始没有考虑到的信息保存在备注中。这种方法查询统计比较方便，但不能适应数据的扩展，不能对扩展的信息进行检索，对项目设计阶段没有考虑到的、同时又是系统关心的信息的存储不能进行很好地处理。

图 8.5 所示为使用结构化表格形式来保存图 8.4 中的两个简历的数据。

姓名	学校	专业	政治面貌	外语能力	实践经历	备注
王明	中国人民大学	计算机应用技术	无	大学英语六级	XXXXXXXX	…
李丽	中国人民大学	计算机应用技术	中共党员	无	YYYYYYYY	…

图 8.5　使用结构化表格形式保存半结构化数据

另一种方法是用可扩展标记语言（Extensible Markup Language，XML）格式来组织并保存数据到 CLOB 字段中，将不同类别的信息保存在 XML 的不同节点中就可以了。这种方法能够灵活地扩展，在扩展信息时只需更改对应的 DTD（文档类型定义）或者 XSD 就可以了，但查询效率比较低，要借助 XPath 来完成查询统计。但随着数据库对 XML 支持的提升，查询效率问题有望得到很好的解决。

图 8.6 所示为使用两个 XML 文件来保存图 8.4 中的两个简历数据。

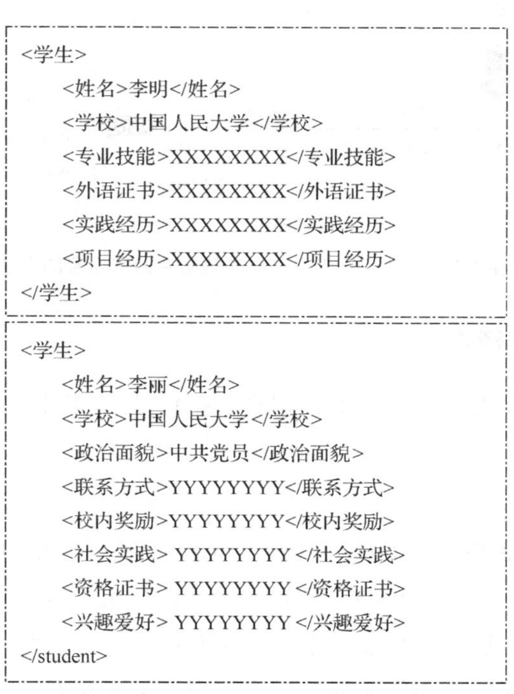

```
<学生>
    <姓名>李明</姓名>
    <学校>中国人民大学</学校>
    <专业技能>XXXXXXXX</专业技能>
    <外语证书>XXXXXXXX</外语证书>
    <实践经历>XXXXXXXX</实践经历>
    <项目经历>XXXXXXXX</项目经历>
</学生>
```

```
<学生>
    <姓名>李丽</姓名>
    <学校>中国人民大学</学校>
    <政治面貌>中共党员</政治面貌>
    <联系方式>YYYYYYYY</联系方式>
    <校内奖励>YYYYYYYY</校内奖励>
    <社会实践> YYYYYYYY </社会实践>
    <资格证书> YYYYYYYY </资格证书>
    <兴趣爱好> YYYYYYYY </兴趣爱好>
</student>
```

图 8.6　使用 XML 文件来保存半结构化数据

不同半结构化数据的属性的个数和顺序是不一定一样的。半结构化数据是以树或者图的数据结构存储的数据。在上面的示例中，<学生>标签是树的根节点，而<姓名>和<学校>标签是子节点。通过这样的数据格式，可以自由地表达很多有用的信息，包括自我描述信息（元数据）。因此，半结构化数据的扩展性是很好的。

2. 非结构化数据

顾名思义，非结构化数据就是没有固定结构的数据。各种文档、图片、视频/音频等都属于非结构化数据。例如，从报道恐怖袭击活动的新闻中析取袭击者、所属组织、地点、受害者等信息；又如，从医药研究报告的摘要中提取新产品、制造商、专利等主要信息，都属于从非结构化数据中进行信息抽取。

非结构化数据中的信息抽取通常使用自然语言处理技巧，其抽取规则主要建立在词或词类间句法关系的基础上。需要经过的处理步骤包括：句法分析、语义标注、专有对象的识别（如人物、公司）和抽取规则。规则可由人工编制，也可从人工标注的语料库中自动学习获得。图 8.7 所示为一个从非结构化的文本数据中抽取信息的例子。

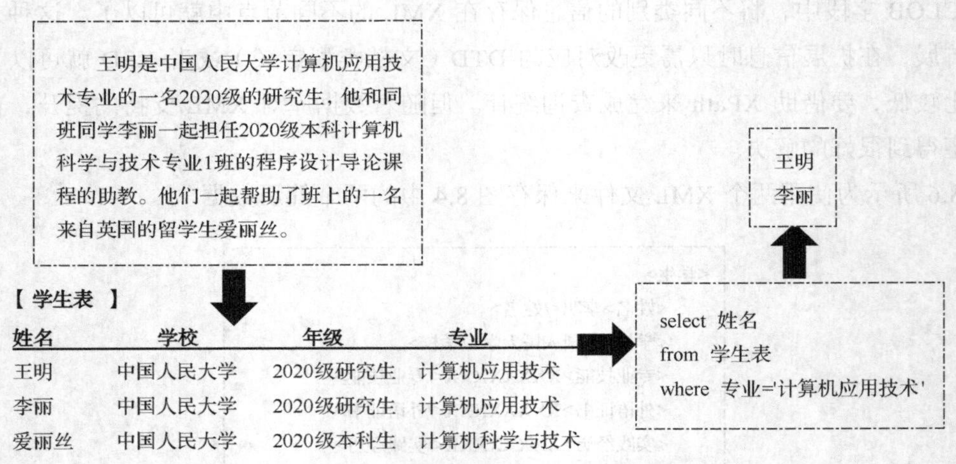

图 8.7 一个从非结构化文本数据中抽取信息的例子

8.2.3 信息抽取的关键技术

信息抽取的关键技术主要包括命名实体识别、指代消解/实体消歧、基于聚类的实体消歧、基于链接的实体消歧和关系抽取等几个方面。

1. 命名实体识别

命名实体识别（Named Entity Recognition，NER）是信息抽取的基础性工作，其任务是从文本中识别出诸如人名、组织名、日期、时间、地名、特定的数字形式等内容，并为之添加相应的标注信息，为信息抽取后续工作提供便利。相对而言，在这些待识别的实体当中，时间、日期、特定的数字形式的构成具有很明显的规律，识别起来相对容易，但是人名、组织名、地名这 3 种命名实体由于用字灵活，所以识别难度很大。命名实体的内部构成和外部语言环境具有一些特征，无论使用何种方法，都在试图充分发现和利用实体所在的上下文特征和实体的内部特征。由于这 3 种命名实体具有不同的特征，因此它们适合用不同的识别模型。对于人名来说，一般采用基于字的模型描述其内部构成；对于组织名和地名来说，一般采用基于词的模型描述。同时会利用最大熵马尔可夫模型（Maximum Entropy Markov Model，MEMM）、隐马尔可夫模型（Hidden Markov Model，HMM）、条件随机场（Conditional Random Field，CRF）等序列标注工具计算特征权重。

2. 指代消解/实体消歧

指代是一种常见的语言现象，通常分为回指和共指两种。回指是指当前的照应词语与上文出现的词、短语或句子存在密切的语义关联性；共指则主要是指多个名词（包括代名词、名词短语）指向真实世界中的同一参照体。指代消解可以简化、统一实体的表述方式，对提高信息抽取结果的准确度有很大的促进作用。

命名实体的歧义是指一个实体指称项可对应到多个真实世界实体。确定一个实体指称项所指向的真实世界实体，这就是命名实体消歧。根据使用方法的不同，可以分为基于聚类的实体消歧和基于实体链接的实体消歧。

3. 基于聚类的实体消歧

基于聚类的实体消歧的基本思路为同一指称项具有近似的上下文，利用聚类算法进行消歧。其核心问题在于选取何种特征对指称项进行表示，根据特征的不同，主要有基于词袋模型、基于语义特征、基于社会化网络、基于维基百科、基于多源异构知识这几种方法。

4. 基于链接的实体消歧

基于链接的实体消歧的基本目标在于给定实体指称项和它所在的文本，将其链接到给定知识库中的相应实体上。主要的步骤分为两步：首先是给定实体指称项，链接系统根据知识、规则等信息找到实体指称项的候选实体，然后系统根据指称项和候选实体之间的相似度等特征，选择实体指称项的目标实体。候选实体发现阶段主要有利用维基百科信息和利用上下文消息两种方法。候选实体链接阶段的基本方法是先计算实体指称项和候选实体的相似度，再选择相似度最大的候选实体。

5. 关系抽取

关系抽取的作用是获取文本中实体之间存在的语法或语义上的联系，关系抽取是信息抽取中的关键环节。Alexander Schutz 等人认为关系抽取是自动识别由一对概念和联系这对概念的关系构成的相关三元组。例如：

王明是中国人民大学的学生。

π学生（王明，中国人民大学）

中国人民大学坐落于北京。

π坐落（中国人民大学，北京）

关系抽取的主要任务是给定实体关系类别和语料，抽取目标关系对。在该类任务中，有专家标注的语料，语料质量高，而且有公认的评价方式。常用的评测集有 MUC、ACE、KBP、SemEval。

在抽取方法上，目前主要采用统计机器学习的方法，将关系实例转换成高维空间中的特征向量或直接用离散结构来表示，在标注语料库上训练生成分类模型，然后再识别实体间关系。主要包括基于特征向量方法、基于核函数方法和基于神经网络方法这 3 种。

8.3 数据清洗

数据是信息的基础，高质量的数据是各种数据分析如 OLAP、数据挖掘等的基本条件。然而，目前普遍存在一种“数据丰富，信息贫乏”的现象，出现这种现象的主要原因，一是缺乏有效的数据分析技术；二是现有数据质量不高，存在这样或那样的脏数据。

脏数据是指不一致或不准确数据、陈旧数据以及人为造成的错误数据等。脏数据主要表现为：拼写问题、打印错误、不合法值、空值、不一致值、简写、同一实体的多种表示方法（重复）、不遵循引用完整性等。在现实生活中，脏数据在工业生产、金融、企业管理等社会各行各业中普遍存在。脏数据直接影响数据的总体质量，进而影响到企业决策的准确性和成本的投入量，给企业带来的风险和成本追加是不可忽视的。

为了使数据能够有效地支持组织的日常运作和决策，人们设法提高数据质量，使数据可靠无误，真实有效。而数据清洗技术的主要任务就是检测和修复脏数据（消除错误或者不一致的数据），解决数据质量问题。数据清洗作为提高数据质量的一种重要技术，主要应用于数据仓库、数据挖掘和全面数据质量管理 3 个领域。

8.3.1 数据清洗的定义及对象

1. 数据清洗的定义

到目前为止，数据清洗还没有一个公认的定义。但一般来说，只要是有助于解决数据质量问题的处理过程就被认为是数据清洗。数据清洗技术主要应用于数据仓库、数据挖掘和全面数据质量管理 3 个方面。这 3 个方面对数据清洗的理解和解释也不尽相同。

（1）数据仓库领域中的数据清洗被定义为清除错误和不一致数据的处理过程，同时需要解决元组重复问题和数据孤立点问题等。数据清洗并不是简单地对脏数据进行检测和修正，还涉及一部分数据的整合与分解。

（2）数据挖掘领域中的数据清洗过程就是进行数据预处理，保证数据质量的过程。各种不同的数据挖掘系统都是针对特定的应用领域进行数据清洗的。

（3）全面数据质量管理领域的数据清洗是学术界和商业界都十分关注的。全面数据质量管理可以有效地解决整个信息业务过程中的数据质量问题以及数据集成问题。在该领域中，没有直接定义数据清洗过程。一般将数据清洗过程定义为一个评价数据正确性并改善其质量的过程。

2. 数据清洗的对象

数据清洗的对象可以按照数据清洗对象的来源领域与产生原因进行分类。前者属于宏观层面的划分，后者属于微观层面的划分。很多领域都涉及数据清洗，如数字化文献服务、搜索引擎、金融领域、政府机构等。在微观方面，数据清洗的对象分为模式层数据清洗与实例层数据清洗。数据清洗的任务是过滤或者修改那些不符合要求的数据。不符合要求的数据主要包括不完整的数据、错误的数据和重复的数据三大类。

8.3.2　数据清洗原理

数据清洗的原理就是通过分析脏数据的产生原因及存在形式，对数据流的过程进行考察、分析，然后利用有关技术和方法（数理统计、数据挖掘或预定义规则等方法），将脏数据转化成满足数据质量要求的数据。数据清洗按照实现方式与范围，可分为以下 4 种。

（1）手工实现。通过人工检查，只要投入足够的人力、物力与财力，也能发现所有错误，但效率低下。在大数据量的情况下，手工操作几乎无法满足要求。

（2）编写专门的应用程序。这种方法能解决某个特定的问题，但不够灵活，特别是在清洗过程需要反复进行（一般来说，数据清洗一遍就达到要求的很少）时，导致程序复杂。清洗过程变化时，工作量大。而且这种方法也没有充分利用目前数据库提供的强大数据处理能力。

（3）解决某类特定应用领域的问题。如根据概率统计学原理查找数值异常的记录，对姓名、地址、邮政编码等数据进行清洗，这是目前研究较多的领域，也是应用最成功的一类。

（4）与特定应用领域无关的数据清洗。这一部分的研究主要集中在清洗重复记录上。

在以上 4 种实现方法中，后两种具有某种通用性及较大的实用性，引起了越来越多的关注。但是不管哪种方法，都有 3 个阶段：数据分析、定义；搜索、识别错误记录；修正错误。

8.3.3　数据清洗方法

以提高数据质量为目的，目前，从模式层脏数据和实例层脏数据两方面分别提出了一些针对性的解决方法，用于检测和修正不同类型的脏数据。

1. 模式层脏数据的清洗方法

由于模式层脏数据产生的原因主要包括数据结构设计不合理和属性约束不够两方面，因而，针对这两方面问题提出了结构冲突的解决方法以及噪声数据的清洗方法。

（1）结构冲突的解决方法

结构冲突的解决方法主要包括人工干预法和函数依赖法。

人工干预法主要用于解决类型冲突、关键字冲突等问题。由于程序本身不易识别数据类型的冲突和关键字的冲突，因而只能通过人工手工检测的方法实现数据清洗。在解决结构冲突问题方面，人工干预法的准确性较高，但是效率较低。函数依赖法主要针对依赖冲突等问题而提出，通过属性间的函数依赖关系，查找违反函数依赖的值等实现对脏数据的清洗。但是，函数依赖法存在必须满足依赖关系条件的局限性。

（2）噪声数据的清洗方法

噪声数据的清洗方法主要包括分箱（Binning）方法、人机结合法和简单规则库法。

分箱方法通过考察属性值周围的值来平滑属性的值，属性值被分布到一些等深或等宽的“箱”中，用箱中属性值的平均值或中值来替换“箱”中的属性值。这种方法可以减少每个属性的不同值的数量，主要应用于数字类型的数据。但它对中文文本中的噪声数据等并不十分适用。人机结合法是最简单有效的方法，计算机和人工相结合检查，通过计算机检测出可疑数据，然后人工干预并修正数据。这种方法比单独使用计算机检查要准确，比单独使用人工检查要快。但是，这种方法工作量较大，效率较低，并且对于计算机检测遗漏的可疑数据很难修正。简单规则库法通过规则去检测和修正数据。但是，这种方法需要建立规则库，并且对于规律性不强的数据不十分适用。

目前，模式层的脏数据更多地还是需要依赖人工与计算机相结合的方法进行检测。

2. 实例层脏数据的清洗方法

实例层脏数据的检测更侧重于数据本身的表现形式，主要包括属性值的脏数据检测、重复数据检测和孤立点检测3个方面。目前，研究主要集中在重复数据检测和孤立点检测方面。

（1）属性值的脏数据检测

属性值的脏数据检测主要针对属性错误值和空值两个方面。

属性错误值检测主要包括基于统计的方法、聚类方法以及关联规则方法。

基于统计的方法可以随机选取样本数据进行分析，加快了检测速度，但准确性低；聚类方法能发现在字段级检查未被发现的孤立点，但计算复杂度高，对于大的记录空间和大量的记录，算法的运行时间是提高算法效率的一种阻碍；关联规则方法具有较高的可信度和支持度，但计算量较大。

空值检测主要包括忽略元组法，人工填写空缺值法，使用一个全局变量填充空缺值法以及使用属性的平均值、中间值、最大值、最小值或更为复杂的概率统计函数值填充空缺值法。忽略元组法简单方便，但当每个属性缺少值的百分比变化很大时，它的效果非常差；人工填写空缺值法保证了数据正确和数据挖掘的效果，但工作量大，当数据集很大且有较多缺失值时，该方法效率很低；使用一个全局变量填充空缺值法十分简单，但可能产生较大的错误结果；使用属性的平均值、中间值、最大值、最小值或更为复杂的概率统计函数值填充空缺值法准确性较高，但填入的值可能不正确。

（2）重复数据检测

重复数据检测主要分为检测重复记录的算法和消除重复记录的算法两个方面。

检测重复记录的算法主要包括基本的字段匹配算法、递归的字段匹配算法、Smith-Waterman算法、基于编辑距离的字段匹配算法、TI Similarity相似匹配算法、Cosine相似度函数算法等。其中，基本的字段匹配算法很直观，但不能处理不是前缀的缩写的情况，也不能应用有关子字段排序的信息。递归的字段匹配算法简单直观，不需要特殊的数据结构，能处理子串顺序颠倒及缩写等的匹配情况。但该算法时间复杂度较高，是子串个数的平方次，而且与具体的应用领域关系密切，匹配规则也较复杂，效率较低，此外，还不能处理包含错误的字符串。Smith-Waterman 算法不依赖于领域知识，通过在适当的位置使用间隙，允许不匹配字符的缺失，可以识别字符串缩写的情形。当字段有缺失的信息或微小的句法上的差异时，其执行的性能很好，对于字符串拼写错误也有一定的识别能力，但不能处理子串顺序颠倒的情形。基于编辑距离的字段匹配算法是最常用的算法，易于实现，可以捕获拼写错误、短单词的插入和删除错误，但是对于单词的位置交换、长单词的插入和删除，匹配效果较差。TI Similarity 算法的时间复杂度较小，并具有较好的适用性，但是对于缩写字符串的比较存在不足；而 Cosine 相似度函数算法更多地适用于文本的字段重复检测，可以解决经常性使用的单词插入和删除导致的字符串匹配问题，但不能识别拼写错误。

目前消除重复记录的基本思想是"排序和合并"，即先将数据库中的记录排序，然后通过比较邻近记录是否相似来检测记录是否重复。消除重复记录的算法主要包括优先队列算法、基本近邻排序算法（Sorted-Neighborhood Method，SNM）、多趟近邻排序算法（Multi-Pass Sorted-Neighborhood，MPN）、Canopy 聚类算法。优先队列算法的适应性较好，它可以减少记录比较的次数，提高匹配的效率，而且该算法几乎不受数据规模的影响，能很好地适应数据规模的变化，但算法较为复杂，而且对于阈值的设置尤为关键。基本近邻排序算法相对简洁，它采用滑动窗口的方法，每次只比较窗口中的 w 条记录，提高匹配效率和比较速度，只需要进行 $w \times N$ 次比较。但是该算法识别重复记录的精度很大程度上依赖于排序所选择的关键字，而且滑动窗口的大小 w 的选取很难控制。多趟近邻排序算法精确度很高，但不能正确地检测出数据库中没有包含主键域的记录。Canopy 算法采用"分类+合并删除"的思路进行检测，降低了算法的计算量，但不易选取参数 K（距离阈值），而参数 K 会影响算法的准确程度。

（3）孤立点检测

孤立点检测用于发现数据集中小部分异常对象。早期的孤立点检测研究多见于统计领域，应用各种统计方法来检测孤立点。近年来，研究人员又提出了各种各样的方法，大致可分为基于距离的方法、基于深度的方法、基于密度的方法和基于聚类的方法等。

8.4　数据集成

由于种种原因，大型企业通常有几十个甚至数百个不同的数据库。而网络中包含数百万的数据库，其中一些数据库嵌入在网页中，其他一些可通过 Web 表单来访问。这些数据库包含广告、艺术、政治、公共记录等很多领域的数据，要支持这个超大的数据集有几个重大的挑战。首先面临的挑战是超大规模数据库集合的模式异构性，即数百万的表由不同的人用上百种语言来创建；其次，提取数据相当困难，当通过表单来访问数据时，要么使用智能爬虫从表单中爬取数据，要么在运行时构建良好的查询来获取数据。对于嵌入在网页中的数据，如何从周围的文字中提取表，并确定表结构是非常有挑战性的。当然，Web 上的很多数据是错的、过时的，甚至是矛盾的。因此，若要从这些数据源获得答案，就需要不同的方法对数据进行组合和排序。

数据集成在诸如生物学、生态系统和水资源管理这样的科学领域中是一个关键的挑战。在这些领域中，科学家团队常常独立地收集数据，并试图与另一个团队合作，数据集成能够极大地促进这些学科的进步。数据集成对于政府管理也是一个极大的助力，它能够使政府的不同机构更好地协调工作。最后，聚合（Mash-up）是现在流行的一种 Web 上的信息可视化的范例，而每一个聚合应用都是建立在对多个不同来源的数据集成之上的。

本节将主要介绍数据集成的基本概念及其难点，讨论并比较模式集成方法、数据复制方法以及综合型数据集成方法，详细阐述数据集成的主要难点——数据源的异构性，并对数据集成的研究前景做出展望。

8.4.1 数据集成概述

1. 数据集成的基本概念

就大型企业和政府部门的信息化而言，信息系统建设通常具有阶段性和分布性的特点，这就导致"信息孤岛"现象的存在。"信息孤岛"现象就是系统中存在大量冗余数据、垃圾数据，无法保证数据的一致性，从而降低信息的利用效率和利用率。为解决这一问题，人们开始关注数据集成方面的研究。数据集成的核心任务是将互相关联的分布式异构数据源集成到一起，使用户能够以透明的方式访问这些数据源。集成是指维护数据源整体上的数据一致性，提高信息共享利用的效率；透明的方式是指用户无须关心如何实现对异构数据源数据的访问，只关心以何种方式访问何种数据。

实现数据集成的系统称作数据集成系统，图 8.8 所示为一个数据集成系统模型，它为用户提供统一的数据源访问接口，执行用户对数据源的访问请求。

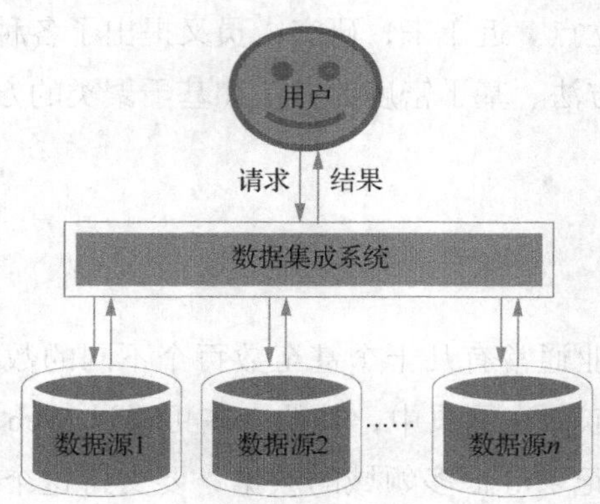

图 8.8 数据集成系统模型

数据集成的数据源主要指 DBMS，广义上也包括各类 XML 文档、HTML 文档、电子邮件、普通文件等结构化、半结构化数据。

2. 数据集成难点

数据集成的难点可以归纳为以下几个方面。

（1）查询处理。大多数数据集成系统的重点是提供对不同数据源的查询。不过，对不同的数据源进行更新同样也是需要关注的问题。

（2）数据源数量。对少数几个（少于 10 个，甚至常常只是两个）数据源的集成已经是一个不小的挑战了，当数据源的数量增加时，这个挑战的难度将急剧增加，最极端的情况就是网络规模的数据集成。

（3）分布性。数据源是异地分布的，依赖网络传输数据，因此会存在网络传输的性能和安全性等问题。

（4）异构性。一个典型的数据集成方案涉及的数据源在开发的时候往往都是相互独立的。因此，这些数据源运行在不同的系统上，有些是数据库，但其他的可能是内容管理系统，甚至只是保存在一个目录下的一些文件。这些不同的数据源具有不同的模式，还会引用各种对象，即使它们描述的都是同一个领域。一些数据源可能是完全结构化的（例如，关系数据库），而另一些则可能是非结构化或半结构化的（例如，XML 文档、文本等）。数据模型异构给数据集成带来了很大的困难。这些异构性主要表现在数据语义、相同语义数据的表达形式、数据源的使用环境等方面。

（5）自治性。各个数据源有很强的自治性。因此，我们可能无法随心所欲地访问数据源，并且，在适当的时候我们还需要考虑数据隐私的保护问题。此外，数据源可以在不通知集成系统的前提下改变自身的结构和数据，这也对数据集成系统的健壮性提出了挑战。

为了解决这些难题，人们尝试了很多方法。但还没有完全解决数据集成中的一些难题，这也是人们一直关注数据集成研究的原因。下面主要介绍目前已有的几种典型数据集成方法：模式集成方法、数据复制方法以及在这两种方法基础上的综合方法。

8.4.2 数据集成方法

1. 模式集成方法

模式集成是人们最早采用的数据集成方法。其基本思想是，在构建集成系统时将各数据源的数据视图集成为全局模式，使用户能够按照全局模式透明地访问各数据源的数据。全局模式描述了数据源共享数据的结构、语义及操作等。用户直接在全局模式的基础上提交请求，由数据集成系统处理这些请求，将其转换成各个数据源在本地数据视图基础上能够执行的请求。模式集成方法的特点是直接为用户提供透明的数据访问方法。由于用户使用的全局模式是虚拟的数据源视图，一些学者也把模式集成方法称作虚拟视图集成方法。

模式集成要解决两个基本问题：构建全局模式与数据源数据视图间的映射关系；处理用户在全局模式基础上的查询请求。

模式集成过程需要将原来异构的数据模式进行适当的转换，消除数据源间的异构性，映射成全局模式。全局模式与数据源数据视图间映射的构建方法有两种：全局视图法（Global—

as—View，也称作 Global—Centric）和局部视图法（Local—as—View，也称作 Source—Centric）。全局视图法中的全局模式是在数据源数据视图基础上建立的，它由一系列元素组成，每个元素对应一个数据源，表示相应数据源的数据结构和操作；局部视图法先构建全局模式，数据源的数据视图则是在全局模式基础上定义的，由全局模式按一定的规则推理得到。

用户在全局模式基础上的查询请求需要被映射成各个数据源能够执行的查询请求，可使用多种算法完成这一过程。其中，基于局部视图法的映射算法比较复杂，而基于全局视图法的映射算法要简单许多。

联邦数据库和中间件集成方法是现有的两种典型的模式集成方法。

（1）联邦数据库

联邦数据库是早期人们采用的一种模式集成方法。联邦数据库中数据源之间共享自己的一部分数据模式，形成一个联邦模式。

联邦数据库系统按集成度可分为两类：采用紧密耦合的联邦数据库系统和采用松散耦合的联邦数据库系统。紧密耦合联邦数据库系统使用统一的全局模式，将各数据源的数据模式映射到全局数据模式上，解决了数据源间的异构性。这种方法集成度较高，用户参与少；缺点是构建一个全局数据模式的算法复杂，扩展性差。松散耦合联邦数据库系统比较特殊，没有全局模式，采用联邦模式。该方法提供统一的查询语言，将很多异构性问题交给用户自己去解决。松散耦合方法对数据的集成度不高，但其数据源的自治性强、动态性能好。集成系统不需要维护一个全局模式。

（2）中间件集成方法

中间件集成方法是另一种典型的模式集成方法，它同样使用全局数据模式。G.Wiederhold 最早给出了基于中间件的集成方法的架构。与联邦数据库不同，中间件系统不仅能够集成结构化的数据源信息，还可以集成半结构化或非结构化数据源中的信息，如 Web 信息。斯坦福大学的 Garcia 和 Molina 等人在 1994 年开发了 TSIMMIS 系统，该系统就是一个典型的中间件集成系统。

图 8.9 所示为一个典型的基于中间件的数据集成系统模型图。其主要包括中间件和封装器，其中每个数据源对应一个封装器，中间件通过封装器与各个数据源交互。用户在全局数据模式的基础上向中间件发出查询请求。中间件处理用户请求，将其转换成各个数据源能够处理的子查询请求，并对此过程进行优化，以提高查询处理的并发性，减少响应时间。封装器对特定数据源进行封装，将其数据模型转换为系统所采用的通用模型，并提供一致的访问机制。中间件将各个子查询请求发送给封装器，封装器与其封装的数据源交互，执行子查询请求，并将结果返回给中间件。

中间件注重全局查询的处理和优化，相对于联邦数据库系统的优势在于：它能够集成非数据库形式的数据源，有很好的查询性能，自治性强；中间件集成的缺点在于它通常是只读的，而联邦数据库对读和写都支持。

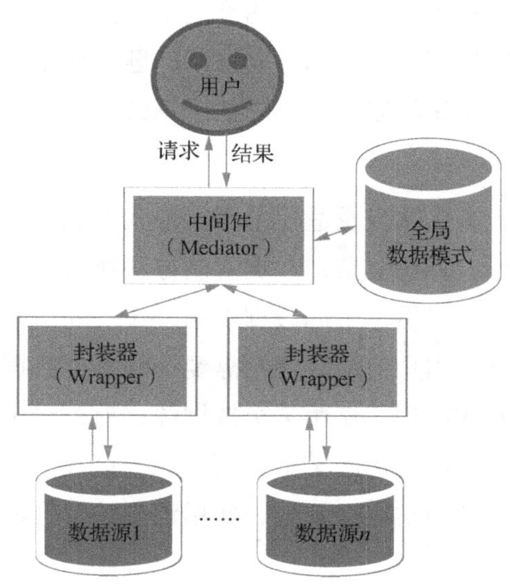

图 8.9　基于中间件的数据集成模型

2. 数据复制方法

数据复制方法将各个数据源的数据复制到与其相关的其他数据源上，并维护数据源整体上的数据一致性，提高信息共享利用的效率。数据复制可以是整个数据源的复制，也可以是仅对变化数据的传播与复制。数据复制方法可以减少用户使用数据集成系统时对异构数据源的数据访问量，从而提高数据集成系统的性能。

最常见的数据复制方法是数据仓库方法。该方法将各个数据源的数据复制到同一处——数据仓库。用户则像访问普通数据库一样直接访问数据仓库。

数据复制方法可以从数据传输方式和数据复制触发方式两个方面来划分。

数据传输方式是指数据在发布数据的源数据源和订阅数据的目的数据源间的传输形式，可分为数据推送和数据拉取。数据推送是指源数据源主动将数据推送到目的数据源上。而数据拉取则是目的数据源主动向源数据源发出数据请求，从源数据源获取数据到本地。在某些情况下，数据发布端传送到数据订阅端的数据并不直接存储到目的数据源中，需要经过数据订阅端的本地化处理。这时通常采用缓存来协调数据发布端和数据订阅端的异步。在数据推送的方式下，数据缓存要构建在数据订阅端；而在数据拉取的方式下，数据缓存则要构建在数据发布端。

数据复制触发方式是指集成系统调用数据复制的方式。集成系统通常预先定义了一些事件，这些事件可以包括：对数据发布端引起的数据变化的某个操作、数据发布端数据缓存累积到一定批量、用户对某个数据源发送访问请求、具有一定间隔的时间点等。当这些事件被触发时执行相应的数据复制。因此，数据复制触发方式按事件定义的不同可以分为：数据变化触发、批量触发、客户调用触发、定时触发等。

数据复制通常直接采用端到端方式，也有一些数据集成系统使用专为数据周转服务的数据平台。在数据复制时，数据发布者先将数据传输到这个数据平台上，由数据平台处理后转发给数据订阅者。数据平台要处理好网络负载和并发控制问题。使用数据平台的好处是单点控制、便于管理，但数据平台增加了系统的复杂性，降低了系统的可靠性。

3. 综合型集成方法

以上两种数据集成方法各有优缺点及适用范围。模式集成方法实施一致性好，透明度高，但执行效率低，网络依赖型强，算法复杂；数据复制方法执行效率高，网络依赖性弱，但实施一致性差。模式集成方法为用户提供了全局数据视图及统一的访问接口，透明度高；但该方法并没实现数据源间的数据交互，用户使用时经常需要访问多个数据源，因此该方法需要系统有很好的网络性能。数据复制方法在用户使用某个数据源之前，将用户可能用到的其他数据源的数据预先复制过来，用户使用时仅需访问某个数据源或少量几个数据源，这会大大提高系统处理用户请求的效率；但数据复制通常存在延时，使用该方法时，很难保障数据源之间数据的实时一致性。

模式集成方法适用于被集成的系统规模大、数据更新频繁、数据实时一致性要求高的场景。当很难预测用户的查询需求时，也适合采用这种方法。在模式集成方法中，人们通常采用中间件方法。由于联邦数据库在集成时需要为每个数据源单独编写大量的通信接口，因此现在单纯的联邦数据库方法已很少被采用。

数据复制方法则适用于数据源相对稳定、用户查询模式已知或有限的情况。当数据分布比较广，网络延迟较大，同时又需要有很短的处理时间时，也可考虑采用数据复制方法。有些应用场合需要对数据进行备份，这时通常采用数据复制方法；还有一些场合，出于机密性的考虑，数据不允许复制，这时就要使用模式集成方法了。

为了突破上述两种方法的局限性，人们通常将这两种方法混合在一起使用，即使用综合型集成方法。该方法通常是想办法提高基于中间件系统的性能，该方法仍有虚拟的数据模式视图供用户使用，同时能够对数据源间常用的数据进行复制。对于用户简单的访问请求，综合型集成方法总是尽力通过数据复制方式，在本地数据源或单一数据源上实现用户的访问需求；而对那些复杂的用户请求，只有在无法通过数据复制方式实现时，才使用虚拟视图方法。

8.4.3 数据集成的数据源异构问题

数据源的异构性一直是困扰很多数据集成系统的核心问题，也是最近人们在数据集成方面研究的热点。异构性的难点主要表现在语法异构和语义异构上。

（1）语法异构

语法异构一般指源数据和目的数据之间命名规则及数据类型存在不同。对数据库而言，命名规则指表名和字段名。语法异构相对简单，只要实现字段到字段、记录到记录的映射，解决其中的名字冲突和数据类型冲突即可。这种映射都很直接，比较容易实现。因此，语法异构无须关心数据的内容和含义，只需知道数据结构信息，完成源数据结构到目的数据结构之间的映射即可。

图 8.10 所示为一个语法映射的实例。从图中我们可以看出，语法异构的特点是字段数据内容在映射过程中没有发生变化，我们称之为保持了字段的原子性。

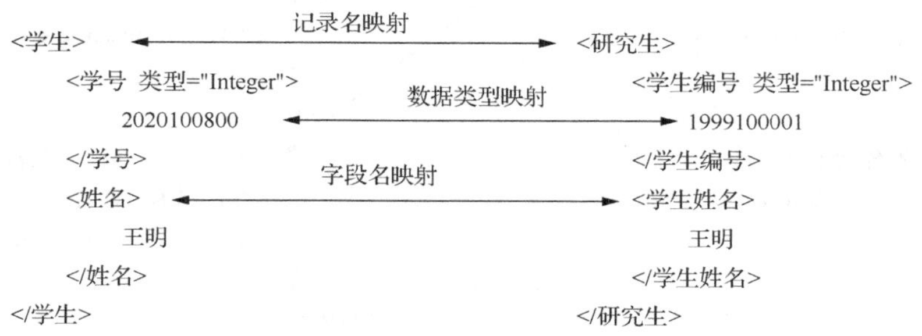

图 8.10 语法映射实例

（2）语义异构

当数据集成要考虑数据的内容和含义时，就进入到语义异构的层次上。语义异构要比语法异构复杂得多，它往往需要破坏字段的原子性，即需要直接处理数据内容。常见的语义异构包括以下一些方式：字段拆分（见图 8.11）、字段合并（见图 8.12）、字段数据格式变换（见图 8.13）、记录间字段转移（见图 8.14）等。

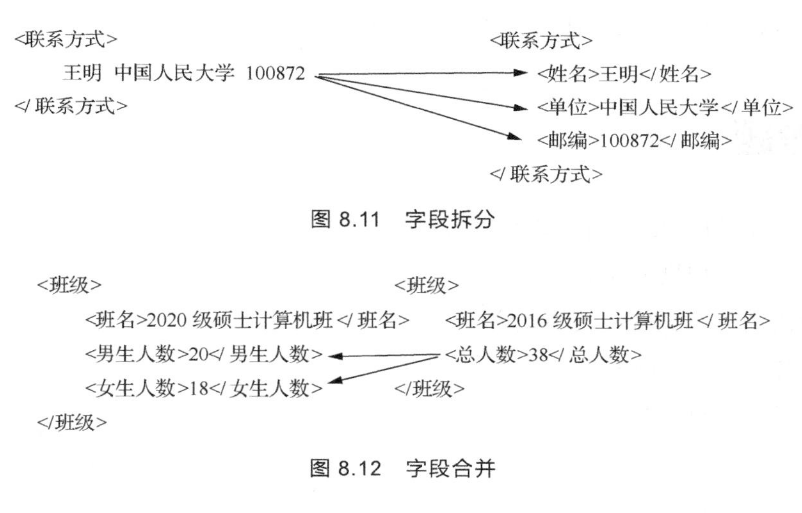

图 8.12 字段合并

枚举类型
<性别>女</性别> ⟷ <性别>female </性别>
存在关系式
<身高>1. 66m</身高> ⟷ <身高>166cm</身高>
存在关系式
<体重>55</ 体重> ⟷ <体重>110</ 体重>

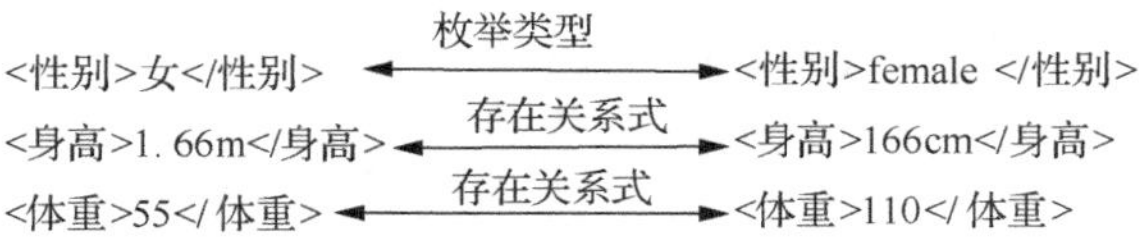

图 8.13 字段数据格式变换

语法异构和语义异构的区别可以追溯到数据源建模时的差异：当数据源的实体关系模型相同，只是命名规则不同时，造成的只是数据源之间的语法异构；当数据源构建实体模型时，若采用不同的粒度划分、不同的实体间关系以及不同的字段数据语义表示，必然会造成数据源间的语义异构，给数据集成带来很大麻烦。

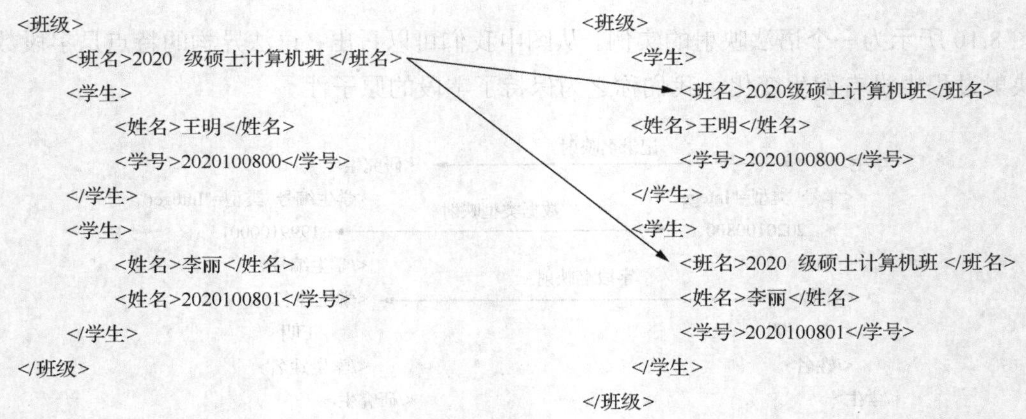

图 8.14 记录间字段转移

事实上，现实中数据集成系统的语法异构现象是普遍存在的。上面提到的几种语法异构属于较为规则的语法异构，可以使用特定的映射方法解决这些问题。还有一些不常见或不易被发现的语法异构，例如，数据源在构建时隐含了一些约束信息，在数据集成时，这些约束不易被发现，往往会造成错误的产生。如某个数据项用来定义月份，便隐含着其值只为 1～12，而集成时如果忽略了这一约束，很可能造成荒谬的结果。此外，复杂的关系模型也会造成很多语义异构现象。对于这些复杂问题，还有待人们进一步去研究。

8.5 思考题

1. 简述推-拉机制与发布-订阅机制的异同。
2. 简述命名实体识别的概念。
3. 简述指代消解、实体消歧的概念。
4. 数据清洗的方法有哪些？
5. 数据集成方法有哪些？

09 第9章　数据治理

企业中普遍存在数据孤岛、数据质量差、数据的不当使用等问题，需要企业从全局对数据进行管控，发挥数据价值，减少相关风险，这就是数据治理。

数据治理涉及人员、技术两个方面。在人员方面，包括制定战略/政策和工作流程、建立组织机构、明确组织和人员的职责等。在技术方面则利用相关工具软件，建立元数据以便对企业的所有数据进行描述，建立企业范围的主数据，保证数据质量，对所有数据的整个生命周期进行管控，保证数据的安全/保护数据隐私，检查数据保存和使用过程的合规性等。

9.1　数据治理的业务驱动力

我们为什么要进行数据治理，数据治理能够给我们带来什么价值？下面列举出数据治理的几个现实的驱动力（因素），我们可以由此了解数据治理的重要性。

由于历史的原因，一个企业或者单位的信息系统，其各个子系统是分步建立起来的，其底层的数据管理系统（包括关系数据库管理系统、NoSQL 数据库系统、大数据系统等）形成了一个个的“信息孤岛”。进行数据治理的第一个明确和具体的目的，是构造一个中心化的平台，对企业（单位）的数据资源进行统一的管理。

由于“信息孤岛”和其他的原因，数据中存在各种错误，这些错误包括数据的完备性（Completeness）、准确性（Accuracy）和及时性（Timeliness）方面的问题。比如，从不同子系统获得的报告，其数量出现不一致的情况。我们需要设计合理的数据修正流程，提高数据修正的效率和有效性。

企业总是追求营收的增长和降低成本，在组织机构方面，通过定义清晰的数据管理的角色及其责任，把数据管理的任务、责任落实到具体责任人身上，可以提高企业的运营效率，降低管理成本。好的数据治理可以保证数据的正确性和高质量，保证基于数据做出的报告是准确的，决策的依据是可靠的，从而能够帮助决策者做出及时和合理的经营决策。由此可见，企业降低成本和追求利润的诉求，可以从数据治理中受益。数据治理对企业的重要性已经不言自明了。构建合适的治理模型，是每个企业的当务之急。

2015 年，我国发布了《数据治理白皮书》国家标准研究报告，在报告中提出了数据治理框架模型。该模型由三个子框架组成：原则框架、范围框架、实施和评估框架。该报告从国家意志层面强调了数据治理的重要性，指出数据治理是一个重要趋势。

9.2 数据治理的概念

近年来，来自大学、研究机构、行业组织和企业的人们，试图从不同角度对数据治理概念的内涵进行界定。

在这里，我们综合前人的一些定义，试图对数据治理做出如下的定义。数据治理是集中人（People）、过程（Process）和技术（Technology）的规范化的数据管护过程。它能够保证数据作为一种资产（Business Asset）得到有效的保护（Protection）、适当的管理和使用（Proper Use and Management），以及共享（Share），为业务目标（Business Objective）服务。

在这里，我们要区分数据治理过程和业务过程的区别。企业通过业务过程，制订相关政策，并实现其战略。业务过程定义为特定的任务、方法、操作等，它把各种输入资源转化为商品和服务。信息系统（包括其中的数据）为企业的业务过程提供支撑。数据治理需要安排一些人员使用一些技术和工具，按照一定的流程，来完成数据治理的具体任务，使建立在这些数据上的信息系统，更好地为业务过程服务。这里的业务（Business）是一个宽泛的概念，囊括企业、事业单位、政府部门、科研机构的各种活动。

数据治理是 IT 治理的一个子集，人们对 IT 治理已经有相当深入的研究和丰富的经验，很多模型和方法可以通用。IT 治理的对象是 IT 系统、设备和相关基础设施，数据治理的对象是数据，这是两者最关键的区别。

随着大数据时代的到来，人们可以从业务系统、互联网、物联网、科学仪器等获取大量的数据。计算机（集群）系统的存储容量的扩大和计算能力的提高，使得我们能够对这些数据进行存储、处理和分析，从数据中发现规律，获得新知识，指导我们的行动。换句话说，有了数据的支撑，企业能够做出更为理性的分析和决策，获得竞争优势。目前，人们已达成共识，即数据已成为人力、物力、财力、技术和知识产权等之外的一种重要的资产（Asset）。

但是，“信息孤岛”、数据的错误、对数据恶意访问的担忧等，成为发挥数据价值的主要拦路虎。数据治理，是发挥数据价值的机制。数据治理可解决上述种种问题，避免数据资产处于混乱、无治理的状况（因为这种状况将导致数据的价值大打折扣），由此提高数据资产的管理水平和应用水平，帮助人们挖掘数据的最大价值，为企业实现经济目标和社会责任发挥作用。

为了帮助读者更加深入地理解数据治理，我们对数据治理和数据管理的区别进行必要的说明。我们认为，数据治理和数据管理是不同的概念，具有不同的内涵。

数据管理是先于数据治理出现的一个概念。以企业信息系统的各个子系统分步建设造成的“信息孤岛”问题为例，我们看到，各个子系统都已经实现了各自的数据管理，支撑业务的运行。但是“信息孤岛”带来一系列的问题，包括数据模型/格式不统一、数据不完备、数据不一致等。我们通过引入数据治理，试图解决这些问题。比如，定义企业的主数据，从各个数据源集成关于客户、产品等企业范围的数据等。

我们认为，数据治理是为了实现更好的数据管理，而定义的一系列活动规范。人们按照这些活动规范来开展工作，就能够很好地实现数据管理，让数据发挥价值，数据不会受到侵害，并且可以把相关数据共享出来，让全社会都受益。数据管理，是在数据治理组织机构设定的目标和方向指导下，某个（某些）责任人，借助技术和工具的帮助，开展数据的采集、存储、查询分析、转换和交换等工作。

可以说，数据治理给出了目标和路线图，是一种制度保证和一种指导原则（Operating Discipline）。数据管理则承载了数据治理的任务，让数据治理落地。或者说，数据治理是为了有效管理而做出的决策，偏向决策的制定、责任分配、执行监督，以及评价；而数据管理，则根据数据治理的决策来执行具体的事务，仅仅涉及这些决策的执行部分，包括计划、建设、运营等。

9.3 数据治理的目标

简而言之，数据治理的目标有两个，一个是价值，另一个是风险。具体来讲，通过数据治理，实现发挥数据的价值、控制与数据相关的风险两个目标。这两个目标，都是为企业的终极目标，即创造利润服务的。

9.3.1 实现价值

在大数据时代，数据的价值有目共睹。企业从数据中挖掘规律，从数据中提取信息，再由信息创造知识，由知识形成智慧。企业由此变得更加了解客户和竞争对手，做出的决策也更加有针对性，于是获得了更大的竞争优势。

不仅仅是企业，政府、科研结构都可以从数据治理中受益。通过数据治理，政府可以“让数据跑起来，让市民少跑路”，更好地为市民服务；科研机构的科研人员可以更加方便地访问科研数据，更加有效地开展科学研究。

利用数据治理提高政府治理能力，可以从一个实例看出来。为了实现精准扶贫，贵州省建立了“精准扶贫大数据支撑平台”。该平台能实时地将建档立卡贫困户信息与相关部门的数据进行比对，如果发现建档立卡贫困户有车辆登记、房产登记、个体工商登记、企业法人/股东/高管登记等信息，将自动预警提醒。相关部门及责任人在核实信息真实性后，可以更有效地识别真正的贫困户，让扶贫更精准，让国家的资金和政策惠及应该惠及的居民。

人们把数据界定为一种重要资产，既然是资产，就需要很好地管理、应用起来，发挥它的价值。若要发挥数据的价值，则数据首先必须是准确的、高质量的，如果我们的基础数据包含很多的错误、不完整、不及时，那么，我们基于这些数据生成的各种报表的准确性、基于这些数据进行的各种预测的可靠性就不能得到保证。数据治理的引入，就是要解决这样的问题。

9.3.2 管控风险

控制与数据相关的风险，主要涉及数据的保护和数据的合规性两个方面。数据的保护，其目的是只允许特定的人（主体）对特定的数据进行特定的操作，避免敏感信息泄露和受到篡改。

2018 年 3 月 17 日，据美国《纽约时报》和英国《观察者报》(《英国卫报》周日版）联合曝光，Facebook 公司超过 5000 万用户数据，被一家名为“剑桥分析”（Cambridge Analytica）的公司泄露。这些数据用于在 2016 年美国总统大选中，针对目标受众推送广告，从而影响大选结果。Facebook 客户信息泄露事件，在世界范围内引发了轩然大波，演变成了重大的政治事件。这个事件，引起了人们的思考和担忧，大型互联网公司积累了大量的用户信息，如何堵住滥用的漏洞，是一个紧迫的问题。

关于数据的合规性，举一个简单的例子。比如，对于金融机构，监管部门要求，客户的交易历史数据，需要完整地保存一定的时间（如 10 年）。那么，这些机构需要投入必要的人员、设备、软件等，以实现数据的归档。归档数据在必要的时候，也能够容易地访问到。当然，合规性涉及数据的采集、使用、归档、销毁等各个方面。

9.4 数据治理的要素和框架

关于数据治理的要素，人们从不同的角度进行了描述。数据治理是一个体系，它通过一定的组织机构和人员的保障，按照一定的管理规范和流程（Procedure），对数据进行一系列的管理，实现过程管控，发挥数据的价值，保护数据不受非法访问和破坏，同时促进数据的共享。

国外数据治理的研究，始于 2004 年前后。一些学者、行业组织提出了相关的数据治理框架模型。典型的代表，包括数据治理协会（The Data Governance Institute，DGI）的数据治理框架模型，以及国际数据管理协会（The Data Management Association，DAMA）的数据治理框架模型。其中，DGI 的数据治理框架模型，把规则与系统工作规范、组织机构与人员、过程三大部分中的 10 个要素有机地结合起来。该模型的主要特点是突出治理顺序和流程，条理清晰，易于实践。DAMA 数据治理模型，则包含两个子模型，分别是功能子模型和环境要素子模型。它试图解决数据治理功能和环境要素的匹配问题。上述两个模型，逻辑清晰，考虑问题全面，被人们广泛接受。

近年来，国内的学者开始跟进对数据治理的研究，也提出了一些模型，主要是面向不同应用领域的框架模型。比如，包冬梅等学者提出了我国高校图书馆数据治理的框架模型 CALib，该框架模型从 3 个维度出发，描述了数据治理的成功要素、决策范围、具体实施办法与绩效评估方法，并且初步探讨了数据治理成熟度评估的意义，为各高校图书馆数据治理工作，提供了一个模板和路线图。中国人民大学安小米等学者，针对政府大数据治理规则体系构建，提出了他们的研究构想。他们从大数据治理主体、治理客体、治理活动和治理风险 4 个方面所面临的挑战，研究大数据治理规则制定需求；诊断政府大数据治理规则体系构建研究的阻碍问题及原因。并且，以公共价值理论、数字连续性理论和多元价值理论为主要理论支持，提出政府大数据治理规则体系构建研究的基本框架。他们的理论体系为政府大数据治理提供了理论框架指导。

数据治理具有很强的实践性，各相关企业也提出了它们的模型。其中，IBM 公司提出的数据治理框架模型，包括 4 个领域 11 个要素。具体为：目标领域——规避风险、创造价值；驱动领域——组织机构（Organization）/流程、管理制度、角色和责任（Role & Responsibility）；核心领域——数据质量（Data Quality）/数据质量报告、数据的安全性（Data Security）、生命周期管理（Life Cycle）、合规性（Compliance）；支撑领域——元数据管理（Meta Data Management）、主数据管理（Master Data Management）。

上述国内外数据治理框架模型，通常包含了政策、标准、流程规范、技术和工具、评价等方面，各个模型各具特色，但是尚未形成标准化的、被普遍接受的模型。在这里，我们吸收了上述模型的有效成分，提出了图 9.1 所示的框架模型。

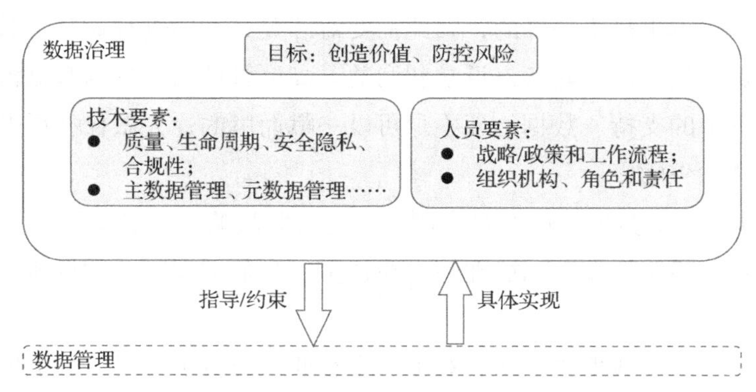

图 9.1　数据治理框架模型及其要素

这个模型体现了数据治理过程中的技术、人员和过程的有机结合。数据治理的框架模型，一方面要足够简单，易于理解和应用；另一方面要改善企业的数据治理工作。

接下来，我们按照人员要素、技术要素两大类别，对数据治理的要素进行描述。其中技术要素可以分成两个层次，分别是核心要素和支撑要素。

9.4.1 人员要素

人员要素包括战略/政策和工作流程、组织机构、相关责任人（即角色和责任）。为了实施数据治理，需要制定数据治理的战略、政策和具体的工作流程。为了完成这些流程，需要建立相关的组织机构，指定角色，给各个角色分配具体的责任。

战略是企业在竞争中使用的策略或者计谋，政策是各种规章制度，它是为战略的实施服务的。再好的战略和政策，没有人去实施也只是一纸空谈。组织机构的建立、角色的指定、责任的分配等，就是为了把战略落到实处服务的。对于这些因素，我们可以从战略到政策，再到工作流程进行分析，然后把人嵌在流程中来把握。

在组织机构方面，首先需要建立数据治理委员会（Steering Committee，为数据治理领导机构），在委员会下，可以设立多个工作小组。这些机构，需要邀请利益相关者（Stakeholder）以及数据管理团队的人员参加。利益相关者包括数据的生产者、收集者、处理者、应用者、监督者等。一般来讲，他们来自各个具体的业务部门，对数据有各种各样的要求。邀请利益相关者来参加数据治理委员会，就是需要倾听各方对数据治理的具体要求，形成共识。

来自各个业务部门的业务代表，熟悉相关的业务领域，是各自领域的权威。数据治理的目的，就是解决业务中出现的痛点问题。基于这些痛点问题，数据治理委员会讨论后，就可以发起相关数据治理项目。业务中，涉及数据的痛点问题有很多，到底对哪个痛点问题首先进行治理，需要排出一个优先顺序。一般地，产生全局重大影响（High Impact）的问题会优先治理。数据治理，通过解决好各个部门的问题，为整个企业的目标服务。

数据治理委员会的任务，主要是制定数据治理战略（Strategy）、相关的政策（Policy）和标准（Standard），并且监督具体的数据治理过程，保证数据治理工作不要跑偏了。这些战略、政策的执行，需要各个工作小组来承担。由于数据治理委员会邀请了各个方面、各个业务领域的人员参加，他们的利益诉求是不一样的，因此需要对冲突、矛盾进行调和。数据治理委员会需要公司高层管理人员来领导，平衡各方诉求和利益。高层管理人员参与数据治理委员会，另外一个目的就是安排资金的支持。数据治理不是可以一蹴而就的，先做什么后做什么，需要数据治理委员会排出一个优先顺序。

在这里需要强调一点，数据治理委员会制定的愿景和战略，一定要足够简单、清楚和准确，以便清晰地传达到各个级别的角色和被理解。在这里，我们需要区分数据所有者、数据管家、数据管理者的区别。

数据所有者一般是产生数据的主体。对于一个企业（单位）来讲，数据所有者，一般落实到各个部门比较适合。比如，人力资源数据的所有者是人力资源部门，销售数据的所有者是销售部门等。需要注意的是，数据所有者往往也是数据用户。比如，销售数据的用户是销售部门的经理和员工等（当然，销售数据的用户还包括公司的更高层管理人员，以及其他部门的经理和人员）。在数据治理过程中，数据所有者发挥的作用，包括同意数据治理委员会的战略、政策和标准，或者提出不同的意见；发起数据处理和分析项目；建立数据质量的标准，包括完备性

（Completeness）、准确性（Accuracy）、及时性（Timeliness），并且保证数据是可以访问的（Accessibility）；确定数据如何被恰当地访问；建立数据的备份、恢复、归档的机制；了解合规性要求，按照合规性要求管理和共享数据。

针对数据所有者罗列出来的上述工作，并不是由数据所有者自身来完成。比如，对于销售部门的进销存数据而言，所有者是销售部门。为了对进销存数据进行管理，销售部门发起了进销存系统的开发项目。待到项目开发完成，销售部门的各级管理者和销售人员，可以利用该进销存系统的帮助，完成其工作并且准确记录各项业务。进销存系统的数据，保存在数据库系统（一般选用关系数据库管理系统 RDBMS）中，需要一个数据库管理员（Database Administrator，DBA）落实销售部门对数据的管理要求。他的工作就是把上述数据所有者（销售部门）的管理要求，具体落到实处。进销存系统的 DBA 就是具体的数据管理者。

数据治理委员会还需要邀请数据管理团队的人员参加，这是因为数据治理的要求制定出来后，需要他们来承担具体的任务。

数据管家（Data Steward）是数据治理中非常重要的一个角色（见图 9.2）。他和数据所有者、数据管理者的权责划分，通过下面的实例可以清楚地看到。比如，有一家银行，先后开发了储蓄系统、信用卡系统，这两个子系统都有各自的用户管理模块，分别对储蓄用户和信用卡用户进行管理。随着业务的发展，这两个子系统的用户数据出现一系列问题，比如重复、数据不一致等，如果这家银行现在想了解和掌握本行的所有用户情况，不管他是储蓄客户还是信用卡客户，都不是一件轻松的事情，它要求把两个子系统的数据集成起来，解决上述重复、不一致问题。我们可以通过数据治理的主数据管理，解决这个问题。

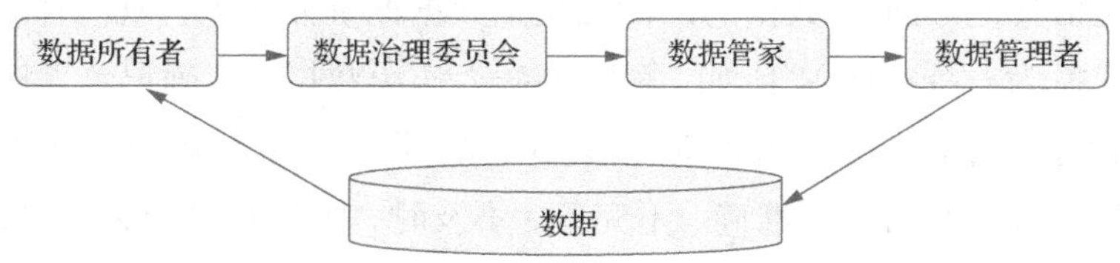

图 9.2　数据治理中的组织机构和角色

通过主数据管理，把储蓄系统、信用卡系统的用户数据整合（Consolidate）在一起，并且去掉重复记录，解决数据的不一致，形成主数据。此后，储蓄系统和信用卡系统将参考这个权威的主数据，而不是继续维护各自的用户信息。那么，现在的用户主数据的所有者是谁呢？显而易见，既不是储蓄部门，也不是信用卡部门。我们可以把数据所有者提升为银行本身，并且这个数据由 IT 部门代管。这时候，就需要一个角色，即数据管家，来具体完成主数据的一系列维护工作。数据管家本身没有数据的所有权，他帮助数据所有者管理这些数据，保证数据能被适当地使用，发挥其价值。从某种意义上来讲，他们是数据所有者的代理（Proxy）。更多的时候，数据管家对工作流程进行监督，具体的工作，大部分还是交给数据管理者完成。比如，我们把用户数据保存在一个关系数据库管理系统中，由一个数据库管理员来实施日常维护工作，包括授权、监控、优化、备份、归档等（这些工作可以通过编写脚本程序和工具来辅助完成）。

在数据治理中，数据管理者需要在数据治理的要求下，完成相关工作。

我们看到，数据管家在主数据管理过程中发挥了重要的作用。基于储蓄部门和信用卡部门进行数据整合，一般不是由这两个部门提出的，而是从整个银行的高层的决策需要出发提出来的。数据管家代表银行高层完成这件事情，主导主数据管理（关于主数据管理，请参考技术要素部分的说明）的整个过程。

9.4.2 技术要素

技术要素分为两个层次，分别是核心要素和支撑要素。技术要素的上层为数据治理的核心要素，包括数据质量管理、数据的安全和隐私、数据的合规性、数据的生命周期管理等，可以看作是数据治理的主要任务。支撑要素包括主数据管理、元数据管理等，这些要素的实现，是为完成核心要素服务的。

1. 数据质量管理

决策的失误，有可能给企业造成经济损失，给政府造成信用的伤害等。数据质量决定了基于数据的决策的可靠性。没有准确、完备、及时的数据支撑，我们很难做出合理有效的决策；低质量的数据，通常会产生误导（Misleading）或者有失偏颇的分析结果和决策。在某种程度上，数据质量关乎企业的生死存亡。

在数据治理模型中，数据质量是一个非常重要的组成要素。一些企业决定发起数据治理，就是因为由于种种原因，如“信息孤岛”问题等，导致数据质量达不到其业务运行和决策的要求。

我们认为，数据质量包括数据的准确性、完备性、及时性等几个重要的方面（在一些数据质量模型中，还包括其他方面）。数据的准确性是指数据准确描述了客观实体和事件（在一些场合，事件也可以建模为一个实体）。比如，医院的病人病历数据，准确记录了病人的历次检查结果、医生的历次诊疗等信息。在病人再次就诊的时候，医生需要根据这些历史信息，做出进一步的诊断和治疗。如果这些信息不准确、不完备、不及时，医生有可能做出错误的诊断和治疗，耽误的是病人的健康，甚至会危及生命。数据的完备性是指数据库系统中的数据集，完整包含了我们关心的、需要管理的实体信息（一系列事件，也可以看作是一系列的实体），既不多，也不少。比如，学校的学生信息管理系统里，有一位学生叫“王涛”，但是这个学校并没有这个学生；或者有一个叫作“李刚”的同学已经入学，但是他的信息，并没有出现在学生信息管理系统里。这时候，学生信息管理系统的完备性就是有问题的。数据的及时性是指当我们需要数据的时候，它能够及时采集到，并且及时地进行分析，获得分析结果和报告（衍生数据）。对于实时性要求高的应用来说，数据的及时性非常重要。

提高数据质量，一般按照如下的流程完成。首先，需要评估现有数据质量，得出数据质量报告。比如，关于数据的准确性[①]，需要评估数据里大概有多大比例的数据是不准确的。接着，

① 比如，我们要求用户的姓（Last Name）是非空的（Not NULL），评估当前的数据质量就是要看看有多少用户的姓是空的；E-mail 字段应该是一个有效的 E-mail 地址（至少从格式上看），那么就可以用正则表达式，判别 E-mail 字段的字符串是否符合“标识符@主机名”的模式（Pattern）。

需要确定提高数据质量的方法，借助工具的帮助，进行数据清洗，以提高其质量。关于数据清洗的研究，在数据治理的概念出现之前，就已经很详尽了。最后，需要对数据质量的治理工作加以评估，以直观的图表的形式（也称为仪表板，Dashboard）展示出来，让我们可以了解到，通过数据治理以后，数据质量有什么样的提高，还有哪些方面可以继续改进等。

在大数据时代，大量异构的、非结构化数据的出现，“信息孤岛”问题更加突出，使得数据质量管理受到全新的挑战，需要研究人员从语义层面对数据质量，进行更为深入的研究。

2. 数据的安全与隐私

数据的安全和隐私，是关于数据的存储、传输和使用的保护问题。在人们提出的一系列数据治理框架模型中，数据的安全和隐私都是其中一个重要的要素。

在操作系统和数据库管理系统里，都有认证和授权模块。用户只有通过认证以后，才可以对系统进行访问，并且只能访问经过授权可以访问的对象。数据安全（Data Security）是防止数据被非法访问和破坏的控制策略和方法，涉及认证（Authentication）、授权（Authorization）、加密（Encryption）、审计（Audit）等重要的内容。授权一般通过访问控制列表（Access Control List，ACL）实现，它描述了谁可以对什么数据对象进行什么操作。审计的目的是登记用户对数据的历次访问，不管是合法的还是非法的，以便出现问题的时候，可以对问题进行溯源。

数据的隐私（Data Privacy）是指对数据进行保密的策略、方法，涉及隐私伦理、隐私策略、隐私保护和评价等重要内容。隐私和安全是密切相关的，在我们确定了哪些数据是敏感的、私密的之后，借助成熟的安全技术，使信息得到受控的访问，杜绝非法访问，就保护了隐私。但是，需要注意的是，安全技术要保护的范围，比起隐私更为宽广，它要解决的问题是“只有授权，才能访问”。

在数据治理框架模型中，数据的安全和隐私问题，仍然要解决谁能够对什么数据进行什么操作的问题，哪些数据是敏感、私密、不宜公开的，以及应该如何保护它。但是，考虑问题的范围需要扩大，要求我们把考虑问题的视角，从各个部门的子系统中脱离出来，从企业全局来通盘考虑数据的安全访问和隐私保护。

3. 数据的合规性

企业或者单位的数据，包括采集、保护和使用，是否符合国际、国家的法律法规，是否符合行业标准，能否满足跨国、跨行业、跨企业的数据交换等，都牵涉到数据的合规性控制和检查。

在数据采集方面，什么数据可以采集，什么数据不可以采集，需要合法、合规。2016 年，国家互联网信息办公室发布《移动互联网应用程序信息服务管理规定》，其中明确规定，依法保障用户在安装或使用过程中的知情权和选择权，未向用户明示并经用户同意，不得开启收集地理位置、读取通讯录、使用摄像头、启用录音等功能，不得开启与服务无关的功能，不得捆绑安装无关的应用程序。2018 年上半年，vivo NEX 手机监测到 QQ 浏览器调用摄像头和百度输入法“正在录音”。腾讯公司回应 QQ 浏览器调用摄像头事件称，由于 Android 技术规范，此类现象确实存在，但不会采集隐私信息。百度公司则回应，百度输入法不会在未经用户同意的情况下进行录音，也不会使用任何手段采集隐私，在场景化语音以及语音面板使用中，百度输入法做了语音话筒预热的优化，目的是加快语音启动速度，解决之前用户反馈的语音识别丢字问题。

数据的使用，更需要合法、合规。淘宝的电商交易数据、新浪的微博数据、腾讯的微信数据，所有权都是隶属用户的，淘宝、新浪和腾讯所扮演的角色，只能是数据管家。这些数据，谁可以使用、如何使用等，比如这些互联网公司能够在这些数据上进行什么分析，分析结果是否可以出售，或者基础数据是否可以打包出售，用户是否知情，是否需要用户授权，用户可否分享收益，在国家安全需要情况下如何提取相关数据等，需要立法、政府监管工作的跟进。否则，就有可能出现“管家欺负主人”的现象。

4. **数据的生命周期管理**

数据的生命周期，包括数据的采集、保存和使用（为了各种分析目的的使用，也包括分享给第三方使用）、归档、销毁等重要的阶段。数据治理中的生命周期管理，对数据资产的上述各个阶段，制定了操作规范，保证必要的数据被采集下来；数据能够被方便地使用，发挥其价值，这里所说的使用包括一个企业或者单位内部对数据的使用，也包括把数据开放出来，供企业或者单位外部来共享；过期的数据，被归档起来；需要销毁的数据，被正确地、完全地销毁。

数据能够被方便地访问，是非常重要的。数据已经收集起来了，但是访问起来不是很方便，或者不能把相关的数据都汇总到一起，在特定的场合，有可能带来严重的后果。比如，医生正在给一个病人做诊断，他的历史病历有缺失，没有完整地呈现在医生面前，医生有可能做出错误的诊断，进而造成严重后果。

前文讲到，数据治理的目的之一，是让数据发挥价值。在大数据时代，数据有可能需要跨越一个单位的藩篱，允许其他单位访问。比如，病人在一个医疗机构的检查结果，可以被另外一个医疗机构的医生访问到，对于减轻病人的负担（包括经济负担和身心负担）和减少社会的总成本是有利的。国务院办公厅于 2018 年印发《关于促进“互联网+医疗健康”发展的意见》，正式提出促进医疗联合体内医疗机构间检查、检验结果的实时查阅和互认共享。

归档起来的数据，一般保存到大容量、低速率的存储设备上。即便如此，也需要保证在需要访问的时候，能够方便地访问到。比如，某家银行的储户，拿出了 40 年前的存折要求兑付。由于该账户长期沉寂，数据已经归档，能不能从归档数据里，查找到该储户的历史记录，直接关系到储户的利益和银行的商誉。

根据管理的需要，有些历史记录只需要存储一定的期限，超过该期限的数据，可以销毁。

销毁的过程，也需要按照一定规范予以实施。比如，每个储蓄账户都有交易历史记录，久远的历史记录无须保存，比如监管部门要求保存 10 年之内的交易历史记录。在销毁交易历史记录之前，我们需要对账户进行核对，也就是检查上次对账以来发生的交易，和当前的账户余额是否有出入。如果没有，就可以销毁相关的历史记录。如果有出入，就需要采取相关措施，把账轧平了以后，再行销毁历史交易记录。当数据存在多个副本，销毁过程会变得更加复杂。比如，我们使用微信产生的聊天记录，在手机端和云端各有一份，销毁的时候，需要协调手机端和云端的协同操作，才能完整地销毁。

5. 主数据管理

主数据是关于业务实体（Business Entities）的数据，是企业/单位范围内各个子系统需要共享的数据，包括客户、账号、产品、厂商等信息。这些数据支撑企业的在线事务处理、在线分析处理和数据挖掘等复杂分析应用。

由于各个子系统分步建设，这些信息散落在各个子系统中。散落在各个子系统中的上述数据，可能存在不一致、重复等问题，当我们需要访问所有数据的时候，很不方便。在上文给出的储蓄系统、信用卡系统的用户数据的整合实例，就是一个主数据管理示例。

主数据管理给出一个技术和管理方案，把相关数据整合起来，形成一个主拷贝（Main Copy），这个主拷贝也被称为 Single Version of Truth（唯一版本的真实数据）。整合的过程涉及必要的数据清洗（Cleans）和数据增强（Enrich or Augment），修正数据的不一致，剔除重复数据。这个主拷贝可供企业（或者单位）范围内的相关应用程序参考，或者复制使用。我们通过实例来说明参考和复制。比如，当我们完成储蓄系统、信用卡系统的用户数据的主数据的整合后，储蓄系统和信用卡系统不再维护单独的用户数据，而是引用主拷贝。而复制，则是储蓄系统和信用卡系统从用户数据的主拷贝中拷贝一份数据。这时，当主拷贝数据发生任何改变后，就需要把改变同步到储蓄系统和信用卡系统。图 9.3 所示为一个主数据管理的实例，可以看到，主数据管理遵循了“集成（Integrate）→共享（Share）”的技术范式。

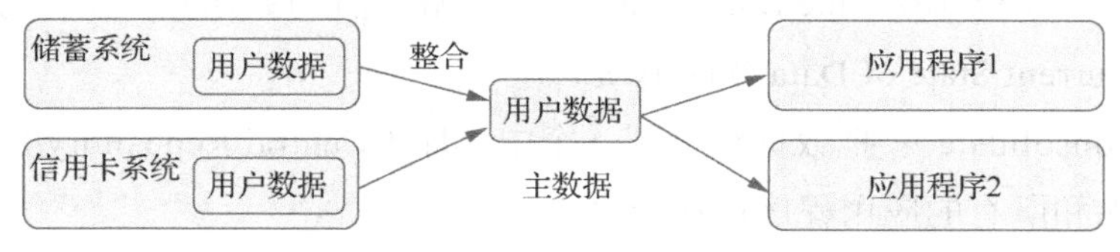

图 9.3 主数据管理示例

在主数据管理中，把企业的客户、账号、产品、厂商等信息，从各个“信息孤岛”中，集成到一起，实施统一的管理，保证各个子系统的共享和访问，保证了数据的完备性和正确性，以提高数据质量，进而提高决策的质量。

当我们从各个数据源集成数据的时候，数据中可能出现不一致（Inconsistency）以及重复（Redundancy）的问题。这两个问题属于数据质量问题，需要采取适当的措施加以解决。

比如，在上述储蓄系统和信用卡系统的用户数据整合过程中，有些用户办理了储蓄卡，又办理了信用卡，而有的用户只办理了储蓄卡，或者只办理了信用卡。在整合的过程中，两个子系统中都出现的用户属于重复问题。比如，在储蓄系统和信用卡系统中，都有“王涛”这个人，而且根据身份证号，判断他们就是同一个人。在建立新的整合的客户数据库的时候，需要对数据进行去重，整合出一个新的“王涛”。

而只在某个子系统中出现的用户，只需整合在一起就可以了，但是有可能存在数据模型的整合问题。比如，储蓄系统中无须记录用户的“开始工作时间”和“职业”信息，但是在信用卡系统中则需要记录这些信息，以便给予用户一定的信用额度，就需要在新的整合的用户数据中，保留“开始工作时间”和“职业”信息。

如果储蓄系统和信用卡系统中实际为一个人的两个“王涛”，他们的出生日期不一样，就出现了数据的不一致问题，也需要进行处理。我们可以通过身份证号进行验证（身份证号里有出生日期）。有些数据不一致问题，需要人工参与才能解决，好在这样的情况不会太多。

Oracle 公司提出的主数据管理框架和流程如图 9.4 所示，让我们可以了解到完成主数据管理的流程和模式。

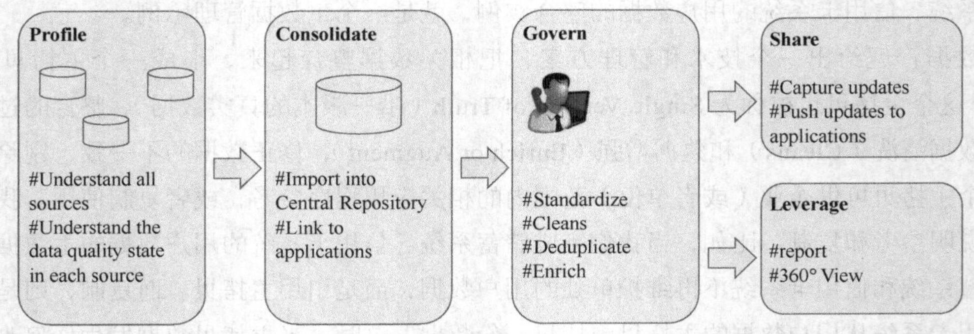

图 9.4 主数据管理的框架和流程

在这个框架中，主要的流程简述如下。

（1）了解数据源（Profile① the Data Sources）：了解所有的数据源，以及每个数据源当前的数据质量情况（Current State of Data Quality）。

（2）整合（Consolidate）：把数据整合到一个中心库（Central Repository）里，形成主数据，并且把这个中心库和所有的应用程序连接起来。

（3）治理（Govern）：对数据进行标准化（Standardize）、清洗（Cleans）、去重（Deduplicate）、增强（Enrich）等操作，增强是指从第三方数据源增加一些信息到中心库里。

（4）共享（Share）：把主数据共享到每个相连的应用程序，保证数据更新的同步。

（5）利用（Leverage）：我们拥有唯一版本的真实数据后，就可以基于这些数据撰写报表和报告，支持各种商业智能（Business Intelligence，BI）应用。

6. 元数据管理

元数据（Metadata）是关于数据的数据，元数据保存在数据字典（Data Dictionary）里。数据治理中的元数据管理，描述了企业范围内所有数据资产的数据模型、数据格式、数据域

① Profile 在这里可以解释为探究、探查、了解、调查等。

（Domain）、数据的存取权限、数据的血缘关系和版本等。

数据的血缘关系（Lineage）记录每个数据集的来龙去脉，也就是每个数据集是从什么数据源集成、转换而来的，又由它产生了哪些数据集等。需要注意的是，这个血缘关系，关注的是部门间、企业（单位）间的数据集的血缘关系，而不是在一个查询中，从基础数据产生的各种中间结果集以及最终结果。比如，当银行需要给监管部门按照一定的时间间隔要求，提交相关的报表，以便监管部门检查是否存在合规性问题。那么，这些报表是由哪些基础数据衍生计算出来的，这样的血缘关系，就需要进行登记和管理。

元数据管理是关于元数据的创建、存储、整合与控制的一整套流程的集合，它支持基于元数据的相关应用。

9.5 数据治理的实践

数据治理的战略、政策制定出来了，组织机构也建立了，我们还需要制定一个可行的实施路线图，来指导开展具体的工作，完成数据治理的目标。

9.5.1 各个业务子系统的建设和数据治理同步推进

数据治理的目的，是发挥数据价值和防控数据风险。在企业信息化的过程中，有些业务系统已经建立起来，有些在建设当中，有些则尚未建立。在各个子系统分步建设的过程中，出现了各种各样的问题，我们需要实施数据治理。数据治理和子系统的建设，需要同步进行，包括已有子系统的适当改造，按照数据治理的要求建设新的子系统等。

9.5.2 建立数据治理的组织机构，确定数据治理战略/政策和标准

建立数据治理的组织机构，包括建立数据治理委员会（领导小组）、工作小组，以及指定具体的岗位（角色）及其责任。数据治理委员会应有高层管理人员参加，高层管理人员作为数据治理委员会的执行长发挥作用。

数据治理涉及数据所有者、数据治理委员会、数据管家、数据管理者等参与者，我们需要在数据治理的流程中，在链条上安排角色，分配职责。

数据治理委员会制定数据治理战略、数据治理的规章制度，以及具体的数据（规范化）标准。数据治理的规章制度是实现数据治理战略目标的行动纲领，数据标准则是提高数据质量的必要基础。

数据治理委员会制定的一系列战略、政策、规章制度，由数据管家来牵头落实，数据管家把一部分具体工作，转交给数据管理者（如关系数据库管理系统的 DBA）来完成。

9.5.3 规划具体的数据治理任务

一个企业的数据治理工作，千头万绪，不能眉毛胡子一把抓，也不可能一蹴而就。这就需

要我们选择影响力最大的业务痛点（Business Problem，Business Pain Point），重点突破。治理的目标要做到精细化，着重治理有助于极大地改善业务的关键数据（Critical Data）。

比如，目前企业从各个子系统得到的业务报表，存在数据不一致的状况，数据的质量差，决策受到很大影响。这时候，需要开展数据质量的治理工作。

而有的企业，在各个业务子系统建立的过程中，客户信息散落在各个子系统中，难以对整个企业的所有客户进行集中的了解。这时候需要发起主数据管理，整合各个来源的客户数据，并且对其进行去重，然后才能作为整个企业范围的、权威的客户信息来源。

在进行主数据管理的时候，需要对数据进行整合。为了顺利实现数据整合，需要定义数据的标准，并且制定数据标准实施的规范。具体包括数据标准的制定、度量标准的制定等两个方面，目的是实现数据的标准化、规范化。只有各个子系统（来源）的数据是标准化和规范化的，才能实现数据的整合，而制定度量标准的目的是评估数据治理的效果。

9.5.4 开展数据治理工作

一般来讲，开展数据治理工作，需要建立一个数据资产中心库（Repository），给出一个业务词汇表（Business Glossary），对主要概念进行定义（Definition），以便人们对这些概念达成共识。对数据资产登记造册，建立数据元信息，对关键数据的格式、取值范围[①]、重要的语义约束[②]（也可以称为业务约束规则，Business Rule）、存取权限、敏感信息、数据集之间的血脉关系（Lineage）等进行描述。这些工作是进行数据治理的必要的准备工作。准备工作做好以后，可以针对性地进行具体的主数据管理、数据清洗（提高数据质量）、数据安全和隐私保护的实施工作。这些具体工作的内容，已经在前文予以论述，在此不赘述了。

对于众多的、具体的数据治理任务，经过数据治理委员会的评估以后，给出了一个实施的优先顺序。即便是主数据管理，也包含不同数据的主数据管理，比如客户数据的整合、产品数据的整合等。对数据治理的工作做出规划以后，接着就是开展具体的数据治理工作。

为了保证数据治理工作的质量和效率，人们一般借助成熟的技术和软件，辅助完成数据治理。IBM、Oracle 等厂商，推出了数据治理的相关软件，用户可以根据需要进行选择。单独依靠这些数据治理工具，是不能完成数据治理工作的。比如，对于数据的安全性和隐私保护，需要我们在数据治理软件中对安全性和隐私保护进行描述和说明，这些要求要递交给底层的数据库系统（可以是关系数据库管理系统）的 DBA，由其在数据库系统里面具体实现。此外，数据治理工作不是仅仅依靠 IT 部门就可以完成的，需要业务部门的通力配合。

---

① 在元数据中定义好数据的格式、取值范围等要求后，可以在数据库（比如关系数据库管理系统）里实现这些要求，在保证数据符合业务运行要求的同时，保证数据质量。比如，我们规定用户 ID 必须唯一、用户的姓名信息不能为空、用户的 E-mail 信息必须是一个有效的 E-mail 地址等。在关系数据库管理系统中，新建表格时，可以建立唯一性约束、非空约束（Constraint），以及编写一些存储过程（Stored Procedure）对数据进行检查，就可以保证违反这些约束的数据无法进入数据库中，从而提高数据质量。

② 重要的语义约束，指的是数据从上游应用程序收集来的时候，必须符合的业务约束条件，比如，在某个业务系统中进行用户注册的时候，用户必须提交有效的身份证号、驾驶证号或者护照号，用户 ID 只能是这三者之一。

9.5.5　数据治理的评价

数据治理工作开展的效果如何，需要进行评价。不能脚踩西瓜皮，滑到哪里算哪里。评价的目的是了解目前的工作效果，并且提出改进办法，对工作进行持续改进。数据的所有权属于各个业务部门，痛点问题来自业务部门，数据治理效果好不好，还可以进行什么样的改进，需要业务部门给出意见。

比如，对于数据质量的治理，就需要评价数据质量提高到了什么程度，包括数据里面的错误率是否降低了，数据的重复率是否降低了等等，这些都需要设计相关的度量指标（Metric）来度量和评价。比如，公安机关的户籍部门对全国居民的身份证信息进行数据治理，降低了身份证号的重复率，但具体效果如何，就需要进行评价。

9.6　大数据时代数据治理的挑战

在大数据时代，以计算机系统的存储容量和处理能力为基础，数据可以做到自动化采集和获取，人们收集到规模越来越大的数据集。数据的规模、累积速度，超越了以往我们使用的传统工具所具备的处理能力。此外，数据类型多种多样，除了结构化数据，还有非结构化数据，包括多媒体数据等，它们所需要的处理过程和处理技术更加复杂。数据的来源也是丰富多样的，大量的数据来自新的来源，这些来源一般与互联网、物联网密切关联，包括社交媒体、博客、网页、网站访问日志等。

数据的规模、速度、多样性等，对数据治理提出了新的挑战，技术复杂度提高了，数据治理的范围更广了。传统的数据治理大多关注企业（单位）内部数据的治理问题，而在大数据时代，不仅要解决好企业内部数据的治理问题，还要考虑企业内部数据和外部数据的融合问题。我们可以把企业掌握的数据包装成数据产品，投放到交易市场，供人们按需购买、使用，或者按照法律和监管要求，把数据公开出来。这时候，对数据治理的各个方面包括元数据管理、数据质量、数据安全性和隐私保护等，考虑的范围都需要突破企业的范围，这也对数据治理提出了新的挑战。下面从安全和隐私方面进行简单的介绍。

在大数据时代，数据的所有权、使用权、收益权往往是分离的，给数据的安全和合规性提出了巨大的挑战。比如，各个大型的互联网公司创造的各种应用，它们收集的用户数据，本质上应属于客户所有，被这些互联网公司或者第三方所用时，有时会产生损害用户利益的事情。本章开头举出的 Facebook 用户数据滥用实例，就是这样一个例子。此外，2018 年 8 月 14 日，有外媒报道，美联社发布的最新调查显示，Google 公司利用 Android 设备和 iPhone 上的一些谷歌服务，追踪用户活动，并存储他们的位置信息，即使用户加强隐私设置，也无法阻止这一位置信息收集行为。据说，在美联社的要求下，美国普林斯顿大学的计算机科学家已经证实了这些发现。这个事件让我们意识到数据的安全性和隐私保护，任重道远。

为了推动科学研究、政务公开，政府、企业、科研机构等逐步公开各种数据集。这些数据一般经过匿名化处理，剔除了一些敏感信息，其他人很难通过单独的数据源，来还原这些敏感信息。但是，有些科学家已经通过多源数据的融合，推断得到了一些敏感信息。

我们来看一个实例，20 世纪 90 年代中期，为推动公共医学研究，美国马萨诸塞州保险委员会发布了政府雇员的医疗数据。为防止用户隐私泄露，在数据发布前，该委员会删除了数据中所有敏感信息，包括姓名、社会安全号和家庭住址等。然而，来自麻省理工学院的科学家 Sweeney，通过数据中保留的 3 个关键字段，即性别、出生日期和邮编，成功破解了这份匿名化处理后的医疗数据，即能够确定具体某一个人的医疗记录。Sweeney 的做法如下，他通过另一份公开的马萨诸塞州投票人名单，包括投票人的姓名、性别、出生年月、住址和邮编等个人信息，对两份数据进行匹配，以此来确定某个人的医疗记录。Sweeney 研究发现，87%的美国人拥有唯一的<性别, 出生日期, 邮编>三元组信息。同时发布三元组信息，几乎等同于直接公开其他信息。

9.7 思考题

1. 为什么要进行数据治理，举出一两个原因（驱动力）？
2. 数据治理的概念是什么？
3. 数据治理的目标是什么？
4. 数据治理包含哪些要素，它们是什么关系？
5. 简述数据质量管理。
6. 简述数据安全性和隐私保护。
7. 简述数据的合规性。
8. 简述数据的生命周期管理。
9. 简述主数据管理。
10. 简述元数据管理。
11. 举例说明大数据时代数据治理面临的挑战。

第10章　数据科学综合案例

本章给出以下 3 个数据分析实例。

第 1 个实例，利用现成的分类器，对 Twitter 数据集进行情感分类和可视化。

第 2 个实例，研究如何自己构造一个情感分类器（面向 Twitter 数据集分析）。

第 3 个实例是一个综合案例。它对一个更大规模的数据集进行探索、分析，以及可视化。这个实例使用的数据集是 Prompt Cloud 于 2016 年 12 月抽取的，针对亚马逊网站上销售的移动电话（Unlocked Mobile Phones）的 400 000 个用户点评（Reviews）。数据集是一个 csv 二维表，包含产品名称（Product Title）、品牌（Brand）、价格（Price）、打分（Rating）、用户点评（Review Text）、有多少个用户认为此项评论有用（Review Votes：Number of people who found the review helpful）等几个关键字段。如果数据集有日期时间字段，我们还可以针对每个品牌或者具体产品型号，给出沿着时间线的用户评论表现出来的情感变化。在这个数据集上进行情感分析，并且对分析结果按照品牌、产品型号进行聚集，然后进行排序，选出最受欢迎的 *N* 个品牌、产品等。

准备工作，在 Anaconda Prompt 命令行窗口下，运行如下命令，安装必要的 Python 库。

```
pip install wordcloud -i https://pypi.doubanio.com/simple/
pip install twython -i https://pypi.doubanio.com/simple/
pip install vaderSentiment -i https://pypi.douban.com/simple/
pip install ggplot -i https://pypi.douban.com/simple/
```

此外，当用到 VADER SentimentIntensityAnalyzer 的时候，需要在程序中运行如下代码，下载 vader_lexicon 词库。

```
import nltk
nltk.download('vader_lexicon')
```

10.1 利用现成分类器对 Twitter 数据集进行情感分类

印度总理莫迪于 2016 年 11 月 8 日对全国发表电视讲话，宣布废除 500 卢比和 1000 卢比面值的纸币（分别相当于 7.5 美元和 15 美元左右），将从午夜开始停止流通。

在打击黑钱之余，印度政府允许民众 12 月 30 日之前在银行和邮局存入或换掉旧纸币，但是这些纸币无法在其他任何地方使用，除了相关交通设施、医院、国营加油站、牛奶站等地，在 3 天内还可以流通之外。

这项措施一经宣布，立刻引起巨大反响。在 Twitter 上也掀起一轮讨论热潮。

本实例的数据集，包含了关于货币废止的最近 6000 个 tweet，即整个数据集有 6000 行，每行有 14 列内容，包括 text（tweets）、favorited、favoriteCount、replyToSN、created、truncated、replyToSID、id、replyToUID、statusSource、screenName、retweetCount、isRetweet、retweeted。其中，id 字段表示 tweet 的唯一标识，created 字段表示 tweet 的创建日期，text 表示 tweet 的文本，其他字段请读者参考本书网络资源的进一步说明。

现在对这个数据集进行情感分析和可视化，使用的是预先训练好的分类器。

1. 装载 Python 库

首先装载必要的 Python 库，包括 numpy 和 pandas。

```
import numpy as np # linear algebra
import pandas as pd # data processing, CSV file I/O (e.g. pd.read_csv)
```

2. 装载数据集

接着装载数据集，并显示数据集的前 5 行。代码中使用“ISO-8859-1”编码方法的目的，是保证能够正确解码各种文字编码的 tweet。

```
tweets=pd.read_csv("./demonetization-tweets.csv",encoding = "ISO-8859-1")
tweets.head()
```

代码执行结果如图 10.1 所示。

	Unnamed: 0	X	text	favorited	favoriteCount	replyToSN	created	truncated	replyToSID	id	replyToUID	
0	1	1	RT @rssurjewala: Critical question: Was PayTM ...	False	0	NaN	2016-11-23 18:40:30	False	NaN	8.014957e+17	NaN	href="http://twitter.com/dc
1	2	2	RT @Hemant_80: Did you vote on #Demonetization...	False	0	NaN	2016-11-23 18:40:29	False	NaN	8.014957e+17	NaN	href="http://twitter.com/dc
2	3	3	RT @roshankar: Former FinSec, RBI Dy Governor,...	False	0	NaN	2016-11-23 18:40:03	False	NaN	8.014955e+17	NaN	href="http://twitter.com/dc
3	4	4	RT @ANI_news: Gurugram (Haryana): Post office ...	False	0	NaN	2016-11-23 18:39:59	False	NaN	8.014955e+17	NaN	href="http://twitter.com/dc
4	5	5	RT @satishacharya: Reddy Wedding! @mail_today ...	False	0	NaN	2016-11-23 18:39:39	False	NaN	8.014954e+17	NaN	<a href="http://c

图 10.1　数据集的前 5 行

3. 进行情感分析

针对每个 tweet，利用 SentimentIntensityAnalyzer 分类器进行情感分析，获得 4 个分数，分别是'compound'、'neu'、'neg'、'pos'，即复合情感得分、中性情感得分、负面情感得分和正面情感得分。

在此基础上，为已有的数据集增加'sentiment_compound_polarity'、'sentiment_neutral'、'sentiment_negative'、'sentiment_pos'、'sentiment_type'等数据列，然后显示数据集的前 5 行。

```
    from nltk.sentiment.vader import SentimentIntensityAnalyzer
    from nltk.sentiment.util import *
    from nltk import tokenize

    sid = SentimentIntensityAnalyzer()

    tweets['sentiment_compound_polarity']=tweets.text.apply(lambda x:sid.polarity_
scores(x)['compound'])
    tweets['sentiment_neutral']=tweets.text.apply(lambda x:sid.polarity_scores(x)
['neu'])
    tweets['sentiment_negative']=tweets.text.apply(lambda x:sid.polarity_scores(x)
['neg'])
    tweets['sentiment_pos']=tweets.text.apply(lambda x:sid.polarity_scores(x)
['pos'])

    tweets['sentiment_type']=''
    tweets.loc[tweets.sentiment_compound_polarity>0,'sentiment_type']='POSITIVE'
    tweets.loc[tweets.sentiment_compound_polarity==0,'sentiment_type']='NEUTRAL'
    tweets.loc[tweets.sentiment_compound_polarity<0,'sentiment_type']='NEGATIVE'

    tweets.head()
```

代码的执行结果如图 10.2 所示。

Source	screenName	retweetCount	isRetweet	retweeted	sentiment_compound_polarity	sentiment_neutral	sentiment_negative	sentiment_pos	sentiment_type
<a ndroid" ...	HASHTAGFARZIWAL	331	True	False	0.1027	0.783	0.1	0.117	POSITIVE
<a ndroid" ...	PRAMODKAUSHIK9	66	True	False	0.0000	1.000	0.0	0.000	NEUTRAL
<a ndroid" ...	rahulja13034944	12	True	False	0.0000	1.000	0.0	0.000	NEUTRAL
<a ndroid" ...	deeptiyvd	338	True	False	0.0000	1.000	0.0	0.000	NEUTRAL
a.com" follow...	CPIMBadli	120	True	False	0.0000	1.000	0.0	0.000	NEUTRAL

图 10.2　情感分析和增加数据列

4. 统计各类情感的频率

针对数据集的 sentiment_type 数据列，对其进行直方图计算。然后以 bar chart 的方式显示出来，标题是“sentiment anlysis”。

```
tweets.sentiment_type.value_counts().plot(kind='bar',title="sentiment analysis")
```

代码的执行结果如图 10.3 所示。

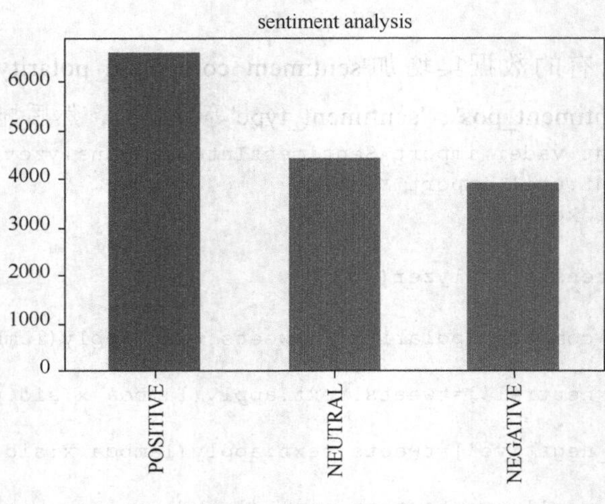

图 10.3 各类情感的数量

5. 沿着时间方向查看情感变化

按照一个小时的时间粒度，统计每个小时中情感综合得分（sentiment_compound_polarity）的平均值（Mean），然后绘制沿着时间变化的情感综合得分的线。

```
tweets['hour'] = pd.DatetimeIndex(tweets['created']).hour
tweets['date'] = pd.DatetimeIndex(tweets['created']).date
tweets['minute'] = pd.DatetimeIndex(tweets['created']).minute
df=(tweets.groupby('hour',as_index=False).sentiment_compound_polarity.mean())
df.head()

import pandas as pd
import matplotlib.pyplot as plt

plt.figure(figsize=(10,5))                          #设置画布的尺寸
plt.title('Sentiment Dynamics',fontsize=20)         #标题，并设定字号大小
plt.xlabel(u'x-hours',fontsize=14)                  #设置 x 轴，并设定字号大小
plt.ylabel(u'y-sentiment',fontsize=14)              #设置 y 轴，并设定字号大小

plt.plot(df['hour'],df['sentiment_compound_polarity'],color="goldenrod",linewidth=1.5,
linestyle='-',label='compound_polarity', marker='*')

plt.legend(loc=2)                                   #图例展示位置，数字代表第几象限
plt.show()                                          #显示图像
```

代码执行结果如图 10.4 所示。

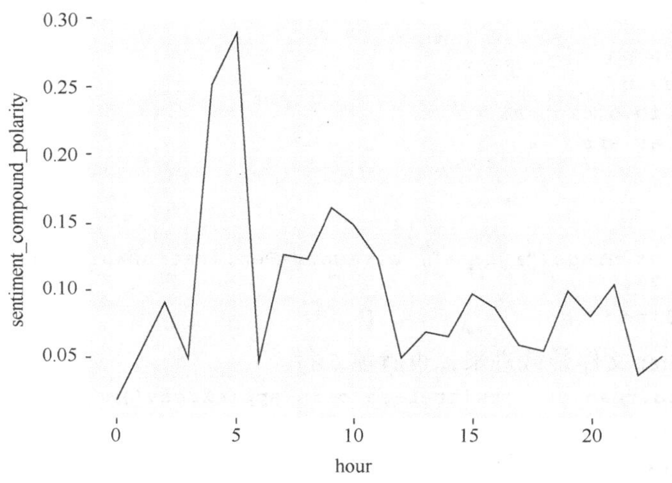

图 10.4　沿着时间变化的情感得分

10.2　如何自行构造一个文本分类器

在这一节，我们将学习如何创建一个 Twitter 情感分析器。

主要的步骤如下。

（1）首先需要对原始的文本（tweets）进行预处理和清洗。

（2）然后对干净的文本进行可视化和探索，获得对数据的直觉。

（3）从文本数据中提取数字特征（Feature），用这些特征去训练一个分类模型，然后使用这个模型，对其未见过的 tweets 进行情感分类。

1. 问题界定

我们需要拥有一批 tweets，对每个 tweet 进行人工标注，即赋予其一个标签。如果标签为 0，表示这个 tweet 是负面情感；如果标签为 1，表示这个 tweet 是正面情感。

我们的目标是预测测试数据集里的每个 tweet 到底是正面情感还是负面情感。分类器的评价指标使用 F1 得分（F1-Score）来表示。F 得分越高，表示分类器分类效果越好。

2. tweet 的预处理和清洗

对文本进行预处理，目的是使文本更加适合于后续的机器学习任务，也就是更加容易从文本中提取信息（特征），以便在其上运行机器学习算法。如果我们忽略这个步骤，有可能造成数据里面包含太多噪声，或者不一致的数据，导致训练出来的模型的预测效果不好。这个步骤的目的，是把噪声给剔除掉。

具体来讲，我们需要把和情感分析无关的标点符号（Punctuation）、特殊字符（Special Character）、数字（Number）以及在文本里过于常见的单词（Terms which don't carry much meaningful information）等剔除掉。

首先需要装载必要的 Python 库。

```
import re
import pandas as pd
import numpy as np
import matplotlib.pyplot as plt
import seaborn as sns
import string
import nltk
import warnings
warnings.filterwarnings("ignore", category=DeprecationWarning)

%matplotlib inline
```

接着我们把 Twitter 文件装载进来，查看前 5 行。

```
all_sample  = pd.read_csv('twitter-sanders-apple2.csv')
all_sample.head()
```

输出结果如图 10.5 所示。

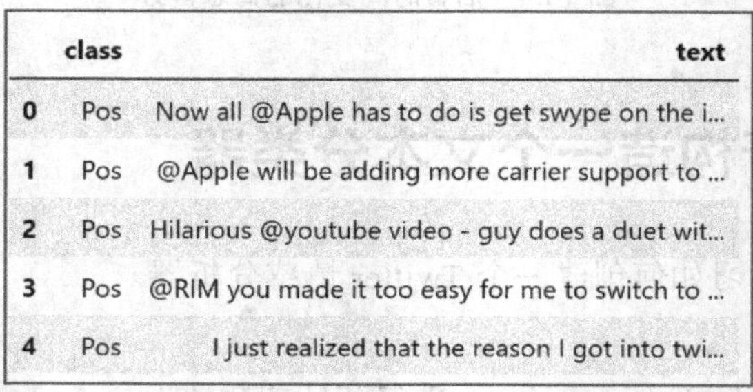

	class	text
0	Pos	Now all @Apple has to do is get swype on the i...
1	Pos	@Apple will be adding more carrier support to ...
2	Pos	Hilarious @youtube video - guy does a duet wit...
3	Pos	@RIM you made it too easy for me to switch to ...
4	Pos	I just realized that the reason I got into twi...

图 10.5　原 Dataset

数据集的每行，有两个属性，分别是 class 和具体的文本。class 的取值为 Pos 表示正面情感，取值为 Neg 表示负面情感。

我们需要给这个数据集增加一列 label，它的取值为 1（正面情感）或者 0（负面情感）。具体的代码如下。

```
pos_sample = all_sample[all_sample['class'].isin(['Pos'])]
pos_sample['mylabel'] = 1
print(pos_sample.head())

neg_sample = all_sample[all_sample['class'].isin(['Neg'])]
neg_sample['mylabel'] = 0
print(neg_sample.head())

new_all_sample = pd.concat([pos_sample,neg_sample])
```

数据清洗包含如下的主要步骤。

（1）把@user 这样的句柄（Handle）剔除掉

@user 代表了 Twitter 用户之间的引用（指向）关系，一般来说，与 tweet 所表达的情感没有太多关系，于是我们应该把它们剔除掉。为此定义如下函数，它根据一定的正则表达式，删除文本里出现的特定模式。我们使用这个函数把@user 这样的文本找出来，并删除掉。

```
def remove_pattern(input_txt, pattern):
    r = re.findall(pattern, input_txt)
```

```
    for i in r:
          input_txt = re.sub(i, '', input_txt)

    return input_txt
```

接着，我们针对数据集，令'text'列经过处理以后，形成一个新的数据列'tidy_tweet'。

```
# remove twitter handles (@user)
new_all_sample['tidy_tweet'] = np.vectorize(remove_pattern)(new_all_sample
['text'], "@[\w]*")
new_all_sample.head()
```

备注："@[\w]*" 正则表达式表达了"@打头的一个单词"这样的模式。

这段代码的输出结果如图 10.6 所示。

	class	text	mylabel	tidy_tweet
0	Pos	Now all @Apple has to do is get swype on the i...	1	Now all has to do is get swype on the iphone ...
1	Pos	@Apple will be adding more carrier support to ...	1	will be adding more carrier support to the iP...
2	Pos	Hilarious @youtube video - guy does a duet wit...	1	Hilarious video - guy does a duet with 's Si...
3	Pos	@RIM you made it too easy for me to switch to ...	1	you made it too easy for me to switch to iPh...
4	Pos	I just realized that the reason I got into twi...	1	I just realized that the reason I got into twi...

图 10.6　增加 tidy_tweet 数据列

（2）删除文本里面的标点符号、数字和特殊字符

标点符号（Punctuation）、数字（Number）和特殊字符（Special Character），对情感分析帮助不大，我们把这些内容替换成空格。

```
# remove special characters, numbers, punctuations
new_all_sample['tidy_tweet'] = new_all_sample['tidy_tweet'].str.replace
("[^a-zA-Z#]", " ")
new_all_sample.head()
```

这段代码的执行结果如图 10.7 所示。

	class	text	mylabel	tidy_tweet
0	Pos	Now all @Apple has to do is get swype on the i...	1	Now all has to do is get swype on the iphone ...
1	Pos	@Apple will be adding more carrier support to ...	1	will be adding more carrier support to the iP...
2	Pos	Hilarious @youtube video - guy does a duet wit...	1	Hilarious video guy does a duet with s Si...
3	Pos	@RIM you made it too easy for me to switch to ...	1	you made it too easy for me to switch to iPh...
4	Pos	I just realized that the reason I got into twi...	1	I just realized that the reason I got into twi...

图 10.7　删除文本里面的标点符号、数字和特殊字符

（3）把太短的单词剔除掉（Removing Short Words）

太短的单词，比如 pdx、his、all、hmm、oh，对于情感分析帮助也不大，我们也把它们删除。但是需要特别小心，到底多长的单词应该保留，多长的单词应该删除。我们在这里把长度小于 3 的单词都删除。另一个更好的办法是建立一个停用词列表（Stop words），然后把文本里

面出现的停用词都删掉。

```
new_all_sample['tidy_tweet'] = new_all_sample['tidy_tweet'].apply(lambda x:
' '.join([w for w in x.split() if len(w)>3]))
new_all_sample.head()
```

这段代码的执行结果如图 10.8 所示。

	class	text	mylabel	tidy_tweet
0	Pos	Now all @Apple has to do is get swype on the i...	1	swype iphone will crack Iphone that
1	Pos	@Apple will be adding more carrier support to ...	1	will adding more carrier support iPhone just a...
2	Pos	Hilarious @youtube video - guy does a duet wit...	1	Hilarious video does duet with Siri Pretty muc...
3	Pos	@RIM you made it too easy for me to switch to ...	1	made easy switch iPhone
4	Pos	I just realized that the reason I got into twi...	1	just realized that reason into twitter thanks

图 10.8　删除太短的单词

此时可以看到数据经过预处理以后，text 列和 tidy_tweet 列出现了明显的区别，只有重要的单词被保留下来了。

（4）单词切割

接下来，我们需要针对清洗以后的 tweet 进行单词切割（Tokenization），代码如下。

```
tokenized_tweet = new_all_sample['tidy_tweet'].apply(lambda x: x.split())
tokenized_tweet.head()
```

这段代码的执行结果如图 10.9 所示，我们看到每个单词被切割出来了。需要注意的是，tokenized_tweet 是一个独立的数据列，与原来的数据集没有关系，只是在对应的位置上包含了原数据集里 text 列的单词分割以后的结果。

```
0          [swype, iphone, will, crack, Iphone, that]
1    [will, adding, more, carrier, support, iPhone,...
2    [Hilarious, video, does, duet, with, Siri, Pre...
3                      [made, easy, switch, iPhone]
4    [just, realized, that, reason, into, twitter, ...
Name: tokenized_tweet, dtype: object
```

图 10.9　Tokenized tweet

（5）词干提取

词干提取（Stemming）是指把每个单词的后缀剔除掉（“ing”“ly”“es”“s”等），保留词干。

比如“play”“player”“played”“plays”“playing”等单词，都是单词“play”的变种，需要把不同的形式转换成基本形式。

词干提取使我们在保留更少的单词（意味着机器学习过程更加容易）的同时，还保留了重要信息。

```
from nltk.stem.porter import *
stemmer = PorterStemmer()
tokenized_tweet = tokenized_tweet.apply(lambda x: [stemmer.stem(i) for i in x]) #
```

```
stemming

    tokenized_tweet.head()
```

上述代码的执行结果如图 10.10 所示。

```
0            [swype, iphon, will, crack, iphon, that]
1    [will, ad, more, carrier, support, iphon, just...
2    [hilari, video, doe, duet, with, siri, pretti,...
3                      [made, easi, switch, iphon]
4    [just, realiz, that, reason, into, twitter, th...
Name: tokenized_tweet, dtype: object
```

图 10.10　词干提取

最后，对每个 tweet 进行切割、词干提取以后的单词列表整合，形成一段话，重新替换数据集的'tidy_tweet'列。

```
for i in range(len(tokenized_tweet)):
      tokenized_tweet[i] = ' '.join(tokenized_tweet[i])

new_all_sample['tidy_tweet'] = tokenized_tweet
new_all_sample.head()
```

这段代码的输出结果如图 10.11 所示。注意，tidy_tweet 列的每个元素是一个单词列表。

	class	text	mylabel	tidy_tweet
0	Pos	Now all @Apple has to do is get swype on the i...	1	swype iphon will crack iphon that
1	Pos	@Apple will be adding more carrier support to ...	1	will ad more carrier support iphon just announc
2	Pos	Hilarious @youtube video - guy does a duet wit...	1	hilari video doe duet with siri pretti much su...
3	Pos	@RIM you made it too easy for me to switch to ...	1	made easi switch iphon
4	Pos	I just realized that the reason I got into twi...	1	just realiz that reason into twitter thank

图 10.11　新的 tidy_tweet 数据列

3. Tweets 的可视化

接下来，对经过清洗的 tweets 进行可视化。不管是文本数据还是其他类型的数据，进行可视化后，可更加方便对数据进行探索。可视化是我们了解数据非常重要的手段。

在对文本数据（tweets）进行可视化之前，我们提出如下几个问题。

- 在整个数据集中，哪些单词是最经常出现的？
- 在正例数据（正面情感）和负例数据（负面情感）中，哪些单词是最经常出现的？
- 正面情感和负面情感有什么变化趋势？

（1）通过词云（Word Cloud）来了解整个 tweets 数据集经常出现的单词

词云（Word Cloud）把数据集中经常出现的单词用更大的字号来显示，而不那么经常出现的单词则用更小的字号来显示。通过把整个数据集出现的单词在一个词云里显示出来，我们就能对数据集中各个单词的相对频率有一个基本的把握。

如下代码可将整个数据集通过一个词云显示出来。

```
all_words = ' '.join([text for text in new_all_sample['tidy_tweet']])
from wordcloud import WordCloud
wordcloud = WordCloud(width=800, height=500, random_state=21, max_font_size=110).
generate(all_words)

plt.figure(figsize=(10, 7))
plt.imshow(wordcloud, interpolation="bilinear")
plt.axis('off')
plt.show()
```

这段代码的执行结果如图 10.12 所示。

从图 10.12 中可以看到，一些表达正面情感和表达负面情感的单词混搅在一块。因此，我们有必要把数据集中表达正面情感和负面情感的 tweets 分开，分别看看两个数据集里最常用的单词都是哪些。

图 10.12 词云（Whole Dataset）

（2）负面情感 tweets 的词云

如下代码显示所有负面情感 tweets 的词云。

```
all_words =' '.join([text for text in new_all_sample['tidy_tweet'][new_all_
sample['mylabel'] == 0]])

wordcloud = WordCloud(width=800, height=500, random_state=21, max_font_size=110).
generate(all_words)
plt.figure(figsize=(10, 7))
plt.imshow(wordcloud, interpolation="bilinear")
plt.axis('off')
plt.show()
```

上述代码的执行结果如图 10.13 所示，读者可以从中看出一些表达负面情感的单词。

（3）正面情感 tweets 的词云

如下代码显示所有正面情感 tweets 的词云。

```
all_words =' '.join([text for text in new_all_sample['tidy_tweet'][new_all_
sample['mylabel'] == 1]])

wordcloud = WordCloud(width=800, height=500,random_state=21, max_font_size=110).
generate(all_words)
```

图 10.13　词云（Negative tweets）

```
plt.figure(figsize=(10, 7))
plt.imshow(wordcloud, interpolation="bilinear")
plt.axis('off')
plt.show()
```

上述代码的执行结果如图 10.14 所示，读者可以从中看出一些表达正面情感的单词。

图 10.14　词云（Positive tweets）

4. 从清洗过的 tweets 中抽取文本特征

为了对文本进行后续分析（分类），我们需要把每一篇文本转换为一系列特征（Feature），也就是把文本表示为某种有利于机器学习的形式。

从文本中抽取特征的主要方法有 Bag-of-Words 特征表示法、TF-IDF 特征表示法和词嵌入特征（Word Embedding）表示法等。在这里，我们仅仅使用 Bag-of-Words 特征表示法和 TF-IDF 特征表示法，也就是采用文本的两种表示方法。

（1）Bag-of-Words 特征表示法（词频）

Bag-of-Words 特征表示法的基本原理如下。

现在有一个文集 C，包含 D 个文档$\{d_1,d_2\cdots,d_D\}$，文集里出现的不同的单词有 N 个，这些单词构成一个字典表。

我们构造一个 $D\times N$ 的特征矩阵 $\boldsymbol{M}$，每一行表示一个文档，每一列表示某个文档里出现某个单词的频率，也就是 $D(i,j)$表示文档 i 里，单词 j 出现的频率。

比如，我们现在有两个简单的文档：

```
D1: He is a lazy boy. She is also lazy.
D2: Smith is a lazy person.
```

基于这个文集，我们建立的字典表为['He','She','lazy','boy','Smith','person']。

在这里 D=2, N=6，我们建立的矩阵 $\boldsymbol{M}$ 如下：

	He	She	lazy	boy	Smith	person
D1	1	1	2	1	0	0
D2	0	0	1	0	1	1

这个矩阵的每一列称为一个特征，我们将基于这些特征，对分类器进行训练。

我们使用 sklearn 库中提供的 CountVectorizer 对文本进行上述特征的抽取，max_features 参数设置为 1000，即仅仅选择整个文集中最经常出现的 1000 个单词构成字典表。

```
from sklearn.utils import shuffle
new_all_sample = shuffle(new_all_sample)
print(new_all_sample)

from sklearn.feature_extraction.text import CountVectorizer
bow_vectorizer = CountVectorizer(max_df=0.90, min_df=2, max_features=1000, stop_words='english')
# bag-of-words 特征矩阵
bow = bow_vectorizer.fit_transform(new_all_sample['tidy_tweet'])
print(bow.shape)
```

（2）TF-IDF 特征表示法

如果一个单词在很多文档中出现过，那么，它对文档类别分类的帮助不大；换句话说，如果某个单词仅仅在某些文档零星出现过，那么，它就非常有利于文档分类。

TF-IDF 特征表示法，不仅把单词在文档中出现的频率考虑进来，而且把单词在文集的各个文档中出现的频率也考虑进来。它对那些在整个文集的各个文档中经常出现的单词，给予较低的权重；而在整个文集的各个文档中零星出现的单词，给予较高的权重。TF-IDF 特征表示法的计算公式如下。

TF = 单个文档里某个单词的频率/该文档的单词数量。

IDF = $\log(N/n)$，其中 N 是文集的文档数量，n 是出现某个单词的文档数量。

TF-IDF = TF*IDF。

```
from sklearn.feature_extraction.text import TfidfVectorizer
tfidf_vectorizer = TfidfVectorizer(max_df=0.90, min_df=2, max_features=1000, stop_words='english')
# TF-IDF 特征矩阵
tfidf = tfidf_vectorizer.fit_transform(new_all_sample['tidy_tweet'])
print(tfidf.shape)
```

5. 建立分类模型进行情感分析

到目前为止，我们就完成了数据预处理和特征抽取，接下来的工作是利用上述特征，训练一个分类模型。

在这里，我们使用的是基于 Logistic 回归的分类模型，它通过数据估计一个 logit 函数的参数，然后使用该函数预测某个事件出现的概率。用于分类的算法很多，我们还可以选择随机森林（Random Forest）、支持向量机（Support Vector Machine）等。

（1）用 Bag-of-Words 特征建模

我们先使用 Bag-of-Words 特征建立模型，并且计算模型在验证数据集上的 F1 得分。

```
from sklearn.linear_model import LogisticRegression
from sklearn.model_selection import train_test_split
from sklearn.metrics import f1_score

train_bow = bow[:300,:]
train_Y = new_all_sample['mylabel'][:300]
test_bow = bow[300:,:]
test_Y = new_all_sample['mylabel'][300:]

# splitting data into training and validation set
xtrain_bow, xvalid_bow, ytrain, yvalid = train_test_split(train_bow,train_Y ,
random_state=42, test_size=0.3)

lreg = LogisticRegression()
lreg.fit(xtrain_bow, ytrain) # 训练模型

prediction = lreg.predict_proba(xvalid_bow) # predicting on the validation set
prediction_int = prediction[:,1] >= 0.3 # if prediction is greater than or equal to
0.3 than 1 else 0
prediction_int = prediction_int.astype(np.int)

f1_score(yvalid, prediction_int) # 计算 F1 得分
```

在校验数据集上的 F1 得分为 0.78。

（2）用 TF-IDF 特征建模

接下来我们使用 TF-IDF 特征建立模型，并且计算模型在验证数据集上的 F1 得分。

```
from sklearn.linear_model import LogisticRegression
from sklearn.model_selection import train_test_split
from sklearn.metrics import f1_score

train_tfidf = tfidf[:300,:]
train_Y = new_all_sample['mylabel'][:300]
print(train_tfidf.shape)
print(train_Y.shape)

test_tfidf = tfidf[300:,:]
test_Y = new_all_sample['mylabel'][300:]
print(test_tfidf.shape)
print(test_Y.shape)

# splitting data into training and validation set
xtrain_bow, xvalid_bow, ytrain, yvalid = train_test_split(train_bow,train_Y ,
random_state=42, test_size=0.3)
```

```
lreg = LogisticRegression()
lreg.fit(xtrain_bow, ytrain) # training the model

prediction = lreg.predict_proba(xvalid_bow) # predicting on the validation set
prediction_int = prediction[:,1] >= 0.3 # if prediction is greater than or equal to
0.3 than 1 else 0
prediction_int = prediction_int.astype(np.int)

f1_score(yvalid, prediction_int) # 计算 F1 得分
```

在验证数据集上的 F1 得分为 0.78。我们看到，使用 TF-IDF 特征，对模型的预测性能并没有明显改观。接下来，我们在测试数据集上利用模型进行预测，并与测试数据集上的实际标注（正面情感或者负面情感）进行比对，评估分类器的性能。

```
test_pred = lreg.predict_proba(test_tfidf)
print(test_pred.shape)

test_pred_int = test_pred[:,1] >= 0.3
test_pred_int = test_pred_int.astype(np.int)

print(test_pred_int.shape)
print(test_pred_int)
print(test_Y.shape)
print(test_Y)

f1_score(test_Y, test_pred_int) # 计算 F1 得分
```

F1 得分为 0.666，比验证数据集上的得分低得多。

为了提高分类器的性能，读者可以考虑使用 *n*-gram 特征以及使用其他分类算法，比如支持向量机等。

10.3 综合实例

本综合实例基于亚马逊网站的用户评论，对移动电话品牌以及具体型号进行排名。

1. 数据及预处理

首先，装载必要的 Python 库。

```
from sklearn.model_selection import train_test_split
import pandas as pd
import numpy as np
from sklearn.utils import shuffle
import nltk
```

从磁盘把数据装载到内存中，并且显示文件的前 5 行内容。

```
data_file = "./Amazon_Unlocked_Mobile.csv"
#读 csv 文档
data = pd.read_csv( data_file)
data.head()
```

这段代码的执行结果如图 10.15 所示，从中可以了解到数据集包含什么属性。主要的属性包括产品名称、品牌、价格、用户评分、用户评论、用户评论的投票数等。

	Product Name	Brand Name	Price	Rating	Reviews	Review Votes
0	"CLEAR CLEAN ESN" Sprint EPIC 4G Galaxy SPH-D7...	Samsung	199.99	5	I feel so LUCKY to have found this used (phone...	1.0
1	"CLEAR CLEAN ESN" Sprint EPIC 4G Galaxy SPH-D7...	Samsung	199.99	4	nice phone, nice up grade from my pantach revu...	0.0
2	"CLEAR CLEAN ESN" Sprint EPIC 4G Galaxy SPH-D7...	Samsung	199.99	5	Very pleased	0.0
3	"CLEAR CLEAN ESN" Sprint EPIC 4G Galaxy SPH-D7...	Samsung	199.99	4	It works good but it goes slow sometimes but i...	0.0
4	"CLEAR CLEAN ESN" Sprint EPIC 4G Galaxy SPH-D7...	Samsung	199.99	4	Great phone to replace my lost phone. The only...	0.0

图 10.15　评论数据集

我们通过如下代码，查看到底有多少产品，即查看 Product 的数量。

```
product_name = []
for item in data["Product Name"]:
        if (item in product_name):
             continue
         else:
             product_name.append(item)
len(product_name) # 4410
```

代码的执行结果是 4410，表示整个数据集中，总共有 4410 种不同的产品（Products）。

下面的代码，则用于查看到底有多少品牌，也就是查看品牌的数量。

```
data["Brand Name"]
brands = []
for item in data["Brand Name"]:
        if (item in brands):
             continue
        else:
             brands.append(item)
len(brands)    # 385
```

代码的执行结果是 385，表示整个数据集中，总共有 385 种不同的品牌（Brands）。

现在把数据封装在 Pandas 的 DataFrame 结构里，并且显示该 DataFrame 的前 5 行。

```
data_df = pd.DataFrame(data) #converting the data into a pandas DataFrame.
data_df.head()
```

代码执行后的输出结果如图 10.16 所示。

	Product Name	Brand Name	Price	Rating	Reviews	Review Votes
0	"CLEAR CLEAN ESN" Sprint EPIC 4G Galaxy SPH-D7...	Samsung	199.99	5	I feel so LUCKY to have found this used (phone...	1.0
1	"CLEAR CLEAN ESN" Sprint EPIC 4G Galaxy SPH-D7...	Samsung	199.99	4	nice phone, nice up grade from my pantach revu...	0.0
2	"CLEAR CLEAN ESN" Sprint EPIC 4G Galaxy SPH-D7...	Samsung	199.99	5	Very pleased	0.0
3	"CLEAR CLEAN ESN" Sprint EPIC 4G Galaxy SPH-D7...	Samsung	199.99	4	It works good but it goes slow sometimes but i...	0.0
4	"CLEAR CLEAN ESN" Sprint EPIC 4G Galaxy SPH-D7...	Samsung	199.99	4	Great phone to replace my lost phone. The only...	0.0

图 10.16　DataFrame

为了较好地选择具有代表性的样本，需要对 DataFrame 进行洗牌（Shuffle）。对样本进行洗牌后，显示前 10 个样本。

```
data_df = shuffle(data_df) #Shuffle Data
data_df[:10]
```

代码执行后的输出结果如图 10.17 所示。

	Product Name	Brand Name	Price	Rating	Reviews	Review Votes
379905	Samsung N920 Unlocked Galaxy Note 5, GSM 32GB ...	Samsung	561.50	4	I love the device, but I hated the seller. It'...	3.0
184132	GreatCall Jitterbug Plus Senior Cell Phone wit...	GreatCall	129.99	5	I love this phone. I am still getting use to i...	3.0
333971	Samsung Galaxy S Duos II GT-S7582 Factory Unlo...	NaN	280.00	2	Real y bad. It is slowly. Function wrong	0.0
307641	Samsung Galaxy Alpha G850a Unlocked Cellphone,...	Samsung	134.95	5	I'm so in love with this phone!!!	0.0
342671	Samsung Galaxy S4 I545 16GB Verizon Wireless +...	Samsung	176.07	5	Thank you	0.0
375501	Samsung Galaxy S7 Unlocked PhoneDual Sim Facto...	Samsung	679.99	5	What a nice and elegant phone!! At first, I ha...	0.0
56543	Apple iPhone 6 Plus 128GB Factory Unlocked GSM...	NaN	482.92	5	Love the phone so far but still trying to figu...	0.0
59850	Apple iPhone 6 Plus Unlocked Cellphone, 16GB, ...	Apple	519.00	4	Owesome!	0.0
88086	BlackBerry Bold 9700 Unlocked GSM 3G World Pho...	BlackBerry	101.99	3	Screen gave out after 6 months and I had to ha...	0.0
105063	BLU Advance 4.0L Unlocked Smartphone -US GSM -...	BLU	51.99	4	Has been great phone for my 15 year old nieces...	0.0

图 10.17　洗牌后的 DataFrame

数据当中可能存在 NULL 值（即空值），我们把包含空值的数据行（样本）删除，然后显示数据集的描述信息。

```
# 删除包含空值的数据行
data_df = data_df.dropna()

# General Description of data_df
data_df.describe()
```

代码执行后的输出结果如图 10.18 所示。在这里显示了 Price、Rating、Review Votes 等字段的统计信息，包括样本数量、均值、标准差、最大值、最小值、中值、上下 4 分位点等。

	Price	Rating	Review Votes
count	334335.000000	334335.000000	334335.000000
mean	222.585019	3.824888	1.474515
std	283.139353	1.541203	9.217348
min	1.730000	1.000000	0.000000
25%	75.410000	3.000000	0.000000
50%	139.000000	5.000000	0.000000
75%	264.100000	5.000000	1.000000
max	2598.000000	5.000000	645.000000

图 10.18　数据集统计结果

2. Top Brands 和数据探索

我们把数据集里每个品牌（按照品牌分组）的 Rating 字段进行汇总（求和），并且根据这个总和进行排序。排序结果在一定程度上代表了各个品牌的流行度。

```
info = pd.pivot_table(data_df,index=['Brand Name'],values=['Rating', 'Review
```

```
Votes'],
        columns=[],aggfunc=[np.sum, np.mean],fill_value=0)
    info = info.sort_values(by=('sum', 'Rating'), ascending = False)

    info.head(10)
```

代码执行后的输出结果如图 10.19 所示。这是按照 Rating 的总和进行降序排序的 Top 10 品牌情况。

	sum		mean	
	Rating	Review Votes	Rating	Review Votes
Brand Name				
Samsung	250452	96057	3.973032	1.523795
BLU	226085	54798	3.821069	0.926143
Apple	220286	112211	3.926597	2.000160
LG	83266	22929	3.848493	1.059762
BlackBerry	61892	21114	3.750121	1.279326
Nokia	61833	25684	3.824879	1.588767
Motorola	49564	23107	3.811736	1.777051
HTC	42873	12777	3.474030	1.035329
CNPGD	38233	20151	3.107869	1.638026
OtterBox	34556	2268	4.385279	0.287817

图 10.19 按照 Rating 的总和进行降序排序的 Top 10 品牌

接下来构造一系列图形，以了解变量间的相关关系。

第一个图形表达的是 Price 和 Rating 的相关关系（Correlation）。

```
import matplotlib.pyplot as plt

ylabel = data_df["Price"]
plt.ylabel("Price")
plt.xlabel("Rating")
xlabel = data_df["Rating"]
plt.scatter(xlabel, ylabel, alpha=0.1)
plt.show()
```

代码执行后的输出结果如图 10.20 所示。

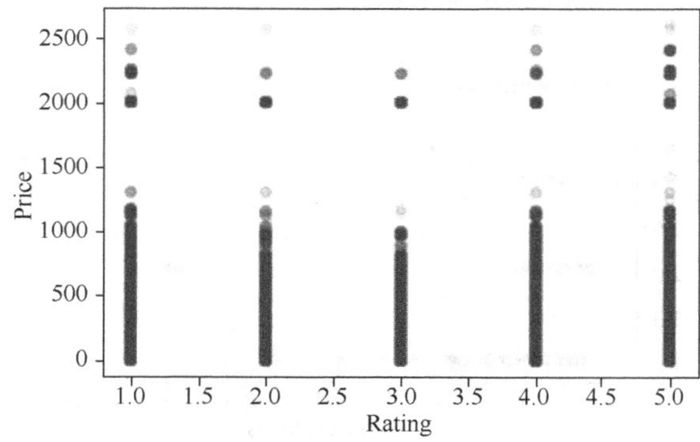

图 10.20 Price – Rating 相关关系散点图

第二个图形表达的是 Price 和 Review Votes 的相关关系（Correlation）。

```
ylabel2 = data_df["Price"]
plt.ylabel("Price")
xlabel2 = data_df["Review Votes"]
plt.xlabel("Review Votes")
plt.scatter(xlabel2, ylabel2, alpha=0.1)
plt.show()
```

代码执行后的输出结果如图 10.21 所示。从图 10.21 中可以看出，当产品售价比较低时，Review Votes 的数量就比较多（图的左下角）；而售价较高的产品，获得的 Review Votes 的数量一般较少（图的左上角）。

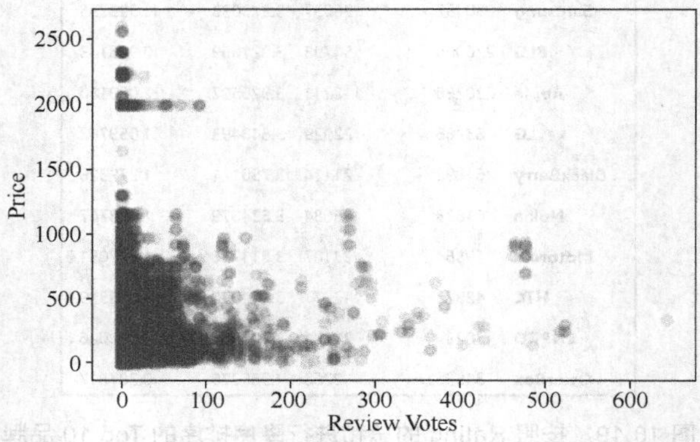

图 10.21　Price – Review Votes 相关关系散点图

第三个图形表达的是 Rating 和 Review Votes 的相关关系（Correlation）。

```
ylabel3 = data_df["Rating"]
plt.ylabel("Rating")
xlabel3 = data_df["Review Votes"]
plt.xlabel("Review Votes")
plt.scatter(xlabel3, ylabel3, alpha=0.1)
plt.show()
```

代码执行后的输出结果如图 10.22 所示。不同 Rating 获得的 Review Votes 数量并没有太大的差别。

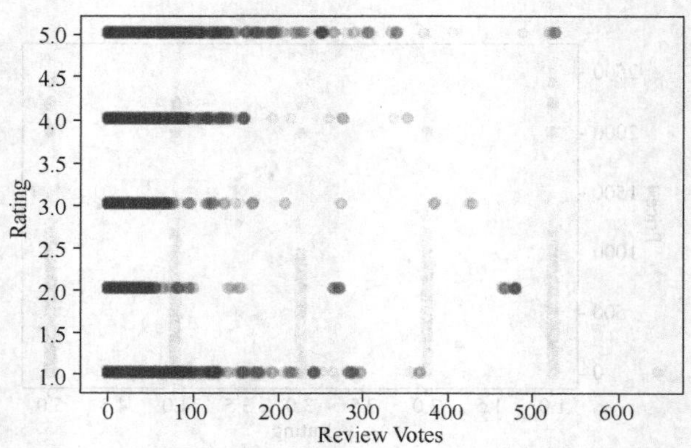

图 10.22　Rating – Review Votes 相关关系散点图

在样本集上构造相关系数矩阵，然后提取 Rating 字段和其他数量字段之间的相关系数，并按照降序排列。

```
corr_matrix = data_df.corr()
corr_matrix["Rating"].sort_values(ascending = False)
```

代码执行后的输出结果如下。

```
Rating          1.000000
Price           0.073948
Review Votes   -0.046526
Name: Rating, dtype: float64
```

从上述结果可以看到，Rating 字段和 Review Votes 是一种负相关的关系，相关系数为 -0.046526。

提取 Price 字段和其他数量字段之间的相关系数，并按照降序排列。

```
corr_matrix = data_df.corr()
corr_matrix["Price"].sort_values(ascending = False)
```

代码执行后的输出结果如下。

```
Price           1.000000
Rating          0.073948
Review Votes    0.022164
Name: Price, dtype: float64
```

从上述结果可以看到，Price 和 Rating 字段具有正相关关系，相关系数为 0.073948。

3. Review 字段与情感分析

提取所有的 Review 字段，显示前 5 条 Review。

```
all_reviews = data_df["Reviews"]
all_reviews.head()
```

代码执行后的输出结果如图 10.23 所示。

```
379905    I love the device, but I hated the seller. It'...
184132    I love this phone. I am still getting use to i...
307641                 I'm so in love with this phone!!!
342671                                         Thank you
375501    What a nice and elegant phone!! At first, I ha...
Name: Reviews, dtype: object
```

图 10.23　前 5 条 Review

样本集（数据集）经过 Shuffle 之后，每个数据行的序号不是纯粹的从 0 到 n-1。下面的代码可将数据行的序号重置，然后显示数据集的前 5 行。

```
#reset_index
data_df = data_df.reset_index(drop=True)

data_df.head()
```

执行代码后的输出结果如图 10.24 所示，可以看到序号为从 0 到 4。

下面的代码，将对 Reviews 字段进行情感分析，我们在这里使用来自 NLTK 库现成的分类器。

	Product Name	Brand Name	Price	Rating	Reviews	Review Votes
0	Samsung N920 Unlocked Galaxy Note 5, GSM 32GB ...	Samsung	561.50	4	I love the device, but I hated the seller. It'...	3.0
1	GreatCall Jitterbug Plus Senior Cell Phone wit...	GreatCall	129.99	5	I love this phone. I am still getting use to i...	3.0
2	Samsung Galaxy Alpha G850a Unlocked Cellphone,...	Samsung	134.95	5	I'm so in love with this phone!!!	0.0
3	Samsung Galaxy S4 I545 16GB Verizon Wireless +...	Samsung	176.07	5	Thank you	0.0
4	Samsung Galaxy S7 Unlocked PhoneDual Sim Facto...	Samsung	679.99	5	What a nice and elegant phone!! At first, I ha...	0.0

图 10.24 洗牌后的 Dataset

```
all_reviews = data_df['Reviews']
all_sent_values = []
all_sentiments = []
from nltk.sentiment.vader import SentimentIntensityAnalyzer
def sentiment_value(paragraph):
    analyser = SentimentIntensityAnalyzer()
    result = analyser.polarity_scores(paragraph)
    score = result['compound']
    return round(score,1)
```

为了利用 NLTK 实现 tweets 的情感分析，需要在 Anaconda prompt 下通过命令 conda install twython 来安装 twython 库，并且在 Jupyter 里面运行如下代码把 vader_lexicon 字典下载到本地以备使用。

```
#in Anaconda prompt run: conda install twython

import nltk
nltk.download('vader_lexicon')
```

代码执行后的输出结果如图 10.25 所示，表示 vader_lexicon 字典已经准备好。

```
[nltk_data] Downloading package vader_lexicon to
[nltk_data]     C:\Users\Administrator\AppData\Roaming\nltk_data...
[nltk_data]   Package vader_lexicon is already up-to-date!

True
```

图 10.25 安装 Vader lexicon

我们挑选几条 Review，使用该分类器进行情感分类，把 Review 文本和情感得分显示出来，看看分析得是否正确。

```
sample = data_df['Reviews'][1231]
print(sample)
print('Sentiment: ')
print(sentiment_value(sample))
```

代码执行后的输出结果如图 10.26 所示。

```
This Is A Top BRAND .I find it faultless.This is a mobile office device system and a complete office assistant.
Sentiment:
0.2
```

图 10.26 情感分析结果 1

```
sample1 = data_df['Reviews'][99314]
```

```
print(sample1)
print('Sentiment: ')
print(sentiment_value(sample1))
```

代码执行后的输出结果如图 10.27 所示。

```
The cell phone is good as advertised except the calendar in the app section which in Arabic can not be deleted. Seller did not keep promise to answer me how t
o change it back to English or have it delete it.
Sentiment:
0.2
```

图 10.27　情感分析结果 2

```
sample2 = data_df['Reviews'][9001]
print(sample2)
print('Sentiment: ')
print(sentiment_value(sample2))
```

代码执行后的输出结果如图 10.28 所示。

```
Both phones are working excellent. At the beginning we were a bit concerned of buying two phones that were supposed to be used in Argentina, buy now I will
change them again in the same way we did it thid time
Sentiment:
0.6
```

图 10.28　情感分析结果 3

如果对超过 40 万条 tweet 进行情感分析，将耗时过长。我们选择其中的 20 000 条数据（样本）进行情感分析。将整个数据集打乱（Shuffle）以后提取其中的前 20 000 行数据，这些数据具有一定的代表性。

```
for i in range(0,20000):
      all_sent_values.append(sentiment_value(all_reviews[i])) # 8 minutes for
calculation
len(all_sent_values)# 20000
```

把数据集的前 20 000 行抽出来放在 temp_data 里。

```
#Sentiment Analysis on first 20,000 rows
temp_data = data_df[0:20000]
temp_data.shape #(20000, 6)
```

接下来，我们希望根据计算的情感得分，给出一个文字描述，具体是[-1, -0.5)表示 Very Negative，[-0.5, 0)表示 Negative，[0]表示 Neutral，(0, 0.5)表示 Positive，[0.5, 1]表示 Very Positive，序号为从 1 到 5。

注意，'SENTIMENT_VALUE'字段保存的是一个数值，'SENTIMENT'字段保存的是文字描述。

```
SENTIMENT_VALUE = []
SENTIMENT = []
for i in range(0,20000):
      sent = all_sent_values[i]
      if (sent<=1 and sent>=0.5):
            SENTIMENT.append('V.Positive')
            SENTIMENT_VALUE.append(5)
      elif (sent<0.5 and sent>0):
            SENTIMENT.append('Positive')
            SENTIMENT_VALUE.append(4)
```

```
        elif (sent==0):
            SENTIMENT.append('Neutral')
            SENTIMENT_VALUE.append(3)
        elif (sent<0 and sent>=-0.5):
            SENTIMENT.append('Negative')
            SENTIMENT_VALUE.append(2)
        else:
            SENTIMENT.append('V.Negative')
            SENTIMENT_VALUE.append(1)

temp_data['SENTIMENT_VALUE'] = SENTIMENT_VALUE
temp_data['SENTIMENT'] = SENTIMENT

temp_data.head()
```

代码执行后的输出结果如图 10.29 所示。

	Product Name	Brand Name	Price	Rating	Reviews	Review Votes	SENTIMENT_VALUE	SENTIMENT
0	Samsung N920 Unlocked Galaxy Note 5, GSM 32GB ...	Samsung	561.50	4	I love the device, but I hated the seller. It'...	3.0	5	V.Positive
1	GreatCall Jitterbug Plus Senior Cell Phone wit...	GreatCall	129.99	5	I love this phone. I am still getting use to i...	3.0	5	V.Positive
2	Samsung Galaxy Alpha G850a Unlocked Cellphone,...	Samsung	134.95	5	I'm so in love with this phone!!!	0.0	5	V.Positive
3	Samsung Galaxy S4 I545 16GB Verizon Wireless +...	Samsung	176.07	5	Thank you	0.0	4	Positive
4	Samsung Galaxy S7 Unlocked PhoneDual Sim Facto...	Samsung	679.99	5	What a nice and elegant phone!! At first, I ha...	0.0	5	V.Positive

图 10.29　情感分析

我们认为得分高（rating 得分为 1～5），表达更加正面的情感（SENTIMENT_VALUE 为 1～5）。我们看一下用户给分（Rating）和评论（Review）所表达的情感，是否有不一致的地方，也就是前者和后者的得分，差别是否超过 1。

```
#find accuracy
counter = 0
for i in range(0,20000):
    if (abs(temp_data['Rating'][i]-temp_data['SENTIMENT_VALUE'][i])>1):
        counter += 1
counter #4519
```

运行上述代码后，我们发现有 4519 个样本，Rating 和 Review Sentiment 得分相差 1 分以上。

```
print( temp_data.shape[0])
print( counter)

accuracy = (temp_data.shape[0]-counter)*1.0/temp_data.shape[0]
print( accuracy)
```

代码执行后的输出结果如下。

```
20000
4519
0.77405
```

上述结果表示 77.41%的样本里，Rating 的分值与 Review 字段的情感分析的分值是一致的，差别小于 1。

下面展示'SentimentValue'（-1～1）的散点图。横轴表示不同的 review（即不同的 tweet），纵轴表示 review 的 sentiment value。

```
xaxis = []
for i in range(0,20000):
      xaxis.append(i)

ylabel_new_1 = all_sent_values[:20000]

xlabel = xaxis
plt.figure(figsize=(9,9))
plt.xlabel('ReviewIndex')
plt.ylabel('SentimentValue(-1 to 1)')
plt.plot(xlabel, ylabel_new_1, 'ro',  alpha=0.04)

plt.title('Scatter Intensity Plot of Sentiments')
plt.show()
```

代码执行后的输出结果如图 10.30 所示。

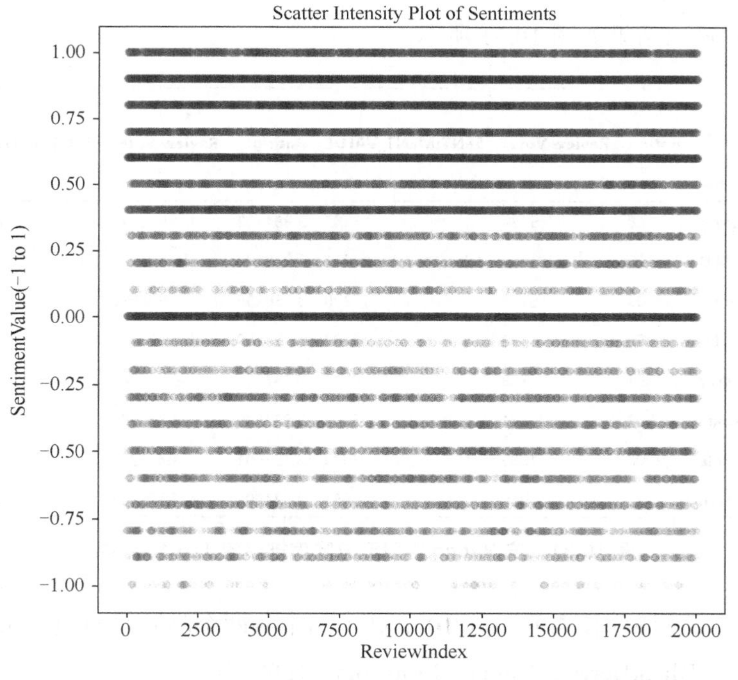

图 10.30　Review – Sentiment Value 散点图

可以看到，sentiment 得分的均值倾向于正面情感（Positivity），显示消费者对大部分手机的评价是正面的。

4. **前 20 000 样本的分析**

首先查看 20 000 个样本里面有多少种产品，涉及多少个品牌。

```
product_name_20k = []
```

```
for item in temp_data["Product Name"]:
    if (item in product_name_20k):
        continue
    else:
        product_name_20k.append(item)
len(product_name_20k)
```

结果显示，在 temp_data 数据集里面有 2245 个不同产品。

```
brands_temp = []
for item in temp_data["Brand Name"]:
    if (item in brands_temp):
        continue
    else:
        brands_temp.append(item)
len(brands_temp)
```

结果显示，在 temp_data 数据集里面涉及 221 个品牌。

在 temp 数据集中，按照品牌进行 Rating 字段的汇总，并且按照降序排列。

```
testing2 = pd.pivot_table(temp_data,index=['Brand Name'],values=['Rating', 'Review Votes','SENTIMENT_VALUE'], columns=[],aggfunc=[np.sum, np.mean],fill_value=0)
testing2 = testing2.sort_values(by=('sum', 'Rating'), ascending = False)
testing2.head(10)
```

代码执行后的输出结果如图 10.31 所示。

	sum			mean		
	Rating	Review Votes	SENTIMENT_VALUE	Rating	Review Votes	SENTIMENT_VALUE
Brand Name						
Samsung	15168	5784	15383	3.981102	1.518110	4.037533
BLU	13539	3901	14071	3.828903	1.103224	3.979355
Apple	13103	5334	13328	3.950256	1.608080	4.018089
LG	4888	1423	5108	3.757110	1.093774	3.926211
BlackBerry	3791	958	3522	3.787213	0.957043	3.518482
Nokia	3707	1681	3908	3.821649	1.732990	4.028866
Motorola	2900	1081	3073	3.785901	1.411227	4.011749
HTC	2463	960	2651	3.523605	1.373391	3.792561

图 10.31　按 Rating 字段汇总降序排序的 Top 10 结果

这个结果显示了总评分较高的 Top 10 品牌（图中有两个品牌没有显示），包括 Samsung、BLU、Apple、LG、BlackBerry、Nokia、Motorola、HTC 等。

我们再按照产品进行分组，统计 Rating 字段的汇总，以及 Sentiment Value 的汇总。

```
testing3 = pd.pivot_table(temp_data,index=['Product Name'],values=['Rating', 'Review Votes','SENTIMENT_VALUE'], columns=[],aggfunc=[np.sum, np.mean],fill_value=0)
testing3 = testing3.sort_values(by=('sum', 'Rating'), ascending = False)
testing3.head(10)
```

结果显示如图 10.32 所示，我们可以看到，虽然 Rating 字段和 Sentiment Value 虽然有些差别，但是总体上可以互相印证（accurate with respect to each other）。

	sum			mean		
	Rating	Review Votes	SENTIMENT_VALUE	Rating	Review Votes	SENTIMENT_VALUE
Product Name						
BLU Studio 5.0 C HD Unlocked Cellphone, Black	375	119	362	4.310345	1.367816	4.160920
Blackberry Curve 8520 Unlocked Quad-Band GSM Phone with 2MP Camera, QWERTY Keyboard, Wi-Fi and Bluetooth - Lavender	271	97	237	4.169231	1.492308	3.646154
Motorola Moto E (1st Generation) - Black - 4 GB - Global GSM Unlocked Phone	266	35	249	4.508475	0.593220	4.220339
BLU Dash JR 4.0 K Smartphone - Unlocked - White	264	1	229	4.190476	0.015873	3.634921
OtterBox 77-29864 Defender Series Hybrid Case for Samsung Galaxy Note 10.1 - Retail Packaging - White (2012 Version)	263	14	266	4.241935	0.225806	4.290323
OtterBox Iphone 5/5S/SE Defender Case w/ Drop and Dust Proctection - Realtree AP Pink	263	79	281	3.925373	1.179104	4.194030
BLU Dash JR 4.0K Android 4.2, 2MP - Unlocked (Silver)	262	27	236	4.225806	0.435484	3.806452
Apple iPhone 5s AT&T Cellphone, 16GB, Silver	259	65	246	4.177419	1.048387	3.967742
Samsung Galaxy Exhibit 4G (T-Mobile), t679	256	150	303	3.459459	2.027027	4.094595
Motorola Moto E (1st Generation) - Black - 4 GB - US GSM Unlocked Phone	247	105	243	4.333333	1.842105	4.263158

图 10.32　汇总结果

针对上述 Top10 品牌，计算 sum Rating 和 mean Rating，以及 sum SENTIMENT 和 mean SENTIMENT，并且绘制图形。

```
import pylab

names = testing2.index[:10]

y = testing2['sum', 'SENTIMENT_VALUE'][:10]  #准备绘制各品牌的 sum(rating)图
y2 = testing2['sum', 'Rating'][:10]

pylab.figure(figsize=(15,7))
x = range(10)
pylab.subplot(2,1,1)
pylab.xticks(x, names)
pylab.ylabel('Summed Values')
pylab.title('Total Sum Values')
pylab.plot(x,y,"r-",x,y2,'b-')
pylab.legend(['SentimentValue', 'Rating'])

y_new = testing2['mean', 'SENTIMENT_VALUE'][:10]  #准备绘制各品牌的 mean(rating)图
y2_new = testing2['mean', 'Rating'][:10]

pylab.figure(figsize=(15,7))
pylab.subplot(2,1,2)
pylab.xticks(x, names)
pylab.ylabel('Mean Values')
pylab.title('Mean Values')
pylab.plot(x,y_new,"r-",x,y2_new,'b-')
pylab.legend(['SentimentValue', 'Rating'])

pylab.show()
```

代码执行后的输出结果如图 10.33 所示。

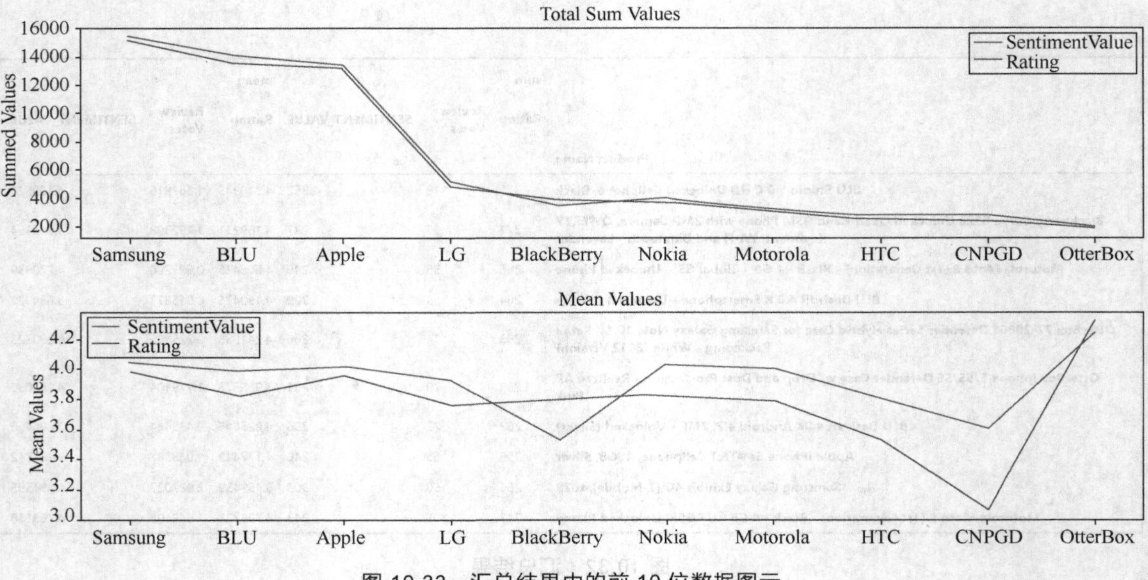

图 10.33　汇总结果中的前 10 位数据图示

最后是对前 5 个品牌的情感分析。

```
samsung = []
blu = []
apple = []
lg = []
nokia = []

for i in range(0,20000):  #提取 Top  5 Brands 的情感评分
      score = all_sent_values[i]
      brand = temp_data['Brand Name'][i]
      if (brand == 'Samsung'):
            samsung.append(score)
      elif (brand == 'BLU'):
            blu.append(score)
      elif (brand == 'Apple'):
            apple.append(score)
      elif (brand == 'LG'):
            lg.append(score)
      elif (brand == 'Nokia'):
            nokia.append(score)
      else:
       continue
list_of_brands = [samsung, blu, apple,lg,nokia]
name_of_brands = ['Samsung', 'BLU', 'Apple', 'LG', 'Nokia']

def plot_brand(brand, name):   #绘制一个散点图
     pylab.figure(figsize=(20,3))
     x = range(0,800)

     #pylab.xticks(x)
     pylab.ylabel('Sentiment')
     pylab.title(name)
```

```
        #pylab.plot(x,brand,"ro", alpha = 0.2)
        pylab.plot(x, brand[:800], color='#4A148C', linestyle='none', marker='o',ms=9,
alpha = 0.4)

    pylab.show()

    for i in range(0,len(list_of_brands)):  #绘制 Top 5 Brands 散点图
        plot_brand(list_of_brands[i],name_of_brands[i])
```

代码执行后的输出结果如图 10.34 所示。图的横轴表示 20 000 个样本中，针对某个品牌的所有样本（都有一个情感评分）里抽取的 800 个样本的评分情况。比如，对于 Samsung 品牌来讲，从 20 000 个样本中，针对 Samsung 品牌的所有样本，提取前 800 个样本，每个样本对应一个情感评分，以此为基础绘制散点图。

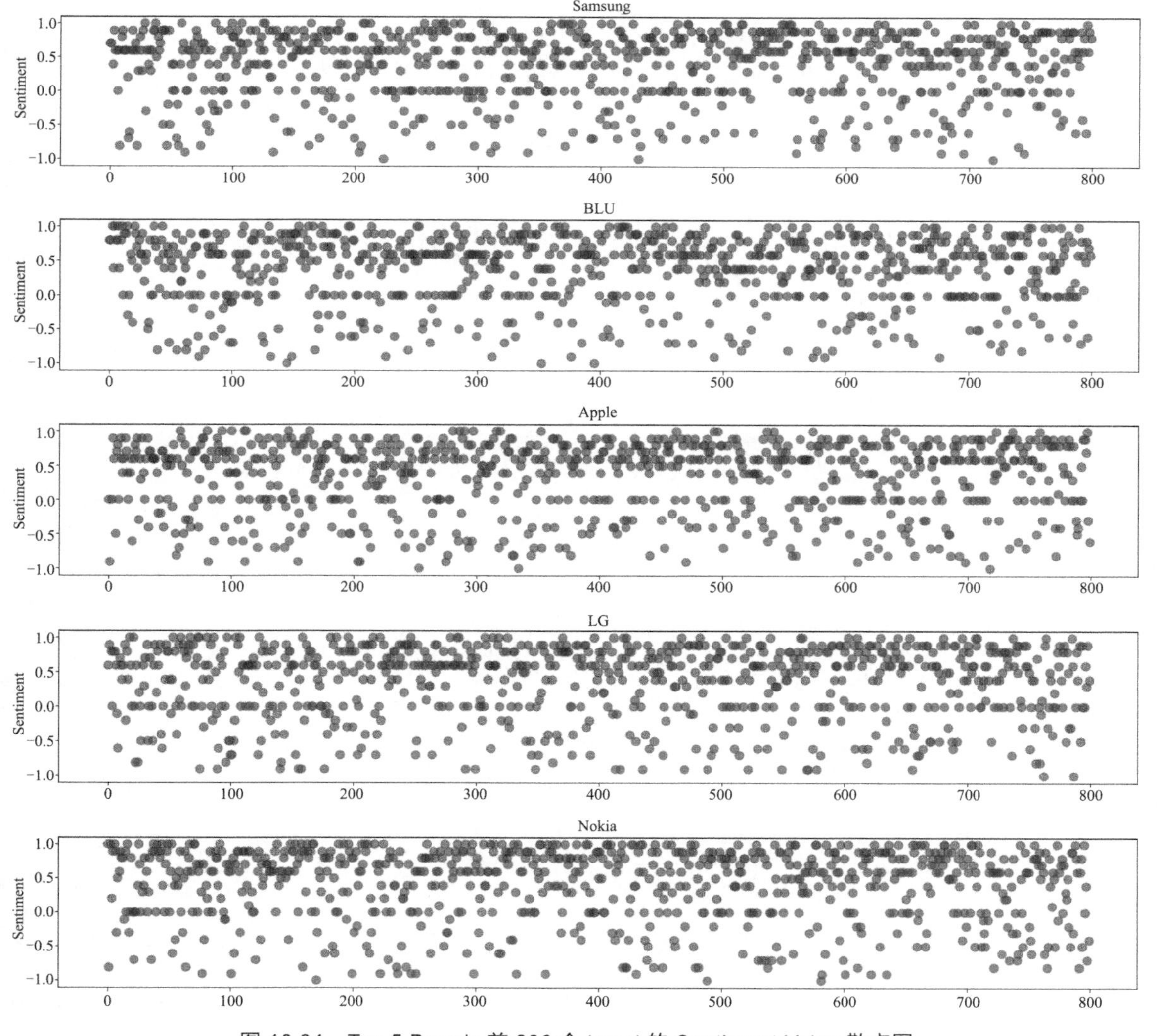

图 10.34　Top 5 Brands 前 800 个 tweet 的 Sentiment Value 散点图

从上述针对各个品牌的情感分析结果中，可以看到，当我们从 Top 1 观察到 Top 5 的时候，

发现正面情感倾向性在下降，也就是越是排名靠后的品牌，正面情感的得分就越降低(Tendency towards positivity decreases as we move from top to lower brands)。负面情感或者中性情感的倾向性在上升，也就是越是排名靠后的品牌，负面或者中性情感的得分在上升（Tendency towards negativity and neutrality keeps on increasing as we move downwards)。

10.4 思考题

1. 创建文本分类器的主要步骤有哪些?
2. 如何提高文本分类器的性能?

参考文献

[1] 刘鹏. 云计算[M]. 北京：电子工业出版社，2015.

[2] Bengio Yoshua. Learning Deep Architectures for AI. Foundations and Trends in Machine Learning, 2009, 2(1):1-127.

[3] 王珊，萨师煊. 数据库系统概论[M]. 北京：高等教育出版社，2006.

[4] 陈跃国，王京春. 数据集成综述[J]. 计算机科学，2004，31（5）：48-51.

[5] 申传华. 数据挖掘过程中的数据清洗研究[J]. 通讯世界，2016（12）：81-81.

[6] （美）桑尼尔・索雷斯. 大数据治理[M]. 北京：清华大学出版社，2014.

[7] 张明英，潘蓉.《数据治理白皮书》国际标准研究报告要点解读[J]. 信息技术与标准化，2015（6）：54-57.

[8] 包冬梅，范颖捷，李鸣. 高校图书馆数据治理及其框架[J]. 图书情报工作，2015，59（18）：134-141.

[9] 张宁，袁勤俭. 数据治理研究述评[J]. 情报杂志，2017，36（5）：129-134.

[10] 刘桂锋，钱锦琳，卢章平. 国内外数据治理研究进展：内涵、要素、模型与框架[J]. 图书情报工作，2017，61（21）：137-144.

[11] 朱友红. 大数据时代的政府治理创新[J]. 中共山西省委党校学报，2015，38（6）：85-87.

[12] 安小米，宋懿，郭明军，等. 政府大数据治理规则体系构建研究构想[J]. 图书情报工作，2018，62（9）：14-20.